U0183115

美国生物防御科研项目

王盼盼　田德桥　编著

科学技术文献出版社
SCIENTIFIC AND TECHNICAL DOCUMENTATION PRESS

·北京·

图书在版编目（CIP）数据

美国生物防御科研项目 / 王盼盼，田德桥编著. —北京：科学技术文献出版社，
2024.4

ISBN 978-7-5189-8564-7

Ⅰ.①美… Ⅱ.①王… ②田… Ⅲ.①生物—侵入种—防治—科研项目—
研究—美国 Ⅳ.① Q16

中国版本图书馆 CIP 数据核字（2021）第 223849 号

美国生物防御科研项目

策划编辑：郝迎聪　　责任编辑：韩晶　　　责任校对：张永霞　　　责任出版：张志平

出　版　者	科学技术文献出版社
地　　　址	北京市复兴路15号　邮编 100038
出　版　部	（010）58882941，58882087（传真）
发　行　部	（010）58882868，58882870（传真）
官 方 网 址	www.stdp.com.cn
发　行　者	科学技术文献出版社发行　全国各地新华书店经销
印　刷　者	北京九州迅驰传媒文化有限公司
版　　　次	2024 年 4 月第 1 版　2024 年 4 月第 1 次印刷
开　　　本	787×1092　1/16
字　　　数	315千
印　　　张	22　彩插8面
书　　　号	ISBN 978-7-5189-8564-7
定　　　价	78.00元

前　言

近年来，国际社会面临着新发突发传染病、生物恐怖和生物技术谬用等多重严重生物威胁[1-3]。新发突发传染病一直以来威胁着人类健康，影响着国际社会发展。进入 21 世纪以来，人类相继经历了 2003 年严重急性呼吸综合征（Severe Acute Respiratory Syndrome，SARS）、2009 年甲型 H1N1 流感、2012 年中东呼吸综合征（Middle East Respiratory Syndrome，MERS）、2014 年西非埃博拉病毒病和 2016 年寨卡病毒病等多种重大新发突发传染病。2019 年新型冠状病毒肺炎（Coronavirus Disease 2019，COVID-19）疫情对全球公共卫生体系造成了巨大挑战，给世界各国经济社会发展带来了深远影响[4]。2001 年美国"炭疽邮件"生物恐怖事件，是国际生物安全形势的"分水岭"，标志着生物恐怖成为影响国家安全的现实威胁。生命科学的快速发展给人类健康带来了巨大福祉，但与此同时，近年来脊髓灰质炎病毒的化学合成、1918 年流感病毒重构、H5N1 流感病毒功能获得性研究及马痘病毒的人工合成等研究的开展，引发了国际社会对于生物技术谬用的担忧；随着合成生物学与基因编辑技术的不断发展，生物技术谬用带来的生物安全风险大大增加，生物防御的内涵与外延进一步扩展[5, 6]。

生物防御能力关系国家安全。作为世界上最大的发展中国家，我国人口基数大，人员流动频繁，生物安全风险因素众多，挑战巨大，一直以来面临着严峻的生物威胁挑战[7]。2003 年 SARS 疫情给我国造成了重大民众健康威胁和经济损失；2018 年 8 月，非洲猪瘟疫情在我国多地暴发，对我国畜牧业造成严重打击；2019 年 12 月以来新型冠状病毒肺炎疫情对我国经济社会正常运行造成了严重影响。因此，我国亟须完善生物防御科技支撑体系，加强生物防御能力建设。习近平总书记强调，要从保护人民健康、保障国家安全、维护国家长治久安的高度，把生物安全纳入国家安全体系，系统规划国家生物安全风险防控和治理体系建设，全面提高国家生物安全治理能力[8]。完善的生物防御科技支撑体系，是保障生物安全的基础和关键，也是生物防御能力建设的重要一环[7, 9]。

美国高度重视生物防御研究。20世纪60年代美国总统尼克松在宣布终止进攻性生物武器计划时就明确宣布保留生物防御研究计划；1994年，美国国防部就美国及美军面临的生物战与生物恐怖威胁，启动了国防部化生防御计划（Chemical / Biological Defense Program）；2001年"9·11"恐怖袭击事件和"炭疽邮件"生物恐怖事件发生以后，美国大幅加强了生物防御研究的经费投入，启动了生物盾牌计划（Project Bioshield）、生物监测计划（Project Biowatch）和生物传感计划（Project Biosense）；在奥巴马政府期间，美国强化军民结合、机构协作，以应对H1N1大流感为切入点，建立公共卫生紧急医学应对措施研发联合体（Public Health Emergency Medical Countermeasures Enterprise，PHEMCE），完善生物防御各机构协调机制，在国际上大力实施全球健康安全行动计划，扩大美国在国际生物安全领域的影响力；在特朗普政府期间，2018年9月美国发布《国家生物防御战略》，强调构建更加协调、高效的生物防御体系[10-14]。美国支持和开展生物防御研究的主要机构有卫生与公众服务部下属的国立卫生研究院（National Institutes of Health，NIH）、生物医学高级研发管理局（Biomedical Advanced Research and Development Authority，BARDA）、疾病预防控制中心（Centers for Disease Control and Prevention）等，以及国防部下属的国防高级研究计划局（Defense Advanced Research Projects Agency，DARPA）、国防威胁降低局（Defense Threat Reduction Agency，DTRA）、陆军传染病医学研究所（United States Army Medical Research Institute of Infectious Diseases，USAMRIID）和海军医学研究中心（Naval Medical Research Center，NMRC）等；此外，美国能源部下属的一些国家实验室及国土安全部也部署了一些生物防御相关科研项目，美国国内的高校、企业及一些非营利性组织机构也承担了大量生物防御相关科研项目[14, 15]。经过多年发展，美国已形成了较为成熟的生物防御科技支撑体系。与此同时，近年来，美国资助开展的一些项目引发了国际社会对其潜在生物安全风险的担忧。例如，2018 年 10 月，俄罗斯国防部指责美国在格鲁吉亚等国开展的生物威胁降低项目对其构成严重生物威胁[16]；来自德国和法国的科学家在 *Science* 期刊刊文质疑 DARPA 资助开展的"昆虫联盟"（Insect Allies）项目具有明显的潜在两用性[17]。目前，我国尚缺乏对美国生物防御科研项目及其潜在生物安全风险的系统分析。系统梳理美国生物防御相关科研项目的部署情况和特点，综合分析一些项目潜在的生物安全风险，可为我国生物防御科技支撑体系建设提供参考和借鉴。

本书旨在通过系统梳理美国生物防御相关科研项目，并分析其一些科研项目可能引发的生物安全风险，为我国生物防御科技支撑体系建设提供参考。本书部分相关内容已在《军事医学》《全球科技经济瞭望》期刊发表，可同时参考。书中不当之处，请读者批评指正。

编者

2024 年 4 月

目　录

第一章
NIH 生物防御相关科研项目分析

美国国立卫生研究院（National Institutes of Health，NIH）隶属美国卫生与公众服务部（Department of Health and Human Services，HHS），是美国资助和开展生物医学研究的重要机构，其总部位于马里兰州贝塞斯达（Bethesda），包括 27 个研究所或中心及 1 个院长办公室[18]。NIH 是美国民口资助和开展生物防御研究的主要机构之一，其每年获得的生物防御经费占美国民口生物防御经费的 20% 以上，这些经费由 NIH 下属的研究所或中心负责资助各类机构开展生物防御研究，其中国立过敏与感染性疾病研究所（National Institute of Allergy and Infectious Diseases，NIAID）资助的经费占比达 90% 以上[19]。NIH 资助的生物防御科研项目涵盖从基础研究到新型诊断试剂及药物和疫苗研发，同时资助生物防御基础设施建设[20]。作为全球规模最大、最具影响力的医学研究机构之一，NIH 在项目遴选机制、资助战略和经费管理模式等方面形成了比较成熟的运行机制[21]。研究 NIH 生物防御科研项目的资助特点，对优化我国生物防御研究布局具有借鉴意义。

第一节　NIH 2009—2018 财年生物防御科研项目梳理与分析

NIH 从 2008 年开始通过"研究、状况和疾病分类"（Research，Condition，and Disease Categorization，RCDC）系统对所有 NIH 资助的项目添加类别标签，这些类别标签反映了 NIH 项目资助的细分领域[22]。截至 2021 年，该系统共有包括"生物防御"（Biodefense）在内的 292 个类别标签。2009 年 1 月，NIH 将 RCDC 系统添加到其基金资助结果查询系统 RePORTER（Research Portfolio

Online Reporting Tool Expenditures and Results）[23]，并提供与每个类别相关的完整项目清单和资助金额。本研究通过梳理 NIH 2009—2018 财年生物防御相关科研项目，分析 NIH 生物防御科研项目经费投入、承担机构分布、资助领域、项目资助特点和重点，为我国生物防御科研管理部门和相关研究人员了解 NIH 生物防御科研项目的资助特点、优化我国生物防御研究布局提供参考。

一、数据来源

在 NIH RePORTER 系统中检索并下载 2009—2018 财年 NIH 生物防御类项目。检索及下载时间：2019 年 5 月 14 日；检索式：（Search in：Projects）AND（Fiscal Year = 2018，2017，2016，2015，2014，2013，2012，2011，2010，2009）AND（NIH Spending Categories= Biodefense）。由于 RePORTER 系统检索结果反映的是每个财年的项目资助情况，对于受到多年资助的项目，该系统每年会公布一次资助信息，因此，检索结果中这类项目会显示为 2 条以上的记录。按照项目名称（Project Title）和项目负责人（Contact PI / Project Leader）字段对检索得到的 27 788 条结果中的重复项目进行合并，共得到项目 10 157 项。

二、结果

（一）NIH 生物防御科研项目 2009—2018 财年各年度经费投入及当年资助项目数

2009—2018 财年 NIH 生物防御科研项目共投入经费约 188 亿美元。2009 与 2010 财年总投入经费包含"美国经济复苏与再投资法案"（American Recovery and Reinvestment Act，ARRA）[24] 资金投入，分别为 1.4 亿美元和 1.8 亿美元。经费投入最少的是 2013 财年，投入经费为 15.9 亿美元；最多的是 2018 财年，投入经费为 22.2 亿美元。2009—2015 财年 NIH 生物防御科研项目经费投入变化不大；从 2016 财年开始，NIH 生物防御科研项目经费投入呈现逐年上升趋势。从各年度资助项目数来看，资助项目数最少的为 2014 年，资助项目 2399 项；最多的为 2018 年，资助项目 3453 项。从 2014 年开始，年度资助项目数呈现逐年增加趋势（图 1.1.1）。

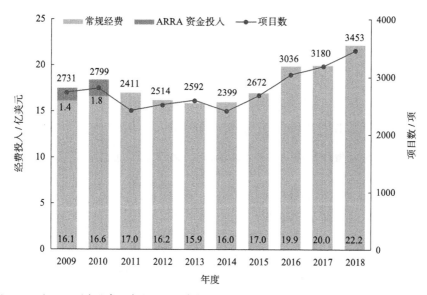

注：2009 和 2010 财年均有额外的 ARRA 资金投入；其项目数按年度分开计算。

图 1.1.1 NIH 2009—2018 财年生物防御科研项目经费投入及当年资助项目数情况

（二）NIH 生物防御科研项目承担机构

2009—2018 财年，参与承担 NIH 生物防御科研项目的机构共有 970 余家。这些机构分布在全球 33 个国家，其中美国承担项目数量最多，共承担项目 9968 项。美国以外国家中英国承担最多（32 项），其后为加拿大（23 项）、澳大利亚（16 项）、南非（11 项）、阿根廷（10 项）等。

从承担机构类型看，NIH 生物防御科研项目承担机构由美国国内高等教育机构（包括医学院、药学院、公共卫生学院等学院及综合型院校）、美国国内营利性机构（企业、公司等）、美国国内研究所（不包括 NIH 下属研究所）、美国国内独立型医院、NIH 院内机构（NIH 下属研究所或中心）、其他美国国内非营利性机构和国外机构等 7 类机构组成。从所承担项目数来看，美国国内高等教育机构承担项目 6869 项，占比约 67%；美国国内营利性机构承担项目 984 项，占比约 10%；美国国内研究所承担项目 923 项，占比约 9%；美国国内独立型医院承担项目 538 项，占比约 5%；NIH 院内机构承担项目 474 项，占比约 5%；其他美国国内非营利性机构承担项目 179 项，占比约 2%；国外机构承担项目 190 项，占比约 2%。

从获得资助的经费金额来看，美国国内高等教育机构获得经费资助82.04亿美元，占比约45.7%；NIH院内机构获得经费资助41.90亿美元，占比约23.3%；美国国内营利性机构获得经费资助23.08亿美元，占比约12.9%；美国国内研究所获得经费资助17.75亿美元，占比约9.9%；美国国内独立型医院获得经费资助8.05亿美元，占比约4.5%；国外机构获得经费资助4.08亿美元，占比约2.3%；其他美国国内非营利性机构获得经费资助2.73亿美元，占比约1.5%（图1.1.2）。

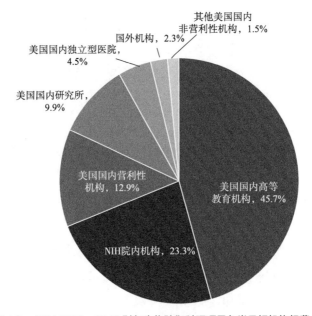

图1.1.2　NIH 2009—2018财年生物防御科研项目各类承担机构经费占比

美国国内除了NIH院内机构，承担项目的其他机构分布在美国各州及华盛顿特区、波多黎各等地区。其中加利福尼亚州的机构承担项目最多，承担项目1274项。承担项目数排名第2位到第10位的州为：马萨诸塞州（1024项）、纽约州（862项）、得克萨斯州（627项）、马里兰州（567项）、宾夕法尼亚州（463项）、北卡罗来纳州（391项）、华盛顿州（329项）、科罗拉多州（272项）和俄亥俄州（259项）。

共有26家机构承担项目数超过100项。承担项目最多的是国立过敏与感染性疾病研究所（NIAID），为432项。承担项目数排名第2位到第10位的机构为：得克萨斯大学加尔维斯顿医学分部（186项）、马里兰大学巴尔的摩分校（185

项）、埃默里大学（173 项）、北卡罗来纳大学教堂山分校（166 项）、华盛顿大学（162 项）、圣路易斯华盛顿大学（159 项）、西奈山伊坎医学院（150 项）、杜克大学（140 项）、耶鲁大学（137 项）。获得经费资助大于 1 亿美元的共有 37 家机构。马里兰大学巴尔的摩分校获得经费资助最多，10 年间共获经费资助 3.36 亿美元。其他获得经费资助较多的机构有：得克萨斯大学加尔维斯顿医学分部（3.25 亿美元）、西奈山伊坎医学院（2.78 亿美元）、埃默里大学（2.70 亿美元）、Leidos 生物医学研究公司（2.60 亿美元）、杜克大学（2.48 亿美元）、斯克利普斯研究所（2.45 亿美元）、华盛顿大学（2.44 亿美元）、哈佛医学院（2.36 亿美元）、圣路易斯华盛顿大学（2.13 亿美元）（表 1.1.1）。

表 1.1.1　NIH 2009—2018 财年生物防御科研项目主要承担机构（经费数前 30 位）

序号	承担机构（英文名称）	承担机构（中文名称）	经费／亿美元	项目数／项
1	University of Maryland Baltimore	马里兰大学巴尔的摩分校	3.36	185
2	University of Texas Medical Branch Galveston	得克萨斯大学加尔维斯顿医学分部	3.25	186
3	Icahn School of Medicine at Mount Sinai	西奈山伊坎医学院	2.78	150
4	Emory University	埃默里大学	2.70	173
5	Leidos Biomedical Research, Inc.	Leidos 生物医学研究公司	2.60	29
6	Duke University	杜克大学	2.48	140
7	Scripps Research Institute	斯克利普斯研究所	2.45	121
8	University of Washington	华盛顿大学	2.44	162
9	Harvard Medical School	哈佛医学院	2.36	134
10	Washington University in St.Louis	圣路易斯华盛顿大学	2.13	159
11	Columbia University Health Sciences	哥伦比亚大学健康科学中心	1.91	115
12	NIAID	国立过敏与感染性疾病研究所	1.90	432
13	University of North Carolina at Chapel Hill	北卡罗来纳大学教堂山分校	1.89	166
14	St. Jude Children's Research Hospital	圣犹大儿童研究医院	1.75	33
15	University of Massachusetts Medical School Worcester	马萨诸塞大学沃斯特医学院	1.64	119
16	University of California, San Diego	加利福尼亚大学圣地亚哥分校	1.63	111

续表

序号	承担机构（英文名称）	承担机构（中文名称）	经费／亿美元	项目数／项
17	SRI International	斯坦福国际研究院	1.58	44
18	Stanford University	斯坦福大学	1.56	114
19	University of Alabama at Birmingham	阿拉巴马大学伯明翰分校	1.51	121
20	Johns Hopkins University	约翰·霍普金斯大学	1.49	114
21	Yale University	耶鲁大学	1.48	137
22	American Type Culture Collection	美国菌种保藏中心	1.46	7
23	University of Pennsylvania	宾夕法尼亚大学	1.43	135
24	University of Rochester	罗彻斯特大学	1.43	84
25	University of Pittsburgh	匹兹堡大学	1.39	133
26	Massachusetts General Hospital	麻省总医院	1.35	126
27	La Jolla Inst for Allergy & Immunology	拉霍亚过敏和免疫学研究所	1.32	66
28	J. Craig Venter Institute	克莱格·文特尔研究所	1.22	13
29	University of Wisconsin-Madison	威斯康星大学麦迪逊分校	1.19	108
30	University of Michigan at Ann Arbor	密歇根大学安娜堡分校	1.16	98

（三）NIH 生物防御科研项目资助领域

RCDC 系统各类别标签相互之间存在交叉，单个项目如涉及的研究领域较多，NIH 则将该项目归为多个类别。根据每个项目对应的类别标签，筛选待分析的类别标签进行统计，可以得到 NIH 生物防御项目资助细分领域的数据。

1.NIH 生物防御科研项目资助领域项目数、经费及占比情况

根据各资助领域项目数量，NIH 2009—2018 财年生物防御科研项目中与感染性疾病相关的项目有 9647 项，占比约 95%；与生物技术相关的项目有 3477 项，占比约 34%；与疫苗相关的项目有 2895 项，占比约 29%；与罕见疾病相关的项目有 2195 项，占比约 22%；与临床研究相关的项目有 1589 项，占比约 16%；与虫媒传播疾病相关的项目有 1434 项，占比约 14%；与抗菌素耐药相关的项目有 1154 项，占比约 11%；与流感相关的项目有 948 项，占比约 9%。此外，炭疽

相关项目有 269 项，占比约 3%；天花相关项目有 167 项，占比约 2%。

根据各资助领域经费数额，与感染性疾病相关的项目获得经费资助 172.6 亿美元，占比约 96%；与疫苗相关的项目获得经费资助 74.6 亿美元，占比约 41%；与生物技术相关的项目获得经费资助 61.7 亿美元，占比约 34%；与临床研究相关的项目获得经费资助 47.5 亿美元，占比约 26%；与罕见疾病相关的项目获得经费资助 42.8 亿美元，占比约 24%；流感、虫媒传播疾病、抗菌素耐药相关项目获得的经费资助也占有一定比例（图 1.1.3）。此外，炭疽相关项目获得经费资助 6.63 亿美元，占比约 4%；天花相关项目获得经费资助 4.25 亿美元，占比约 2%。

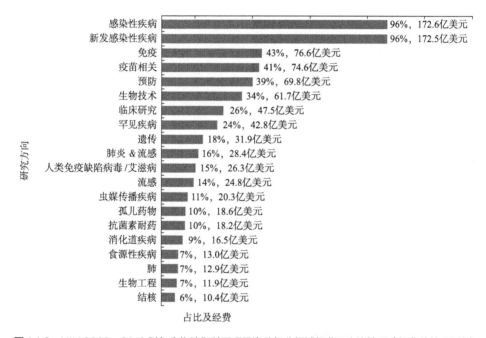

图 1.1.3　NIH 2009—2018 财年生物防御科研项目资助细分领域经费及占比情况（经费数前 20 位）

2.NIH 重点资助领域年度资助趋势

选取 8 个具体资助领域，比较 NIH 生物防御科研项目各领域的年度经费资助变化趋势，可以看出，NIH 对于生物防御项目中生物技术、疫苗、临床研究、虫媒传播疾病及抗菌素耐药等领域的经费资助呈上升的趋势；对于流感领域的经费资助变化不大；对于炭疽和天花领域的经费资助呈下降趋势（图 1.1.4）。

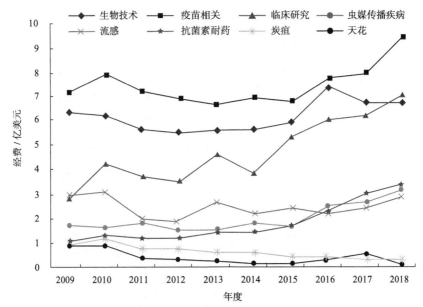

图 1.1.4　NIH 2009—2018 财年生物防御科研项目资助细分领域各年度经费投入情况（见书末彩插）

三、讨论与分析

本研究从 NIH 2009—2018 财年生物防御科研项目的经费投入趋势、承担机构分布和主要资助领域等方面出发，分析了 NIH 生物防御科研项目资助特点和重点，以期为我国生物防御研究布局提供借鉴和参考。

（一）NIH 生物防御科研项目资助特点

1. 资助经费投入巨大

NIH 是美国民口资助和开展生物防御研究的主要机构之一，其每年获得的生物防御经费占美国民口生物防御经费的 20% 以上。2009—2018 财年，NIH 生物防御科研项目经费总投入约 180 亿美元。除了 ARRA 额外资助，2009—2015 财年 7 年间 NIH 生物防御科研项目经费投入保持在每年 16 亿美元以上，2016 财年经费投入首次突破 19 亿美元，近年来经费投入呈现出持续增长的趋势。同时，NIH 生物防御科研项目年度资助项目数也呈现增长趋势。

2. 核心机构发挥重要作用

NIAID 是 NIH 生物防御研究的主要资助和开展机构。NIAID 生物防御项目主要包括基础研究、基因组学研究、基础设施建设、新型诊断方法研究、新型疗法研究及疫苗研究[25]。NIAID 生物防御基础研究主要包括新发感染性疾病的发病机制研究和潜在生物威胁剂的病原生物学研究，以及针对这些病原体或毒素的宿主免疫反应研究。NIAID 通过开展一系列计划来支持对于新型诊断试剂、药物、疫苗的临床前和临床研究[20]。NIAID 资助建设了大量生物防御基础设施来支持以上研究的开展并开展广泛的生物安全培训[26]。基础设施建设主要包括基于区域划分的 11 个转化医学研究卓越中心[27]、9 个疫苗与治疗评估单元[28]、5 个流感研究与监测卓越中心[29]、若干高等级生物安全实验室[30]。NIAID 还重视加强与学术界、产业界的协作，以确保其研发项目能高效顺利进行。除 NIAID 外，受 NIH 资助较多的马里兰大学巴尔的摩分校、得克萨斯大学加尔维斯顿医学分部和西奈山伊坎医学院等机构在美国生物防御医学科研中也发挥着重要作用。

3. 承担机构类型多样

NIH 2009—2018 财年生物防御科研项目总数中除 5% 的项目由其院内机构承担外，其他 95% 的项目由院外机构承担。院外机构主要包括美国高校、企业、科研机构及部分国外机构。这些机构在 NIH 生物防御项目的开展中发挥着重要作用。值得注意的是，一些企业虽然承担的项目不多，但获得的经费数额较大，如 Leidos 生物医学研究公司虽然只承担了 29 项项目，但获得的经费达 2.6 亿美元；Janssen 疫苗与预防公司虽然只承担了 4 项项目，但获得的经费达 1.1 亿美元。

4. 注重加强国际合作

NIH 注重在全球布局其生物防御研究，资助了一些国外机构开展生物防御研究。从各国获得的经费数量来看，来自荷兰的机构获得的经费最多，共计约 1.1 亿美元；澳大利亚、英国、加拿大、丹麦紧随其后，分别获得了约 4000 万美元、3900 万美元、3600 万美元、1300 万美元的资助。英国公共卫生局参与了 NIH 生物防御项目中炭疽、天花类的项目；丹麦的 Bavarian Nordic 公司也参与了天花类的项目；荷兰的 Janssen 疫苗与预防公司获得了 NIH 生物防御流感类项目约 6300 万美元的资助。2014—2016 年西非埃博拉疫情暴发期间，NIAID 与利比里亚政府建立了临床研究合作伙伴关系，并启动了几种埃博拉疫苗和治疗药物的多项临床研究；2017 年、2018 年，NIAID 在几内亚、马里、塞拉利昂等国进行了 Janssen 疫苗与预防公司的 Ad26.ZEBOV、Bavarian Nordic 公司的 MVA-BN-Filo 和 Merck 公司的 rVSV-ZEBOV 等三种埃博拉疫苗的临床研究[31]。

5. 项目资助重点突出

近年来，NIAID 通过发布一系列生物防御研究战略计划和重要病原体清单明确其生物防御研究的重点方向。作为美国民口重要的生物防御资助和研究机构，NIH 生物防御科研项目与感染性疾病和新发感染性疾病密切相关。NIH 感染性疾病项目除了重点研究埃博拉病毒和中东呼吸综合征冠状病毒、基孔肯雅病毒、登革病毒等新发或再发传染病病原体外，还针对炭疽、天花、拉沙、鼠疫等潜在生物威胁病原体开展了大量研究[32, 33]。近年来，随着 NIH 生物防御项目的总体投入逐年加大，在生物防御项目中关于疫苗、临床研究、抗生素耐药等项目的投入也随之加大，特别是临床研究领域的经费在年度生物防御经费中的占比逐年增加，但炭疽、天花等传统潜在生物威胁剂的研究呈现经费投入下降的趋势，这可能跟 NIH 将相关项目移交给美国生物医学高级研发管理局进行后期研发有关[34]。

（二）对我国生物防御研究的启示

作为发展中国家和人口大国，我国一直以来面临着严峻的生物威胁挑战，2003 年严重急性呼吸综合征（SARS）疫情给我国造成了重大民众健康威胁和经济损失；2018 年 8 月，非洲猪瘟疫情在我国多地暴发，对我国畜牧业造成严重打击；2019 年 12 月以来，新型冠状病毒肺炎疫情暴发对我国和全球社会正常运行都造成了严重影响。习近平总书记强调，要从保护人民健康、保障国家安全、维护国家长治久安的高度，把生物安全纳入国家安全体系，系统规划国家生物安全风险防控和治理体系建设，全面提高国家生物安全治理能力[8]。强化生物防御科技支撑体系，是保障生物安全的基础和关键，基于对 NIH 生物防御科研项目的梳理和分析，结合我国生物防御研究现状，提出强化我国生物防御科技支撑的 5 项建议。

1. 明确生物防御研究重点方向

我国应立足当前，深入分析研判我国生物防御研究的基本情况，摸清我国生物防御研究的短板和不足，结合我国生物安全面临的现实威胁，科学布局我国生物防御研究的重点方向；未雨绸缪，论证部署一批前瞻性的研究项目，如烈性病原体基础研究、新发病原体或潜在生物威胁剂疫苗和治疗药物的研发与储备、诊断试剂开发和动物模型研究等。

2. 保持稳定的生物防御经费投入

我国在生物防御经费投入层面应该努力拓宽资金融入渠道，通过加强政府资金投入、设立生物防御研究相关基金和引导社会资金投入等方式，保持生物防御研究经费投入的持续性和稳定性；同时，应科学规划生物防御各相关领域经费投入，既保证足够资金支持，也应防止资源浪费。

3. 加强生物防御研究核心机构建设

NIH 是全球最大的生物医学研究与项目资助机构，也是集生物医学研究、人才培养、项目资助、经费管理和智库建设于一体的科研机构，其下属的 NIAID 是美国生物防御研究的核心机构之一。我国应在加强现有生物防御研究机构建设的基础上，积极拓展生物防御研究机构类型，整合企业、高校、科研院所资源，充分释放创新活力，实现优势互补，构建生物防御研究协同创新体系。同时，可论证依托国内优势医学或生物学研究机构（如中国医学科学院或中国科学院部分研究所）建立类似 NIH 或 NIAID 的机构可行性。

4. 推进生物防御研究基础设施建设

我国可结合 2016 年国家发展改革委和科技部联合发布的《高级别生物安全实验室体系建设规划（2016—2025 年）》[35]，依托国内高校、科研机构、医院等，建设一批区域性生物防御研究中心和临床试验评估中心，配套建设一定数量的高级别生物安全实验室和菌毒种资源库；建设国家生物防御药品、疫苗、检测试剂和特殊医疗物资的生产及储备基地，提高国家生物防御产品战略储备能力。

5. 加强生物防御研究国际合作

新型冠状病毒肺炎疫情显现了在应对重大生物安全事件，特别是新发突发传染病疫情时，没有任何一个国家能独善其身。我国应以"人类命运共同体"思想谋划我国生物防御研究，树立"全球生物安全观"理念，前移生物防御关口；论证部署海外生物安全监测中心和临床试验基地，及时获取全球新发突发传染病菌毒种资源，为国内应对相关感染性疾病打下坚实基础；加强与发达国家生物防御研究领域优势机构和跨国公司的交流合作；积极参与国际生物安全事件应对和研究，树立负责任大国形象，增强国际生物防御研究领域话语权。

第二节　NIH 冠状病毒相关科研项目分析

根据 WHO 公布的数据，截至 2021 年 5 月 6 日，新型冠状病毒肺炎（Coronavirus Disease 2019，COVID-19）疫情已造成全球 155 665 214 人感染，3 250 648 人死亡 [36]，对全球公共卫生体系造成了巨大影响。冠状病毒是一类广泛存在的对人及家畜具有重大潜在威胁的病原体，最初于 1937 年在鸡的感染组织中被发现，病毒呈球形，表面具有王冠般的钉状突起，因此被命名为冠状病毒 [37]。冠状病毒是具有囊膜的线性单股正链 RNA 病毒，包括 4 个属（α、β、γ 和 δ），其中对人类致病的主要为 α、β 冠状病毒。当前，共发现 7 种对人类致病的冠状病毒，其中，HCoV-NL63、HCoV-229E、HCoV-OC43 和 HKU1 在健康人群中引起轻微的上呼吸道疾病，SARS-CoV、MERS-CoV、SARS-CoV-2 对人类具有高致病性 [38]。2019 年以前，人类经历了严重急性呼吸综合征（Severe Acute Respiratory Syndrome，SARS）、中东呼吸综合征（Middle East Respiratory Syndrome，MERS）两次冠状病毒引起的疾病流行。虽然在两次疫情暴发后，全球投入了很多经费研究这两种疾病，但当面对 COVID-19 疫情时，各国在疫情监测、病毒溯源、防控救治、资源调配等方面依然存在较多薄弱环节。美国是全球科研实力最强的国家，长期以来在生物防御和新发传染病应对方面部署了很多科研项目。NIH 是美国民口资助和开展新发传染病应对研究的重要机构，分析 NIH 冠状病毒相关科研项目资助情况，可对我国和全球未来冠状病毒疾病应对科技支撑提供参考。

一、数据来源

在 NIH 基金资助结果查询系统 RePORTER[23] 中检索并下载 NIH 冠状病毒相关研究项目及项目相关发表文章。检索及下载时间：2020 年 4 月 22 日；由于用 HCoV-NL63、HCoV-229E、HCoV-OC43 和 HKU1 等词检索得出结果较少，且检索结果包含在以下检索结果中，因此检索式确定为：（Text Search：Coronavirus OR SARS OR "Severe acute respiratory syndrome" OR MERS OR "Middle east respiratory syndrome" OR COVID-19 OR 2019n-CoV）AND（Search in：Projects；Limit to：Project Title）AND（Fiscal Year：All Fiscal Years）AND（Funding IC：All NIH institutes and centers）。共得到 1985 财年以来 NIH 冠状病毒研究相关项目信息 693 条，项目相关文章发表信息 1399 条（查询中，若不用 Funding IC，而用 Admin IC 会得到一些与冠状病毒无关的文章）。根据项目名称及摘要信息将所有项目分为 SARS 相关、MERS 相关、COVID-19 相关及其他项目 4 类。由于 RePORTER 系统检索结果反映的是每个财年 NIH 的项目资助情况，对于受到多年资助的项目，该系统每年会公布一次当年资助信息，检索结果中这类项目会显示为 2 条以上的记录。按照项目名称（Project Title）和项目负责人（Contact PI / Project Leader）字段对相同项目进行合并，得到实际资助或开展项目 194 项，根据项目研究内容进一步将所有项目分为疫苗、治疗药物、诊断试剂、致病机制、病原学等 10 个类别，统计分析各类别项目数和经费及承担项目和经费数量的机构分布。论文产出情况按照年度发文量、主要发文机构、主要期刊等信息进行统计分析。

二、结果

（一）NIH 冠状病毒研究各财年经费投入及资助项目数

1985 财年以来，NIH 冠状病毒相关研究项目共投入经费约 2.98 亿美元。其中 SARS 相关项目 1.63 亿美元，MERS 相关项目 0.34 亿美元，COVID-19 相关项目 113 万美元，其他项目 1.00 亿美元。投入经费最多的是 2004 财年，投入经费 0.42 亿美元；最少的是 1985 财年，投入经费 32 万美元（图 1.2.1）。从各财年资助项目数来看，资助项目数最多的是 2005 财年，资助项目 47 项；最少的是 1985 财年，资助项目 3 项（图 1.2.2）。

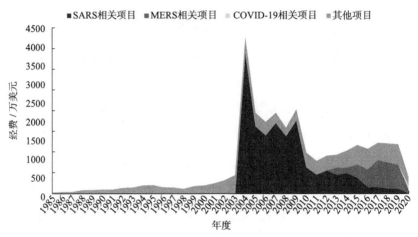

图 1.2.1　NIH 冠状病毒研究各财年经费投入情况（见书末彩插）

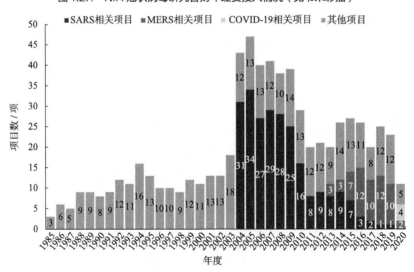

图 1.2.2　NIH 冠状病毒研究各财年资助项目数情况（见书末彩插）

（二）NIH冠状病毒研究项目承担机构情况

1985财年以来，参与承担NIH冠状病毒研究项目的机构有92家。从承担机构类型看，由美国国内高等教育机构（包括医学院、药学院、公共卫生学院等学院及综合型院校）、美国国内营利性机构（企业、公司等）、美国国内研究所（不包括NIH下属研究所）、美国国内独立型医院、NIH院内机构（NIH下属研究所或中心）、其他美国国内非营利性机构和国外机构等7类机构组成。从获得资助的经费金额来看，美国国内高等教育机构获得经费资助约1.80亿美元，占比约60%；美国国内营利性机构获得经费资助4330万美元，占比约15%；美国国内研究所获得经费资助3664万美元，占比约12%；NIH院内机构获得经费资助1642万美元，占比约6%；美国国内独立型医院获得经费资助1183万美元，占比约4%；其他美国国内非营利性机构获得经费资助671万美元，占比约2%；国外机构获得经费资助339万美元，占比约1%（图1.2.3）。

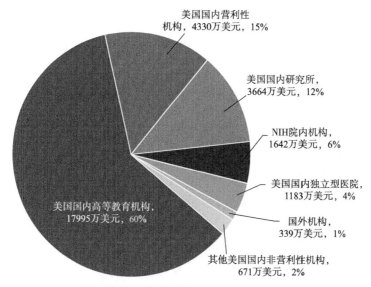

图1.2.3 NIH冠状病毒研究项目承担机构类别

承担项目数量最多的机构为宾夕法尼亚大学，其次为北卡罗来纳大学教堂山分校。共有52家机构获得经费资助超过100万美元。获得经费资助最多的机构是北卡罗来纳大学教堂山分校，共获资助2247万美元，承担项目11项。其他获得经费资助较多的机构有爱荷华大学（获得资助 2212 万美元，承担项目 8 项）、国立过敏与感染性疾病研究所（1642 万美元，5 项）、宾夕法尼亚大学（1314 万美元，13 项）、科罗拉多大学丹佛分校（1236 万美元，3 项）、芝加哥洛约拉大学（1230 万美元，5 项）、范德比大学（1069 万美元，7 项）、诺华疫苗与诊断公司（1043 万美元，1 项）、伊利诺伊大学芝加哥分校（1024 万美元，3 项）、纽约血液中心（915 万美元，6 项）（表 1.2.1）。此外，还有一些国外机构获得了 NIH 冠状病毒研究项目的资助，如加拿大阿尔伯塔大学（96 万美元，1 项）和英国公共卫生局（38 万美元，1 项）等。

表 1.2.1　NIH 冠状病毒研究项目主要承担机构（按总经费数排序）

序号	承担机构	SARS 相关项目 / 项	MERS 相关项目 / 项	COVID-19 相关项目 / 项	其他项目 / 项	总项目 / 项	总经费 / 万美元
1	北卡罗来纳大学教堂山分校	3	7	0	1	11	2247
2	爱荷华大学	0	4	0	4	8	2212
3	国立过敏与感染性疾病研究所	2	2	0	1	5	1642
4	宾夕法尼亚大学	2	2	0	9	13	1314
5	科罗拉多大学丹佛分校	0	1	0	2	3	1236
6	芝加哥洛约拉大学	0	0	0	5	5	1230
7	范德比大学	0	0	0	7	7	1069
8	诺华疫苗与诊断公司	0	1	0	0	1	1043
9	伊利诺伊大学芝加哥分校	0	3	0	0	3	1024
10	纽约血液中心	3	2	0	1	6	915
11	Dana-Farber 癌症研究所	0	2	0	0	2	906
12	得克萨斯大学医学院	1	2	0	2	5	869
13	Wadsworth 中心	0	1	0	4	5	755
14	贝勒医学院	1	1	0	2	4	705

续表

序号	承担机构	SARS 相关项目 / 项	MERS 相关项目 / 项	COVID-19 相关项目 / 项	其他项目 / 项	总项目 / 项	总经费 / 万美元
15	Lovelace 生物医学与环境研究所	0	2	0	0	2	630
16	得克萨斯大学奥斯汀分校	0	1	0	4	5	585
17	华盛顿 ID 生物医学公司	0	1	0	0	1	560
18	阿肯色大学医学院	0	2	0	2	4	560
19	田纳西大学	0	0	0	3	3	485
20	Alphavax 人类疫苗公司	0	1	0	0	1	484
21	斯克利普斯研究所	0	1	1	2	4	453
22	Phelix 治疗公司	0	0	0	1	1	438
23	南方研究所	0	1	0	0	1	433
24	BioFire Defense 公司	0	1	0	0	1	428
25	华盛顿大学	0	1	0	1	2	392
	其他机构	15	45	3	36	99	7208
	合计 *	27	84	4	87	202	29 823

* 对于由两家机构共同承担的项目，在统计承担机构项目数时各累计 1 次，因此表中合计项目数（202 项）大于实际总项目数（194 项）。

（三）NIH 冠状病毒研究项目类别及重点研究方向

1985 财年以来，NIH 共资助或开展冠状病毒相关项目 194 项。其中，SARS 相关项目 81 项，MERS 相关项目 27 项，COVID-19 相关项目 4 项，其他项目 82 项（针对其他冠状病毒，或没有明确针对上述冠状病毒）。根据研究内容，NIH 冠状病毒项目可分为疫苗、病原学、致病机制、治疗药物、动物模型和诊断试剂等 10 个类别。其中，疫苗研究项目获得的经费资助最多，获得经费资助

8401万美元。其他获得经费资助较多的类别有病原学研究项目（7767万美元）、致病机制研究项目（5728万美元）、治疗药物研发项目（3125万美元）、动物模型研究项目（1248万美元）等（表1.2.2、图1.2.4）。在冠状病毒疫苗研发方面，涵盖了灭活疫苗、重组亚单位疫苗、核酸疫苗、病毒载体疫苗和减毒活疫苗等主要疫苗类型，涉及多家研究机构[39-42]（表1.2.3）。

表 1.2.2 NIH 冠状病毒各研究类别项目数及经费情况（按总经费数排序）

序号	研究类别	SARS 相关项目 / 项	MERS 相关项目 / 项	COVID-19 相关项目 / 项	其他 项目 / 项	总项目 / 项	总经费 / 万美元
1	疫苗	27	6	1	4	38	8773
2	病原学	15	3	0	47	65	7767
3	致病机制	13	4	0	17	34	5728
4	治疗药物	7	4	3	5	19	3125
5	诊断试剂	8	0	0	0	8	1450
6	动物模型	4	7	0	1	12	1248
7	病毒受体相互作用	1	0	0	2	3	635
8	宿主动物研究	1	0	0	1	2	415
9	宿主免疫反应	4	1	0	2	7	415
10	临床试验	0	2	0	0	2	177
11	其他项目*	1	0	0	3	4	90
	合计	81	27	4	82	194	29 823

　*其他项目包括流行病学研究项目2项（经费80万美元）、防控措施研究项目1项（经费10万美元）、冠状病毒国际会议1项（经费2000美元）。

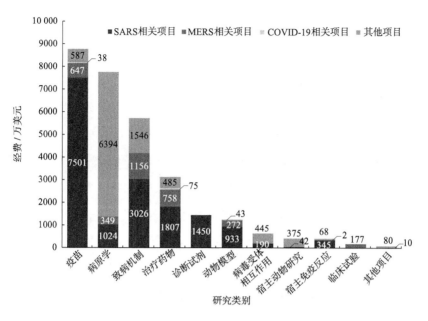

图 1.2.4　NIH 冠状病毒各研究类别经费投入情况（见书末彩插）

表 1.2.3　NIH 资助冠状病毒疫苗研发类型及主要机构

类型	SARS	MERS
灭活疫苗	北卡罗来纳大学教堂山分校	得克萨斯大学加尔维斯顿医学分部
重组亚单位疫苗	马里兰大学 得克萨斯大学加尔维斯顿医学分部	纽约血液中心 科罗拉多州立大学 斯克利普斯研究所
核酸疫苗	国立过敏与感染性疾病研究所 马萨诸塞大学沃斯特医学院 约翰·霍普金斯大学医学院	国立过敏与感染性疾病研究所 宾夕法尼亚大学
病毒载体疫苗	匹兹堡大学医学院 国立过敏与感染性疾病研究所 耶鲁大学医学院 托马斯·杰斐逊大学 瑞士科伯纳生物技术公司	匹兹堡大学医学院
减毒活疫苗	北卡罗来纳大学教堂山分校 西班牙马德里自治大学	北卡罗来纳大学教堂山分校 西班牙马德里自治大学

注：①机构名称依据期刊论文通讯作者所在机构；②上述机构均发表了相关文章，并标注了 NIH 资助；③一些研究资助机构不只 NIH。

NIH 在冠状病毒病原学、致病机制方面部署了一些研究项目。2003 年 Wenhui Li 等 [43] 发现 SARS-CoV 以血管紧张素转化酶 2（Angiotensin-Converting Enzyme 2，ACE2）作为受体；2006 年他们定位和鉴定了 ACE2 和 S 蛋白的相互作用区域，并确定了 S 蛋白结构域 [44]；Ratia 等确定了 SARS-CoV 的木瓜样蛋白酶（Papain-like protease，PLpro）三维结构，这有助于设计针对 PLpro 的小分子抑制剂 [45]；NIAID 的 Letko 等人研究了 MERS 如何进化以感染不同的物种，这有助于研究人员确定病毒在新宿主中出现和传播所需的条件 [46]。

在治疗药物研发方面，MERS 疫情暴发后，NIH 筛选了 290 种已批准并具有明确靶点的药物，用以验证其对于 SARS 和 MERS 的疗效。结果显示，33 种化合物对 MERS-CoV 有活性，6 种对 SARS-CoV 有活性，27 种对两种冠状病毒均有活性 [47]；NIAID 对实验性抗病毒药物 Remdesivir 对 MERS-CoV 的作用进行了研究，结果表明该药在感染前给药可预防疾病，在感染后给药可改善猕猴的状况 [48]。

NIH 资助的关于冠状病毒宿主动物及病毒溯源的研究侧重对于蝙蝠的研究。美国北卡罗来纳大学教堂山分校研究发现在中国菊头蝠中传播的 SARS 样冠状病毒 SHC014-CoV 具有潜在感染人类的可能性 [49]。

（四）NIH 冠状病毒研究项目论文产出情况

NIH RePORTER 系统项目列表仅能检索到 1985 年以来的项目，不过论文发表数据包括了 1980 年以来的文献，这是因为有些项目立项时间早于 1980 年，且持续资助年度较长。截至检索时间，NIH 冠状病毒研究项目共产出论文 1399 篇（不仅限于 Article 类文章）。从年度发文量来看，论文产出呈现"双峰"形态，分别于 2008 年和 2015 年达到峰值；2015 年后，发文量呈现下降的趋势（图 1.2.5）。发表论文较多的机构有宾夕法尼亚大学（84 篇）、国立过敏与感染性疾病研究所（77 篇）、爱荷华大学（70 篇）、南加利福尼亚大学（68 篇）、北卡罗来纳大学教堂山分校（63 篇）、田纳西大学（49 篇）、范德比大学医学中心（49 篇）、纽约州卫生部（35 篇）、斯克利普斯研究所（33 篇）、华盛顿大学

（33 篇）。NIH 冠状病毒研究项目相关论文发表在 243 种刊物上，刊文最多的期刊为《病毒学杂志》（*Journal of Virology*），共刊文 410 篇，其他刊文较多的期刊还有《病毒学》（*Virology*）、《实验医学与生物学进展》（*Advances in Experimental Medicine and Biology*）、《美国国家科学院院刊》（*PNAS*）、《病毒学研究》（*Virus Research*）等（表 1.2.4）。此外，*Nature* 刊文 8 篇、*Cell* 刊文 5 篇、*Science* 刊文 4 篇、*Lancet* 刊文 2 篇、*The New England Journal of Medicine* 刊文 1 篇。

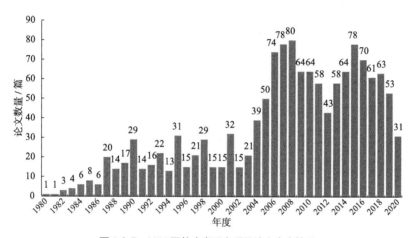

图 1.2.5 NIH 冠状病毒研究项目论文产出情况

表 1.2.4 NIH 冠状病毒研究项目论文发表主要期刊（刊文量 Top10）

序号	期刊	论文数量 / 篇	影响因子 *（2018 年）
1	*J Virol*	410	4.3
2	*Virology*	131	2.7
3	*Adv Exp Med Biol*	111	2.1
4	*Proc Natl Acad Sci USA*	48	9.6
5	*Virus Res*	36	2.7
6	*PLoS Pathog*	33	6.5
7	*mBio*	24	6.7
8	*PLoS One*	23	2.8
9	*J Infect Dis*	22	5.0
10	*Vaccine*	22	3.3

＊影响因子数据来源于 Web of Science 网站。

三、分析与讨论

本研究从 NIH 冠状病毒研究相关科研项目的经费投入趋势、承担机构分布、主要研究类别和论文产出等方面，分析了 NIH 冠状病毒研究相关科研项目的特点与重点，对我国和全球未来冠状病毒疾病应对科研部署提供参考。

（一）NIH 冠状病毒研究聚焦于疫情应对，多种机构广泛参与

NIH 冠状病毒研究聚焦于针对 SARS 和 MERS 的研究，资助力度随着两次疫情的暴发而加强。对于冠状病毒，NIH 在 2003 年以前一直保持较低的资助水平；2003年 SARS 疫情暴发以后，NIH 院内机构率先开展 SARS 相关研究；此后，NIH 逐渐加大对于冠状病毒的研究资助，2005 年经费投入和年度资助项目数达到顶峰，同期 NIH 冠状病毒研究项目论文产出量也保持不断上升的趋势，后续随着全球 SARS 疫情终止，对于 NIH 冠状病毒研究的资助力度也随之下降。2012 年 MERS 疫情暴发后，NIH 对于冠状病毒的资助力度再度上升。2020 年 2 月，为了应对 COVID-19 疫情暴发，NIAID 启动 NIH 紧急资助机制[50]。2020 年 4 月，NIAID 发布了《NIAID COVID-19 研究战略计划》以加强对 COVID-19 的诊断、预防与治疗研究；该战略计划确定了 NIAID COVID-19 的 4 个研究重点：提高 COVID-19 的基础研究；开发快速、准确的诊断和分析方法；测试 COVID-19 的潜在治疗方法；开发安全有效的疫苗[51]。

NIH 冠状病毒研究项目注重整合国内高校、医院和企业等各类型机构力量，美国国内高校是 NIH 冠状病毒研究的主要力量，一些企业虽然承担项目数不多，但在疫苗、药物和诊断试剂研发等领域获得了较多经费资助，发挥了重要作用。此外，NIH 冠状病毒研究还资助开展了部分国际合作项目，在病毒溯源、疫苗研发等领域均有项目部署。

（二）NIH 冠状病毒研究经费投入不连贯，部分领域获得经费资助较少

NIH 在冠状病毒研究领域部署了一些项目，取得了一些创新性成果，但同时也存在经费投入不连贯、科技成果转化能力不强、资助类别不够全面等问题。特朗普政府时期持续缩减基础科研领域财政预算，特别是生物医学领域，在白宫公布的2021 财年预算中，NIH 预算较上一财年缩减约 30 亿美元，削减幅度大于 7%[52]，因

此 NIH 近些年面临着经费缩减的压力。从 NIH 冠状病毒研究经费投入和年度资助项目数可以看出，NIH 对于冠状病毒研究的投入缺乏持续性，2003 年 SARS 疫情暴发以后，NIH 投入了大量的经费致力于 SARS 相关研究，短期内相关经费投入大幅上升，但在疫情结束后，经费投入迅速下降到较低水平。MERS 疫情发生后，经费投入虽然有所上升，但各年度经费投入力度与 SARS 疫情暴发后的几年相比，仍处于较低水平。从 NIH 冠状病毒项目具体类别看，对于流行病学、宿主动物、防护措施和疫情监测等类别的研究较少，这些研究对于应对重大传染病疫情不可或缺。

（三）美国重视病原生物安全，但仍部署了一些有争议的研究

NIAID 将 SARS-CoV，MERS-CoV 确定为其生物防御和新发感染性疾病研究中的 C 类病原体（主要是一些新发病原体）[53]。2014 年 10 月，针对流感病毒功能获得性（Gain-of-Function，GOF）研究引起的生物安全担忧，白宫科技政策办公室宣布暂停流感、SARS 和 MERS 病毒 GOF 研究的资助 [54]。功能获得性研究包括增强病原体致病性或传播能力等，这类研究具有科学及公共卫生收益，但同时也存在生物安全（Biosafety）与生物安保（Biosecurity）风险 [55]。2017 年美国卫生与公众服务部取消了该"暂停"，但需进行更为严格的监管 [56]。美国虽重视生物安全，但也部署了一些有生物安全争议的项目，由 NIH 与美国国防高级研究计划局（DARPA）共同资助，科罗拉多州立大学承担的关于 MERS 的一些研究引发了人们对于冠状病毒研究生物安全风险的担忧 [57]。另外，DARPA 2016 年部署的"昆虫联盟"（Insect Allies）项目的生物安全问题也引起了广泛关注 [17, 58]。

以美国为鉴，我国冠状病毒研究应注重以下几个方面：① 立足长远，加强冠状病毒研究经费投入力度，同时保持资金投入的稳定性；② 合理规划研究布局，注重疫苗、药物、诊断试剂研究的同时，加强疾病流行病学、病毒传播机制、突发传染病监测等领域的研究，创新防护装备和防护设施研究；③ 积极整合各方资源，促进冠状病毒研究协同创新，发挥企业作用，提高科技成果转化能力；④ 密切关注 NIH 后续关于功能获得性研究和两用性生物技术监管政策的最新动向。

第二章
BARDA 生物防御相关科研项目分析

2001年"9·11"恐怖袭击和"炭疽邮件"生物恐怖事件发生以后，美国开始进一步加强生物防御研究，特别是对生物防御相关疫苗、药物和诊断试剂等医学应对措施（Medical Countermeasures，MCMs）的研发[59]。由于生物防御相关 MCMs 产品的商业市场有限，当时很少有公司开发这类产品。为了鼓励医药企业参与生物防御相关 MCMs 产品的研发与生产，2004年7月美国部署实施了"生物盾牌计划"（Project BioShield），旨在通过政府采购保证国家战略储备、加强生物防御相关 MCMs 产品的研发[60]。2006年12月，美国国会修订通过《大流行和各类灾害防备法案》（*Pandemic and All-Hazards Preparedness Act*，*PAHPA*），决定在美国卫生与公众服务部（United States Department of Health and Human Services，HHS）下属的应急准备与反应助理部长办公室（Office of Assistant for Secretary for Preparedness and Response，ASPR）下设立生物医学高级研发管理局（Biomedical Advanced Research and Development Authority，BARDA），进一步推进生物恐怖威胁、大流行性流感和新发感染性疾病相关医学应对措施的高级研发、生产与采购[61, 62]。BARDA 近年来通过资助各类医药公司和医疗防护用品生产企业，取得了大量成果。截至2021年2月，已有57个受 BARDA 资助的医疗防护产品获美国 FDA 批准。

第一节　BARDA 生物防御相关科研项目梳理与分析

本研究梳理了 BARDA 组织机构职能作用、经费数据与2005—2018年生物防御相关科研项目资助合同及相关获 FDA 批准产品，分析了 BARDA 生物防御研究的资助特点和重点，为我国生物防御科研管理部门和相关研究人员了解 BARDA 生物防御研究布局和研究特点提供参考。

一、数据来源

在 BARDA 官方网站[63] 收集 2005—2018 年度 BARDA 科研项目资助信息，然后基于项目研究内容剔除化学、放射和核威胁应对相关项目，梳理得到生物防御相关科研项目。BARDA 年度经费数据来源于 HHS 及 ASPR 年度经费预算数据[64, 65]。项目经费数据来源于 https://beta.sam.gov 及 https://www.grants.gov 等美国基金资助查询系统；部分项目信息来源于美国审计总署（Government Accountability Office，GAO）和国会研究局（Congressional Research Service，CRS）相关报告及其他网络渠道。

二、结果

（一）BARDA 组织机构与经费构成

BARDA 是 HHS 下属的 ASPR 的重要生物防御相关科研项目资助机构，其使命是研发和采购应对化学、生物、放射性和核（Chemical，Biological，Radiological，Nuclear，CBRN）威胁，大流行性流感，以及新发感染性疾病相关疫苗和药物等医学应对措施[62]。BARDA 目前由医学应对措施项目办公室下属负责项目研发的 5 个处、医学应对措施项目支持服务办公室下属负责技术服务支持的 3 个处及合同管理与采购和业务战略规划处共 9 个处组成（图 2.1.1）[66]。BARDA 主要负责管理"生物盾牌计划"和领导美国公共卫生紧急医学应对措施研发联合体（Public Health Emergency Medical Countermeasures Enterprise，PHEMCE），以支持医学应对措施的高级研究与开发。

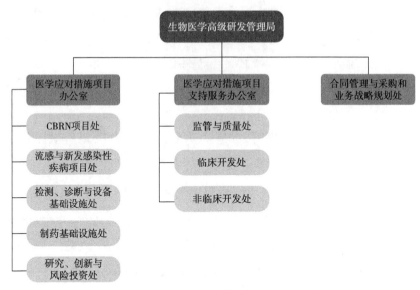

图 2.1.1　BARDA 组织机构（2020 年 2 月）

根据 HHS 公布的年度经费预算，2013 年以前，BARDA 经费主要由"生物盾牌计划"的特别储备基金（Special Reserve Fund）提供；从 2014 年开始，BARDA 经费主要由直接拨款、"生物盾牌计划"和大流行性流感等经费组成（图 2.1.2）。此外，2013 年埃博拉疫情暴发以后，BARDA 获得了约 1.57 亿美元美国国会埃博拉紧急补充资金[67]；2015 年寨卡疫情暴发后，BARDA 获得了美国国会寨卡研究补充资金 2.45 亿美元[68]。2021 财年 BARDA 经费约为 14 亿美元，包含直接资助 BARDA 用于医学应对措施高级研究与开发（直接拨款）的经费约 5.62 亿美元，"生物盾牌计划"经费约 5.35 亿美元和大流行性流感经费约 3.06 亿美元（表 2.1.1）[69]。

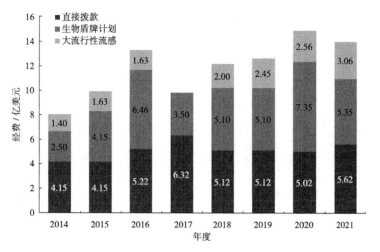

注：数据来源于 ASPR 各年度预算；该图不含 BARDA 获得的埃博拉紧急补充资金和寨卡研究补充资金；在 2017 年预算数据中，大流行性流感未单独列出。

图 2.1.2　BARDA 2014—2021 年度经费预算（见书末彩插）

表 2.1.1　BARDA 2021 财年经费预算 [69]　　　　　　单位：万美元

高级研究与开发（直接拨款）		生物盾牌计划		大流行性流感	
资助领域	经费	资助领域	经费	资助领域	经费
炭疽	1000	炭疽疫苗研发采购	17 000	疫苗储存稳定性研究	1100
天花	1500	天花抗病毒药物研发采购	2000	基础设施维护	10 600
耐药性细菌应对	16 000	天花疫苗冻干制剂制备	5000	疫苗高级开发	17 900
病毒性出血热	4100	生物威胁抗菌药物	10 000	诊断试剂与呼吸机研发	700
辐射生物计量与生物威胁诊断	4800			国际流感应对	300
临床服务网络与非临床研究网络	1000				
医学应对措施创新计划	3600				
高级研究与制造创新中心	700				
合计	32 700		34 000		30 600

27

（二）BARDA 生物防御项目体系及主要承担机构

2005 年 9 月至 2018 年 9 月，由 BARDA 资助或管理的生物防御研究相关合同共 337 项[63]。根据经费来源，高级研究与开发经费资助 102 项，"生物盾牌计划"经费资助 18 项，大流行性流感经费资助 200 项，埃博拉补充经费资助 7 项，寨卡补充经费资助 10 项（图 2.1.3）。资助年度最多的为 2016 年，共资助 38 项。

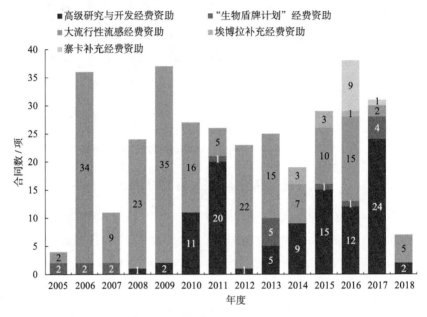

注：合同数计算时间为 2005 年 9 月至 2018 年 9 月。

图 2.1.3　BARDA 2005—2018 年度资助合同数（按经费来源）（见书末彩插）

根据研究类别，BARDA 生物防御项目分为生物威胁应对项目、核心服务项目和大流行性流感项目 3 类。2005 年 9 月至 2018 年 9 月，由 BARDA 资助或管理的生物防御项目中，生物威胁应对项目 100 项、核心服务项目 47 项、大流行性流感项目 190 项（图 2.1.4）。

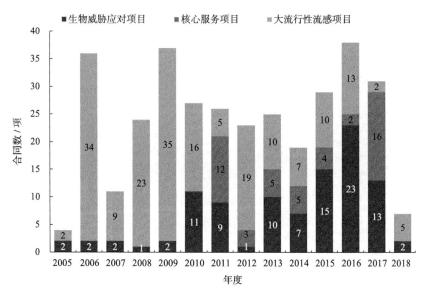

图2.1.4　BARDA 2005—2018年度资助合同数（按研究类别）（见书末彩插）

截至2018年9月，参与BARDA生物防御研究相关项目的机构有153家，机构类型多为大型制药公司及生物防御相关研究院所。获得资助合同数最多的前5个机构为：葛兰素史克制药公司，共获得26项；阿斯利康制药公司，共获得24项；诺华制药公司，共获得19项；赛诺菲·巴斯德制药公司，共获得13项；美国碧迪公司，共获得12项。其他获得资助较多的机构还有紧急生物制造公司、洛夫莱斯呼吸研究所、CSL生物治疗公司、MRI全球研究所、巴特尔纪念研究所和IIT研究所等机构（表2.1.2）。

表2.1.2　BARDA 生物防御研究主要承担机构（按合同数排序）

序号	承担机构 （英文名称）	承担机构 （中文名称）	合同数 / 项			
			生物威胁 应对	核心 服务	大流行性 流感	合计
1	GlaxoSmithKline	葛兰素史克制药公司	1	0	25	26
2	Astra Zeneca	阿斯利康制药公司	2	0	22	24
3	Novartis	诺华制药公司	1	1	17	19
4	Sanofi Pasteur	赛诺菲·巴斯德制药公司	1	0	12	13
5	Becton Dickinson	美国碧迪公司	0	0	12	12

续表

序号	承担机构 （英文名称）	承担机构 （中文名称）	合同数／项			
			生物威胁 应对	核心 服务	大流行性 流感	合计
6	Emergent BioSolutions	紧急生物制造公司	10	0	0	10
7	Lovelace Respiratory Research Institute	洛夫莱斯呼吸研究所	0	6	3	9
8	CSL Biotherapies	CSL 生物治疗公司	0	0	8	8
9	MRI Global	MRI 全球研究所	2	3	3	8
10	Battelle Memorial Institute	巴特尔纪念研究院	0	5	1	6
11	IIT Research Institute	IIT 研究所	0	4	2	6
12	SRI International	斯坦福国际研究院	2	3	1	6
13	WHO	世界卫生组织	0	0	6	6
14	Southern Research Institute	南方研究所	0	3	2	5
15	Elusys Therapeutics	Elusys 制药公司	4	0	0	4
16	Regeneron Pharmaceuticals	再生元制药公司	4	0	0	4
17	BioCryst Pharmaceuticals	BioCryst 制药公司	1	0	2	3
18	DynPort Vaccine Company	达因·波特疫苗公司	0	0	3	3
19	IDRI	感染性疾病研究所	1	0	2	3
20	Janssen Pharmaceutica	杨森制药	1	0	2	3
	其他机构		65	22	67	154
	合计		95	47	190	332

（三）生物威胁应对项目

BARDA 生物威胁应对项目主要支持生物威胁相关医学应对措施的高级研发与战略储备，研究范围涵盖候选 MCMs 从临床前开发到临床试验、扩大生产，以及 FDA 审批等多个环节，项目目标是能够为所有生物威胁提供至少一种医学应对措施[70]。

2005 年 9 月至 2018 年 9 月，由 BARDA 资助或管理的生物威胁应对项目共100 项，包括炭疽治疗药物与疫苗相关研究 23 项、天花医学应对措施 6 项、埃博拉与病毒性出血热相关项目16项、肉毒毒素相关研究2项、寨卡病毒相关研究12项、生物威胁剂诊断相关研究9项、广谱抗生素与抗生素耐药菌相关研究19项、免疫治疗剂相关研究4项、创新性技术研究9项。

1. 炭疽治疗药物与疫苗相关研究

截至2018年9月，BARDA共资助研发机构炭疽治疗相关研发13项、炭疽疫苗研发10项。炭疽治疗相关项目共涉及3种炭疽治疗剂的研究与生产。目前3种产品均获得FDA批准，分别为2012年12月获FDA批准的葛兰素史克制药公司生产的单克隆抗体药物Raxibacumab®、2015年3月获FDA批准的Emergent/Cangene公司生产的炭疽免疫球蛋白Anthrasil®、2016年3月获FDA批准的Elusys制药公司研发的单克隆抗体ANTHIM®[71]。

BARDA炭疽疫苗研究包括吸附式炭疽疫苗、重组保护性抗原疫苗及腺病毒载体疫苗研究。截至2021年2月，由BARDA资助开发的炭疽疫苗有1种获FDA批准，为2015年获FDA批准的美国紧急生物制造公司（Emergent BioSolutions）研发的吸附式炭疽疫苗BioThrax®，该产品也是截至2021年12月唯一获得FDA批准的炭疽疫苗，并已纳入美国国家战略储备。其他3种由BARDA资助还在研发阶段的炭疽疫苗为Emergent BioSolutions公司的吸附式炭疽疫苗AVA7909、Pfenex公司的重组保护性抗原炭疽疫苗Px563L，以及Altimmune公司的腺病毒载体、单剂鼻内炭疽疫苗NasoShield™[72]。

2. 天花医学应对措施

截至2018年9月，BARDA共资助研发机构天花医学应对措施相关研究6项，其中3项为天花疫苗相关，3项为天花抗病毒药物研发相关。

天花疫苗研究包括丹麦巴伐利亚北欧公司（Bavarian Nordic）的基于改良型痘苗病毒安卡拉株（Modified Vaccinia virus Ankara，MVA）载体的天花疫苗IMVAMUNE®和日本化学及血清疗法研究所（Kaketsuken）的天花减毒疫苗LC16m8[73]；抗病毒药物研发包括SIGA公司的ST-246®和Chimerix公司的广谱抗病毒药物CMX001[74, 75]。

2018 年 7 月，由 SIGA 公司研发的小分子抗病毒药物 TPOXX®（ST-246）获得 FDA 批准；2019 年 9 月，由 Bavarian Nordic 公司研发的 MVA 载体天花疫苗 JYNNEOS®（IMVAMUNE®）获得 FDA 批准。

3. 肉毒毒素相关研究

截至 2018 年 9 月，BARDA 共资助研发机构肉毒毒素相关研发 2 项，分别为 2006 年资助 Cangene 公司（2013 年被 Emergent BioSolutions 公司收购）和 2015 年资助奥本大学的肉毒毒素治疗相关研究。2013 年 3 月，由 Cangene 公司研发的七价肉毒杆菌抗毒素 hBAT 获得 FDA 批准[76]。

4. 埃博拉与病毒性出血热相关项目

截至 2018 年 9 月，BARDA 共资助研发机构埃博拉及病毒性出血热研究 16 项，包括疫苗类 7 项、治疗类 8 项和检测类 1 项。

BARDA 资助的埃博拉疫苗相关研究主要有 BioProtection Systems 公司、Crucell Holland B.V. 公司、美国默克公司（Merck）和 Profectus BioSciences 公司研发的重组水泡性口炎病毒载体埃博拉疫苗 rVSV-ZEBOV，以及 Janssen 公司的重组腺病毒载体埃博拉疫苗 Ad26-ZEBOV。

BARDA 资助的埃博拉治疗药物相关研究有 BioCryst 制药公司研发的 BCX4430[77]、Mapp Biopharmaceutical 公司研发的 ZMapp[78]、美国再生元制药公司（Regeneron）研发的 Inmazeb®[79]。BARDA 资助的埃博拉检测相关研究有 OraSure Technologies 公司研发的 OraQuick 埃博拉快速检测方法[80]。目前有 2 种 BARDA 资助的抗埃博拉药物、1 种埃博拉疫苗和 1 种埃博拉检测试剂获得 FDA 批准[81]。

5. 寨卡病毒相关研究

截至 2018 年 9 月，BARDA 共资助研发机构寨卡病毒相关研究 12 项，包括血液供应项目 2 项、寨卡病毒诊断方法 6 项和寨卡疫苗研发与生产 4 项。

BARDA 资助的寨卡快速诊断方法研究有 InBios International 公司、DiaSorin 公司和西门子医疗诊断公司（Siemens Healthcare Diagnostics）研发的实验室血清学检测方法研究，Chembio 公司和 OraSure Technologies 公司的即时快速（Point of Care，POC）血清学检测方法研究，以及 Hologic 公司的血液分子筛查方法研究等[82]。目前有 6 种 BARDA 资助的寨卡诊断方法获得 FDA 批准[81]。

BARDA 资助的寨卡疫苗研究有美国莫德纳公司（Moderna）的 mRNA 疫苗 mRNA-1325 及两种由法国赛诺菲·巴斯德公司（Sanofi Pasteur）和日本武田制药（Takeda）研发的寨卡灭活疫苗[82]。

6. 生物威胁剂诊断相关研究

BARDA 认为，生物威胁剂的检测诊断是 CBRN 事件应对的重要一环，快速、准确的生物威胁剂检测诊断对患者人群有效分类、及时采取干预措施和合理分配医疗资源起到关键作用[83]。BARDA 共资助生物威胁剂诊断研究 9 项，包括实验室检测和现场检测等各种条件下的检测平台或系统的开发（表 2.1.3）。

表 2.1.3　BARDA 生物威胁剂诊断研究部分资助情况

序号	研究内容	研发机构	资助经费 / 万美元	合同年度
1	快速炭疽检测试剂 ABI7500	MRI Global	1200	2013[84]
2	自动化生物威胁剂样本采集设备	NanoMR	2150	2014[85]
3	快速、灵敏炭疽检测平台	First Light BioSciences	3740	2015[86]
4	生物威胁剂的快速临床检测系统	SRI International	1220	2015[87]
5	下一代测序平台	DNAe	5190	2016[85]
6	炭疽 POC 检测	SRI International	780	2016[88]
7	炭疽 POC 检测 TangenDx™ 系统	Tangen	320	2017[89]
8	细菌检测系统	SeLux Diagnostics	930	2018[90]

7. 广谱抗生素与抗生素耐药菌相关研究

BARDA 广谱抗生素与抗生素耐药菌相关研究始于 2010 年，截至 2018 年 9 月，BARDA 共资助研发机构广谱抗生素与抗生素耐药菌研究相关合同 19 项，其中广谱抗生素研究 15 项，抗生素耐药菌研究 4 项。BARDA 广谱抗生素与抗生素耐药菌相关研发主要涉及 4 个方面，即广谱抗生素候选药物的研发、诊断工具及试剂的研发、应对抗生素耐药菌生物制药（Combating Antibiotic Resistant Bacteria Biopharmaceutical Accelerator，CARB-X），以及企业合作伙伴关系的建立[91, 92]。截至 2018 年 9 月，BARDA 共支持了 10 家企业 12 种候选药物的研发，针对的生物威胁包括鼠疫、炭疽、类鼻疽和土拉热等（表 2.1.4）。截至 2021 年 2 月，共有 5 种相关医学应对措施获得 FDA 批准[81]。

表 2.1.4　BARDA 广谱抗生素研发资助情况（截至 2018 年 9 月）

药物名称	药物类别	目标生物威胁剂	研发机构	资助经费 / 万美元	合同 年度
Plazomicin	氨基糖苷类	鼠疫耶尔森菌 / 土拉热弗朗西斯菌	Achaogen	6450	2010[93]
GSK 2251052	亮氨酰 -tRNA 合成酶抑制剂	炭疽杆菌 / 鼠疫耶尔森菌	GSK	3850	2011[94]
Eravacycline	四环素类	炭疽杆菌 / 鼠疫耶尔森菌 / 土拉热弗朗西斯菌	Tetraphase	6720	2012[95]
Solithromycin	大环内酯类	炭疽杆菌 / 土拉热弗朗西斯菌	Cempra	7570	2013[96]
GSK 2140944	拓扑异构酶抑制剂	炭疽杆菌 / 鼠疫耶尔森菌 / 土拉热弗朗西斯菌	GSK	20 000	2013[96]
BAL 30072	单酰胺环类	鼻疽伯克霍尔德菌 / 类鼻疽伯克霍尔德菌	Basilea	8900	2013[97]
Carbavance	碳青霉烯 / β 内酰胺酶抑制剂	鼻疽伯克霍尔德菌 / 类鼻疽伯克霍尔德菌	Rempex	9000	2014[98]
ATM-AVI	小分子抗生素	鼻疽伯克霍尔德菌 / 类鼻疽伯克霍尔德菌	AstraZeneca	17 000	2015[99]
Ceftobiprole	第五代头孢菌素类	耐甲氧西林金黄色葡萄球菌	Basilea	10 000	2016[100]
C-Scape	超广谱 β - 内酰胺酶抑制剂	鼠疫耶尔森菌 / 土拉热弗朗西斯菌	Achaogen	1800	2017[101]
Ridinilazole	小分子抗生素	梭状芽孢杆菌	Summit	6200	2017[102]
SPR 994	碳青霉烯 / β 内酰胺酶抑制剂	炭疽杆菌 / 类鼻疽伯克霍尔德菌	Spero	2850	2018[103]

　　注：BARDA 2013 年资助葛兰素史克制药公司和 2015 年资助阿斯利康制药公司的广谱抗生素研究均为组合型投资，除支持 GSK 2140944 和 ATM-AVI 的研发外，还并行支持两家企业同类型其他候选药物的研发。

8. 免疫治疗剂相关研究

BARDA 免疫治疗剂相关研究主要为中东呼吸综合征（MERS）应对相关抗体药物的研发，共资助 4 项研发，包括 3 种抗体药物的研发及与 Regeneron 公司合作伙伴关系的建立。2016 年 8 月，BARDA 资助美国再生元制药公司（Regeneron）8900 万美元以推进该公司两种治疗 MERS 的抗体药物 REGN 3048/3051 的研发[104]。2017 年，BARDA 资助 SAB Biotherapeutics 公司 5300 万美元以推进该公司治疗 MERS 的抗体药物 SAB-301 的研发[105]。

9. 创新性技术研究

BARDA CBRN 创新性技术研究始于 2010 年，旨在通过资助企业开发创新性技术的方式，提高迅速、灵活生产疫苗等医学应对措施的能力[106]。截至 2018 年 9 月，BARDA 共资助 9 项相关研发（表 2.1.5）。

表 2.1.5　BARDA CBRN 创新性技术研发资助情况（截至 2018 年 9 月）

研发机构	研发技术	资助经费 / 万美元	合同年度
IDRI	新型佐剂	850	2010
Northrop Grumman	快速、高通量诊断方法	980	2010
Novartis	流感病毒种子株的快速研发	2400	2010
PATH	H5N1 流感疫苗储存稳定性提高技术	940	2010
Pfenex	炭疽候选疫苗	1880	2010
Rapid Micro Biosystems	流感疫苗快速无菌检测技术	680	2010
VaxDesign Corporation	体外人体免疫系统模拟技术	1710	2010
MesoScale Diagnostics	多重流感免疫分析技术	—	2011
Atox Bio	细胞因子风暴治疗药物 AB103	2400	2014

（四）核心服务项目

2010年8月HHS发布的《公共卫生紧急医学应对措施研发联合体概要》（*The Public Health Emergency Medical Countermeasures Enterprise Review，PHEMCE Review*）建议PHEMCE成员不仅要向医学应对措施（MCMs）研发机构提供资金支持，还应提供技术和监管层面的支持[107]。2011年发布的BARDA战略计划（BARDA Strategic Plan）提出BARDA应通过支持动物试验和临床研究等关键领域项目，为MCMs研发机构提供支持，以促进MCMs的大规模临床研究和商业化生产[62]。

2011年至今，BARDA建立了由美国、英国和荷兰的多个实验室组成的非临床研究网络（Non-Clinical Studies Network，NCSN），进行针对CBRN威胁的多种动物模型研究及MCMs的安全性和有效性研究，以加快FDA对相关MCMs的审批；2012年，BARDA在美国建立了3个高级研发与制造创新中心（Centers for Innovation in Advanced Development and Manufacturing，CIADM），由与BARDA具有合作关系的工业界、学术界和政府机构组成，以加速MCMs的高级研发；2013年，BARDA建立了灌装完成制造网络（Fill Finish Manufacturing Network，FFMN），以协助MCMs研发机构进行最终的药品生产（如MCMs的无菌灌装或冻干）；2014年，BARDA建立了由5家机构组成的临床研究网络（Clinical Studies Network，CSN），提供从临床研究方案设计到临床试验场所管理的临床研究服务，2020年BARDA进一步更新了该网络。BARDA通过上述4项核心服务项目及2006年成立的监管与质量处（Division of Regulatory and Quality Affairs）、2009年成立的分析决策支持建模中心（Analytical Decision Support Modeling Hub）为MCMs产品质量监管和部署管理等方面提供策略建议及分析支持，从而为MCMs研发机构形成了一个全方位的辅助体系[108]。主要相关项目部署情况如下。

1. 非临床研究网络

动物模型的开发是成功研发针对CBRN、流感和新发感染性疾病MCMs的关键环节。对于大多数威胁，相应 MCMs 产品的效果无法通过传统的基于人体的临床研究来验证。2002 年美国 FDA 发布"动物有效性法规"（Animal Rule）[109]，允许在基于大量动物试验有效性证据的情况下，批准因道德因素或对人体可能造成危害而无法在人类进行临床研究的 MCMs。

2011 年 5 月至 2017 年 9 月，BARDA 与来自美国、英国和荷兰的 16 家机构签订 37 项合同，以建立非临床研究网络，促进动物模型的开发和鉴定，支持 BARDA 的 CBRN 相关 MCMs 的研发[110]，其中 28 项合同与生物防御相关。部分机构获得了多次合同资助，如巴特尔纪念研究所（Battelle Memorial Institute）、IIT 研究所等。非临床研究网络主要致力于完成以下目标：开发符合 FDA 要求的动物模型，以支持 BARDA 产品研发；缩短产品研发时间，减少重复性研究；测试和评估现有产品作为 MCMs 的潜在用途；研究生物剂毒性的病理生理学机制；研究 MCMs 在动物和人体的药代动力学数据及人体使用的合理剂量；候选 MCMs 的测试与评估[111]。非临床研究网络是 BARDA 核心服务项目的一个重要组成部分，适用于 CBRN、流感和新发传染病的所有研发团队。

2. 高级研发与制造创新中心

为了提高美国在紧急情况下快速生产有效疫苗或药物的能力，应对新发传染性疾病或包括大流行性流感在内的各种未知威胁，从 2012 年开始 BARDA 资助建立了 3 个高级研发与制造创新中心（CIADM），以支持美国 CBRN 相关产品的高级开发，并承担相关行业人员培训任务。CIADM 采用公私合作、共同出资的模式，旨在推动小型生物技术公司的创新理念、学术机构的专业知识和大型制药公司的研发经验的有机结合，建立可持续的美国国内 MCMs 研发基础设施，以加快研发和生产 MCMs 的速度[112]；其还致力于可应对当前或未来威胁的 MCMs 新兴技术的研究，并力求通过弹性制造降低 MCMs 研发成本。CIADM 的设计目标是每个创新中心能够在 12 周内生产 5000 万剂疫苗[113]。

截至 2021 年 2 月，BARDA 已经为 3 个中心提供了合同资助，有效期最长可达 25 年；3 个中心的牵头机构分别为位于马里兰州的紧急生产制造巴尔的摩公司（Emergent Manufacturing Operations Baltimore）、位于北卡罗来纳州的诺华疫苗与诊断公司（Novartis Vaccines and Diagnostics，Inc.）和位于得克萨斯州的得克萨斯农工大学（Texas A&M University System，TAMUS）[114]。CIADM 经费由 BARDA 和相关机构共同出资承担。紧急生产制造巴尔的摩公司（Emergent Manufacturing Operations Baltimore）团队还包括密歇根州立大学、密歇根凯特凌大学和马里兰大学等机构，获得 BARDA 基础合同期经费 8 年期约 1.63 亿美元；诺华疫苗与诊断公司团队还包括北卡罗来纳州立大学和杜克大学等机构，获得 BARDA 基础合同期经费 4 年期约 0.59 亿美元；得克萨斯农工大学团队还包括葛兰素史克制药公司和大学城 Kalon 生物治疗公司（Kalon Biotherapeutics of College Station）等机构，获得 BARDA 基础合同期经费 5 年期约 1.77 亿美元 [112, 114]。

3. 灌装完成制造网络

根据 2010 年发布的 *PHEMCE Review*，在 2009 年 H1N1 大流感应对中，疫苗制造商普遍缺乏大规模快速生产灌装疫苗小瓶以为全美提供足够数量分装疫苗的能力，因此建议 HHS 成立一个在公共卫生应急情况下，为 MCMs 制造商完成 MCMs 灌装的灌装完成制造网络（FFMN）[107]。

2013 年 9 月，BARDA 资助 Cook Pharmica、DSM Pharmaceuticals、JHP Pharmaceuticals 和 Nanotherapeutics 4 家公司建立 FFMN，经费合计约 4000 万美元 [115]；2016 年 9 月，BARDA 资 助 Advanced Bioscience Laboratories 和 IDT Biologika GMBH 两家机构的呼吸道病毒载体疫苗灌装业务 [116]。

4. 临床研究网络

2012 年，BARDA 将临床研究网络（CSN）确立为其核心服务项目之一；2014 年，BARDA 资助 5 家机构组建了 CSN[117]。CSN 主要负责提供两类服务：临床研究服务（Clinical Study Services），旨在提供涵盖临床 Ⅰ 期到 Ⅳ 期的全面临床研究服务，帮助研发机构评估 CBRN、大流行性流感和新发感染性疾病相关 MCMs 的安全性、有效性、合理剂量、药代动力学和药效动力学；临床试验应对准备（Clinical Trial Response Readiness），致力于在公共卫生突发事件发生前提前制订临床研究计划，以便在预先确定的时间框架内启动临床研究[118]。获得资助的机构为 Clinical Research Management，Inc.、Emmes Corporation、PPD Development、Rho Federal Systems Division，Inc. 和 Technical Resources International，Inc.5 家，每家机构均获得 5 年期最多 1 亿美元的资助[119]。

2015 年，作为 BARDA 的国家 MCMs 响应基础设施的一部分，CSN 参与了埃博拉疫情应对任务。CSN 与美国 CDC、塞拉利昂卫生部、塞拉利昂医学院和联合卫生科学学院合作开展了埃博拉疫苗 rVSVΔG-ZEBOV-GP 在塞拉利昂的临床试验研究[120]。2016 年，CSN 评估了在国家储备中储存了长达 10 年的 H5N1 流感疫苗和佐剂的安全性和有效性[121]。

2020 年 10 月，BARDA 更新了 CSN，进一步明确了 CSN 的任务，并签订了新的合同；新资助建立的 CSN 包括 3 个部分：临床试验规划与执行部门（Clinical Trial Planning & Execution，CTPE），负责支持 MCMs 研发的临床研究的规划与执行，获资助机构有 ICON Government & Public Health Solutions、Pharm-Olam LLC、PRA Health Sciences，Inc. 和 Technical Resources International，Inc. 4 家；生物标本和研究产品储存设施（Biological Specimen and Investigational Product Storage Facility，BSIP），旨在提供一个长期储存临床研究标本和研究产品的设施，获资助机构为美国菌毒种保藏库（American Type Culture Collection，ATCC）；统计数据协调中心（Statistical Data Coordinating Center，SDCC），负责临床研究相关标准化数据的收集、管理与分析，获资助机构为 Rho Federal Systems Division，Inc.[117]。以上每家机构均获得 5 年期最多 2.5 亿美元的资助[122-127]。

（五）大流行性流感研究项目

2005 年 11 月发布的《大流行性流感国家战略》指定美国卫生与公众服务部（HHS）为大流行性流感公共卫生准备和医学应对的领导机构。根据 2006 年 12 月发布的《大流行病和各类灾害防备法案》，BARDA 主要负责大流行性流感医学应对措施的研究、开发与采购储备。

BARDA 通过部署涵盖流感疫苗、药物、诊断试剂、防护装备及生产基础设施等一系列项目来应对大流行性流感威胁，主要包括以下 7 个计划：① 流感疫苗开发计划（Influenza Vaccine Development Program），共资助 49 项；② 大流行性流感疫苗储备计划（Pandemic Influenza Vaccine Stockpile Program），共资助 63 项；③ 流感诊断计划（Influenza Diagnostics Program），共资助 22 项；④ 流感治疗计划（Influenza Therapeutics Program），共资助 16 项；⑤ 流感疫苗生产基础设施计划（Influenza Vaccine Manufacturing Infrastructure），共资助 7 项；⑥ 国际流感疫苗生产能力建设计划（International Influenza Vaccine Manufacturing Capacity Building Program），共资助 29 项；⑦ 防护口罩与呼吸机（Respirators & Ventilators）计划，共资助 4 项。

1. 流感疫苗开发计划

2005 年 11 月发布的《大流行性流感国家战略》和 2006 年发布的《大流行性流感国家战略实施计划》要求 HHS 加强为美国提供大流行性流感疫苗的国内生产能力，并建立大流行性流感疫苗储备库，从而在流感流行前为关键劳动力提供免疫保护。为了实现上述战略性目标，BARDA 希望通过支持现代化生产技术和免疫佐剂的开发来生产季节性和大流行性流感疫苗，从而快速提供更多更好的疫苗。截至 2018 年 8 月，BARDA 共资助研发机构流感疫苗开发 49 项。根据研究内容，BARDA 流感疫苗开发计划包括细胞基质疫苗项目、抗原节约疫苗项目、重组疫苗项目、流感疫苗生产能力提升计划及通用流感疫苗项目[128]。截至 2021 年 2 月，已有 17 款 BARDA 资助的疫苗产品获得 FDA 批准（表 2.1.6）。

表 2.1.6　BARDA 资助获 FDA 批准的流感疫苗

序号	产品名称	疫苗类型	研发机构	批准年度
1	H5N1 流感疫苗	灭活疫苗	Sanofi Pasteur	2007
2	H1N1 流感疫苗（成人用）	灭活疫苗	Commonwealth Serum Laboratories	2009
3	H1N1 流感疫苗（儿童用）	灭活疫苗	Commonwealth Serum Laboratories	2009
4	FluLaval® H1N1 流感疫苗	灭活疫苗	GlaxoSmithKline	2009

续表

序号	产品名称	疫苗类型	研发机构	批准年度
5	FluMist® H1N1 流感疫苗	减毒活疫苗	MedImmune	2009
6	Fluvirin®H1N1 流感疫苗	灭活疫苗	Novartis	2009
7	Fluzone® H1N1 流感疫苗（成人用）	灭活疫苗	Sanofi Pasteur	2009
8	Flucelvax® 细胞基质流感疫苗	灭活疫苗	Novartis	2012
9	FluBlØk® 重组流感疫苗	重组疫苗	Protein Sciences Corporation	2013
10	Q-PAN®AS03 佐剂 H5N1 流感疫苗	灭活疫苗	GlaxoSmithKline	2013
11	Fluad® MF59 佐剂老年人流感疫苗	灭活疫苗	Seqirus	2015
12	Flucelvax 四价流感疫苗（儿童用）	灭活疫苗	Seqirus	2016
13	Flucelvax 四价流感疫苗	灭活疫苗	Seqirus	2016
14	Q-PAN® AS03 佐剂 H5N1 流感疫苗（儿童用）	灭活疫苗	GlaxoSmithKline	2016
15	Flublok 四价流感疫苗	重组疫苗	Protein Sciences Corporation	2016
16	Flucelvax Process 3.0 MF59 佐剂流感疫苗	灭活疫苗	Seqirus	2018
17	AUDENZ 细胞基质 MF59 佐剂 H5N1 禽流感疫苗	灭活疫苗	Seqirus	2020

2. 大流行性流感疫苗储备计划

美国 2006 年发布的《大流行性流感国家战略实施计划》将"建立和维持在大流行病暴发前足够为 2000 万人进行免疫接种的流感疫苗储备"明确为有效应对大流行病的关键能力需求。BARDA 大流行性流感疫苗储备计划旨在通过与美国国内疫苗制造商建立合作关系，保持流感疫苗抗原和佐剂的储备，为流感大流行做好准备；利用 HHS 流感风险评估工具来识别和评估潜在的大流行性流感病毒威胁，此后根据评估结果，BARDA 组织实施了从候选疫苗种子株、临床试验批量生产、临床安全性和免疫原性试验到商业规模的疫苗生产的多项研究[129]。

储备疫苗的稳定性主要通过定期疫苗效力测定评估完成，此外还包括用于检测已接种储备疫苗动物和人的血清对以前和当下传播的具有大流行潜力流感病毒交叉反应性的实验室检测。2015 年，BARDA 启动了评估新旧储备疫苗免疫保护作用的相关临床研究。截至 2018 年 9 月，BARDA 共资助大流行性流感疫苗储备计划项目 63 项。

3. 流感诊断计划

2006 年发布的《大流行性流感国家战略实施计划》呼吁 HHS 开发和部署具有更高灵敏度、更快和高度可重复性的诊断方法，以便在现场即时（Point-of-Care，POC）条件下检测大流行性流感病毒。在季节性流感流行期间，针对流感病毒快速、准确的检测诊断可以更早地实施抗病毒治疗或其他干预措施。自 2007 年以来，BARDA 启动流感诊断计划，资助了多家企业或院校开展相关研究（表 2.1.7）。BARDA 流感诊断计划的目标是通过研发快速、简单和准确的流感检测诊断方法为大流行性流感做好应对准备。截至 2018 年 9 月，BARDA 共资助流感诊断计划相关项目 22 项；截至 2021 年 2 月，已有 6 款 BARDA 资助的流感诊断工具获 FDA 批准（表 2.1.8）。

表 2.1.7　BARDA 流感诊断计划部分资助研究

序号	研究内容	研发机构	资助经费 / 万美元	合同年度
1	流感样本处理与 RT-PCR 分子诊断集成系统	3M	600	2010[106]
2	POC 诊断方法	Becton Dickinson	179	2013[130]
3	POC 快速分子诊断方法	Alere	1290	2014[131]
4	快速甲 / 乙型流感诊断方法研发	InDevR	1470	2014[131]
5	下一代测序平台	DNAe	5190	2016[85]
6	呼吸道保护效果临床试验	Johns Hopkins University	4200	2016[132]
7	流感样本采集设备	Aardvark	450	2018[133]
8	家庭用流感诊断工具开发	Cue	3000	2018[134]
9	家庭用流感诊断工具开发	Diassess	2190	2018[134]

表2.1.8　BARDA资助获FDA批准的流感诊断工具

产品名称	方法原理	检测病原体	研发机构	批准年度
Xpert Flu®	RT-PCR	H1N1流感（POC检测）	Cepheid	2011
Liat®	RT-PCR	甲／乙型流感	Iquum／Roche	2011
Veritor®	色谱免疫分析法	甲／乙型流感	Becton Dickinson	2012
Simplexa®	RT-PCR	甲／乙型流感／呼吸道合胞病毒（POC检测）	Focus Diagnostics	2012
Sofia®	免疫荧光法	甲／乙型流感	Quidel	2013
FluChip-8G	RT-PCR	甲／乙型流感	InDevR	2019

4. 流感治疗计划

BARDA流感治疗计划旨在开发和储备各类流感治疗剂，主要包括两个目标，即建立经FDA许可抗病毒药物的国家储备、新型抗病毒药物和免疫治疗药物的高级开发[135]。自2007年以来，BARDA已资助了7种抗病毒药物的高级开发（表2.1.9），其中由BioCryst公司研发的Peramivir于2014年12月获FDA批准。2009年，BARDA与美国CDC合作，在各州和联邦储备库中存储了8100万剂流感抗病毒药物。

表2.1.9　BARDA抗流感病毒药物高级开发合同情况

序号	流感治疗剂名称	研发机构	资助经费／万美元	合同年度
1	Peramivir	BioCryst	10 260	2007[136]
2	Laninamivir	Biota	2310	2011[137]
3	DAS181	Ansun	2650	2012[138]
4	Nitazonanide	Romark Laboratories	4400	2013[139]
5	JNJ-872	Janssen	13 100	2015[140]
6	VIS410	Visterra	20 450	2015[141]
7	Baloxavir marboxil	Genentech	6200	2018[142]

5. 流感疫苗生产基础设施计划

2006 年发布的《大流行性流感国家战略实施计划》要求 BARDA 在大流行性流感暴发后的 6 个月内，提高国内流感疫苗的生产能力，以满足美国对流感疫苗的需求。为了实现这一目标，BARDA 的流感疫苗生产基础设施计划通过与美国流感疫苗制造商保持积极的合作关系，共同促进了 BARDA 对大流行性流感的防范水平和应对能力提升[143]。近年来，通过推进与相关企业的合作伙伴关系，BARDA 流感疫苗制造基础设施建设能力不断加强；获得 BARDA 流感疫苗制造基础设施相关研究资助的机构有 MedImmune、诺华（Novartis）和赛诺菲·巴斯德（Sanofi Pasteur）等。

6. 国际流感疫苗生产能力建设计划

国际流感疫苗生产能力建设计划启动于 2006 年，旨在通过在发展中国家建立和运营流感疫苗生产设施来提高全球对大流行性流感的应对能力；通过与世界卫生组织的全球行动计划（Global Action Plan）合作，BARDA 利用合作伙伴关系来提高全球疫苗生产能力，培训技术人员生产疫苗，提供技术援助[144, 145]。BARDA 的国际流感疫苗生产能力建设计划已为 13 个国家的 14 家制造商提供了流感疫苗生产的技术和经费支持。

7. 防护口罩与呼吸机计划

BARDA 防护口罩与呼吸机计划始于 2010 年，目的在于提高医疗防护物资储备及呼吸机生产能力。截至 2018 年 9 月，BARDA 共签订 4 项合同（表 2.1.10）。其中 Covidien 研发的 Aura® 呼吸机于 2012 年 12 月获得 FDA 批准；Philips Healthcare 研发的 K181170 呼吸机于 2019 年 7 月获得 FDA 批准。

表 2.1.10　BARDA 防护口罩与呼吸机计划合同情况

承担机构	研究内容	资助经费 / 万美元	合同年度
Covidien	下一代便携式呼吸机	—	2010
Philips Healthcare	下一代便携式呼吸机	—	2014[146]
Halyard Health	口罩生产能力提升	500	2015[147]
Applied Research Associates	可重复使用 N95 口罩	197	2017[148]

三、讨论

本研究从 BARDA 生物防御相关研究经费投入、承担机构分布及主要研究领域等方面，分析 BARDA 生物防御相关科研项目的重点与特点，以期为我国生物防御研究相关科研项目和产品研发部署提供参考。BARDA 生物防御相关科研项目部署具有以下特点。

（一）资助经费投入巨大，侧重生物威胁应对

BARDA 是美国生物防御医学应对措施研发的重要资助机构，每年投入大量经费支持疫苗、药物、诊断试剂等产品的高级研发，以应对 CBRN、大流行性流感及新发传染病威胁。2014—2021 财年，BARDA 总投入经费约 95 亿美元。2018 财年以来，年度经费投入保持在 10 亿美元以上。虽然 BARDA 也支持化学、放射与核威胁应对相关产品研发，但 BARDA 的重点应对领域为生物威胁。以 2021 年经费预算为例：BARDA 总预算为 14 亿美元，其中生物威胁应对相关经费为 9.73 亿美元，占总经费的比例约为 70%。2005 年 9 月至 2018 年 9 月，受 BARDA 资助或管理的项目共 433 项，其中生物威胁应对相关项目 337 项，占比约 78%。

（二）注重市场激励机制，吸引企业参与研发

药物或疫苗的研发通常需要很长的周期，特别是从基础研究推进到后期研发阶段需要经历多次筛选及大量经费投入，这一过程被称为产品研发的"死亡之谷"（Valley of Death）。此外，生物防御相关药物疫苗主要用于突发公共卫生事件应对等紧急情况，平时缺乏商业市场。BARDA 注重从供需两侧不断完善生物防御医学应对措施研发的政策激励支持：一方面，通过与企业签署产品高级研发合同，帮助企业跨越"死亡之谷"，降低企业研发风险，形成"推力"机制；另一方面，通过"生物盾牌计划"采购产品，保证企业研发产品的商业市场及可预测回报，形成"拉力"机制[60, 149]。这种"推拉"结合的市场激励机制，是 BARDA 推动产品研发、与企业保持良好合作关系的关键。

（三）研究部署重点突出，注重流感相关研究

在美国民口生防药品疫苗研发体系中，HHS 下属的 ASPR 负责确定首要威

胁，国立卫生研究院负责产品的早期研发，BARDA 主要负责产品的后期研发，因此 BARDA 研究部署领域由 ASPR 生物防御任务决定[150]。从项目部署应对领域看，BARDA 生物防御项目的主要应对领域为炭疽、天花等传统生物威胁，抗生素耐药菌威胁，以及埃博拉、寨卡等新发突发感染性疾病及大流行性流感。其中大流行性流感是 BARDA 的重点领域，从资助情况看，大流行性流感应对研究领域资助 190 项，占生物防御相关项目总数的比例达 56%。从获 FDA 批准产品数量看，截至 2021 年 2 月，共有 57 种 BARDA 资助的产品获 FDA 批准，其中大流行性流感相关产品有 28 种，占比接近 50%。

（四）注重整合各方力量，多类机构广泛参与

BARDA 生物防御研究注重积极协调美国军口及民口各类生物防御研究机构参与其产品研发。2018 年，BARDA 与美国国防威胁降低局（Defense Threat Reduction Agency，DTRA）共同资助了 Spero 公司和美国陆军传染病医学研究所（United States Army Medical Research Institute of Infectious Diseases，USAMRIID）用来治疗复杂尿路感染的口服碳青霉烯类药物 SPR994 的研发，其中 USAMRIID 负责 SPR994 在炭疽、鼠疫和类鼻疽感染中的治疗作用[103]。2016 年，为推进抗生素耐药菌威胁应对，BARDA 与波士顿大学、国立过敏与感染性疾病研究所、英国维康信托基金会等机构合作组建了全球合作机制——CARB-X，旨在加速耐药菌应对措施的研发[151]。对于资助企业的选择，各个规模的企业 BARDA 均有资助。例如，在广谱抗生素研究中，BARDA 既资助了辉瑞、葛兰素史克和罗氏等大型国际制药公司，还资助了 Basilea 和 Medicines 等中型制药公司，以及 Achaogen、Cempra 和 CUBRC/Tetraphase 等小型生物技术公司。

（五）加强创新性平台部署，不断推动技术革新

BARDA 近年来通过部署一系列创新性项目和成立研究、创新和风险投资处（Division of Research，Innovation，and Ventures，DRIVe）等部门，持续推进创新性技术和平台发展。2018 年成立的 DRIVe 主要负责管理和监督 BARDA 加速网络，该网络由来自美国的 13 个团队组成，主要任务是评估市场形势、快速

确定当前或新发疾病威胁的创新性解决方案，并为 BARDA 未来投资提供重要参考[152]。2019 年，BARDA 与美国强生公司合作启动了"蓝骑士"（Blue Knight）项目，旨在通过支持建立一个企业家、投资者及科研人员的交流合作平台，预测公共卫生安全威胁，推动创新性技术的研发[153]。2020 年，BARDA 启动了"BARDA 风投"（BARDA Ventures）项目，旨在通过推动政府部门与风险投资界的合作，开发传统医疗对策研发中未考虑到的创新性方法[154]。

（六）注重加强国际合作，放眼全球部署项目

BARDA 生物防御研究注重布局全球，资助来自全球的企业或机构参与其研究。其生物防御相关研究签订的 337 项合同中，有 77 项资助了美国以外的机构，占比接近 23%。BARDA 核心服务项目中的非临床研究网络资助了英国和荷兰等国的一些机构；其国际流感疫苗生产能力建设计划通过在全球多个国家建立流感疫苗生产基础设施、开展当地人员培训，以促进流感疫苗生产能力的提升。此外，BARDA 还通过资助一些大型跨国医药企业在全球各地的分公司来推动其产品研发。

尽管 BARDA 生物防御相关研究在提高美国生物防御能力中发挥了重要作用，但依然存在一些不足之处，如部分项目未能按实际要求或时间进度完成、资助机制仍有欠缺等。在 2009 年 H1N1 大流感应对中，疫苗供应商普遍出现缺乏生产灌装疫苗小瓶的能力，因此 BARDA 于 2013 年部署建立了 4 家企业的灌装完成制造网络，不过在新冠肺炎疫情应对中，这 4 家企业的生产能力与实际需求仍相差较大。2014 年，BARDA 与 Philips 公司签订呼吸机研发生产合同，要求 Philips 公司于 2019 年 6 月前向 BARDA 交付 10 000 台呼吸机，以满足美国应对呼吸道疾病暴发的需求；该项目历经 5 次延期，于 2020 年将交付时间延期至 2022 年 9 月，这项合同未能如期履行被认为严重影响了美国新冠肺炎疫情的应对[155]。在资助机制层面，由于生物防御产品的特殊性，部分医疗应对措施研发公司的产品销售主要依赖政府采购，但政府采购期望通过并行支持多家公司研发同类产品降低采购价格；此外，由美国机构紧急授权批准的医疗产品只能在美

国国内使用，在海外销售则可能产生法律问题，因此如何平衡企业研发与政府采购的关系、进一步拓宽企业生物防御产品的商业市场及提高产品利用率，是BARDA 生物防御产品研发面临的一个问题 [60]。

我国生物防御产品研发可参考、借鉴 BARDA 的一些做法。例如，成立政府专职机构，负责生物防御产品的研发与管理，制定产品研发的战略规划，协调国内各类生物防御产品研发机构的有效合作，推动产品研发政府引导与市场调节的有机结合；注重生物防御产品早期研究、临床试验、批准、规模化生产和商业市场拓展全链条支持与管理；积极扶持确立一批生物防御产品研发企业，提供经费及技术服务支持，建立产品研发长效机制，加快攻克产品研发"卡脖子"技术，有效突破技术瓶颈，牢牢把握产品研发的主动权；加强产品研发平台体系发展，注重同类威胁不同类型产品并行支持，增强产品研发的持续性支持；加强国内生物防御产品研发与生产基础设施建设，保持能够满足国内生物防御产品需求的生产能力；强化"全球生物安全观"理念，积极拓展与国际大型医药企业的合作关系，推动与其他国家在生物威胁应对领域的有效合作，树立负责任大国形象，增强我国在生物防御产品研发领域话语权。

第二节　BARDA 资助科研项目文献计量分析

基金资助论文是反映资助机构科研布局与趋势的重要指标 [156, 157]。文献计量是开展科研评价、量化科研发展态势的常用方法 [158, 159]。本研究基于文献计量学方法，以 BARDA 资助科研项目发表论文为研究对象，分析了 BARDA 资助科研项目的重点与特点，为我国生物安全研究领域相关科研人员和政策管理部门了解BARDA 生命科学领域相关科研项目部署情况与研究进展提供参考。

一、数据来源与研究方法

本研究文献数据来源为 Web of Science（WoS）的 SCI-Expanded 数据库，检索时间为 2021 年 1 月 22 日。通过限定基金资助机构为 BARDA 或 "Biomedical

Advanced Research and Development Authority"、文献类型为 Article，检索数据库中所有由 BARDA 资助的论文。共检索到 613 篇论文，经数据去重，得到 610 篇论文。

根据上述检索结果，对论文年度发表数量、国家或地区分布、机构分布、研究方向和标题词频等进行统计分析。国家或地区和机构分布基于论文的通信作者，为便于统计，有多个通信作者或通信作者有多个机构信息的，选取下载数据中第一个通信作者的第一个机构信息。WoS 数据库的国家与地区分类中 England（英格兰）单独列出，中国的文献数量统计不含中国台湾的文献。词频分析基于论文标题，通过将词性不同、含义相同的词合并分析及筛选有意义的高频词进行对比分析。

二、结果

（一）论文年度发表数量

根据检索结果，截至 2021 年 1 月 22 日，BARDA 共资助发表论文 610 篇。从 2009 年开始，BARDA 资助年度发表论文数不断上升；2014—2017 年，年度发表论文数较为稳定；从 2018 年开始，年度发表论文数再次呈现增长趋势；2019—2020 年，年度发表论文数呈现较大幅度上升（图 2.2.1）。

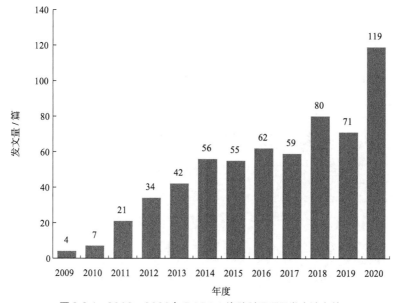

图 2.2.1　2009—2020 年 BARDA 资助科研项目发表论文数

（二）国家或地区分布

根据论文发表情况，共有来自全球 27 个国家或地区的机构具有标注 BARDA 资助的论文发表。美国以外发文较多的国家或地区有英格兰（16 篇）、加拿大（15 篇）、比利时（6 篇）和澳大利亚（5 篇）等（表 2.2.1）。

表 2.2.1　BARDA 资助科研项目发表论文主要国家或地区

序号	国家或地区	发文量 / 篇	占比
1	美国	522	85.6%
2	英格兰	16	2.6%
3	加拿大	15	2.5%
4	比利时	6	1.0%
5	澳大利亚	5	0.8%
6	日本	4	0.7%
7	荷兰	4	0.7%
8	瑞士	4	0.7%
9	法国	3	0.5%
10	德国	3	0.5%
	其他	28	4.6%
	合计	610	

（三）BARDA 资助科研项目发表论文机构分布

共有来自全球的 216 家机构获 BARDA 资助并发表论文。发表论文较多的机构有美国食品与药品管理局（40 篇）、美国疾病预防控制中心（33 篇）、杜克大学（19 篇）、马里兰大学（16 篇）和葛兰素史克制药公司（14 篇）等。除了部分高校和研究所发表论文较多外，一些制药公司也发表了较多论文，如 Emergent BioSolutions 公司、Medicines 公司、Protein Sciences 公司等（表 2.2.2）。

表 2.2.2　BARDA 资助科研项目发表论文机构分布

序号	机构英文名称	机构中文名称	发文量 / 篇
1	US FDA	美国食品与药品管理局	40
2	US Ctr Dis Control & Prevent	美国疾病预防控制中心	33
3	Duke Univ	杜克大学	19
4	Univ Maryland	马里兰大学	16
5	GlaxoSmithKline	葛兰素史克制药公司	14
6	Med Coll Wisconsin	威斯康星医学院	12
7	NIAID	国立过敏与感染性疾病研究所	12
8	Duke Clin Res Inst	杜克临床研究所	11
9	Emergent BioSolut Inc	紧急生物制造公司	10
10	Medicines Co	Medicines 公司	10
11	Prot Sci Corp	Protein Sciences 公司	10
12	Qpex Biopharma Inc	Qpex Biopharma 公司	10
13	Univ of Rochester	罗彻斯特大学	10
14	Hartford Hosp	哈特福医院	9
15	Geisel Sch Med Dartmouth	盖塞尔医学院	8
16	MedImmune LLC	MedImmune 公司	8
17	PATH	健康适宜技术计划组织	8
18	Boston Univ	波士顿大学	7
19	Icahn Sch Med Mt Sinai	西奈山伊坎医学院	7
20	JMI（Jones Microbiology Institute）Labs	JMI 实验室	7
21	Novartis Vaccines and Diagnostics Inc	诺华疫苗与诊断公司	7
22	Elusys Therapeut Inc	Elusys 制药公司	6

（四）BARDA 资助科研项目发表论文期刊分布

BARDA 科研项目资助论文发表在了 193 种期刊上，刊载论文较多的期刊有 *Antimicrobial Agents and Chemotherapy*（64 篇）、*Vaccine*（60 篇）、*PLoS ONE*（32 篇）、*Journal of Infectious Diseases*（29 篇）和 *Radiation Research*（17 篇）等。除发表在综合类期刊的论文外，大多数论文发表在治疗、疫苗、感染性疾病及辐射防护研究等相关领域的期刊上（表 2.2.3）。部分论文发表在一些顶级期刊上，

如 *New England Journal of Medicine* 刊文 6 篇，*Science* 刊文 6 篇，*Lancet* 刊文 2 篇。此外，根据统计结果，发表在影响因子＞20 的期刊上的论文有 28 篇，占比 4.6%；发表在影响因子＞10 的期刊上的论文有 42 篇，占比 6.9%。

表 2.2.3　BARDA 资助科研项目发表论文期刊分布（发文量前 20 位）

序号	期刊英文名称	期刊中文名称	发文量 /篇	影响因子 *（2019年）
1	*Antimicrobial Agents and Chemotherapy*	抗菌剂与化学治疗	64	4.9
2	*Vaccine*	疫苗	60	3.1
3	*PLoS ONE*	公共图书馆：综合	32	2.7
4	*Journal of Infectious Diseases*	感染性疾病期刊	29	5
5	*Radiation Research*	辐射研究	17	2.7
6	*Health Physics*	健康物理学	14	0.9
7	*Influenza and other Respiratory Viruses*	流感与其他呼吸道病毒	13	3.3
8	*International Journal of Radiation Biology*	国际辐射生物学期刊	11	2.4
9	*Scientific Reports*	科学报告	10	4
10	*Journal of Virology*	病毒学期刊	8	4.5
11	*Radiation Protection Dosimetry*	辐射防护与计量学	8	0.8
12	*Lancet Infectious Diseases*	柳叶刀·感染性疾病	7	24.4
13	*Clinical Infectious Diseases*	临床感染性疾病	7	8.3
14	*Npj Vaccines*	Npj 疫苗	7	5.7
15	*Pediatric Infectious Disease Journal*	儿科传染病期刊	7	2.1
16	*Clinical and Vaccine Immunology*	临床与疫苗免疫学	6	—
17	*New England Journal of Medicine*	新英格兰医学期刊	6	74.7
18	*Science*	科学	6	41.8
19	*Biology of Blood and Marrow Transplantation*	血液与骨髓移植生物学	6	3.9
20	*Burns*	烧伤学期刊	6	2.1

　＊影响因子数据来源于 Web of Science 数据库。

（五）BARDA 资助科研项目发表论文研究方向分布

BARDA 相关科研项目发表论文共涉及 59 个研究方向（一些研究方向之间有交叉）。论文发表数量较多的研究方向为免疫学（发文 145 篇，占比 23.8%）、微生物学（发文 135 篇，占比 22.1%）、药理学与药剂学（发文 125 篇，占比 20.5%）、感染性疾病（发文 100 篇，占比 16.4%）和研究与实验医学（发文 89 篇，占比 14.6%）等；其他发文较多的研究方向还有放射学、核医学与医学影像、病毒学、生物化学与分子生物学等（图 2.2.2）。从研究方向的年度变化趋势看，近年来发文量较多，增长趋势明显的为微生物学、药理学与药剂学和感染性疾病等研究方向。

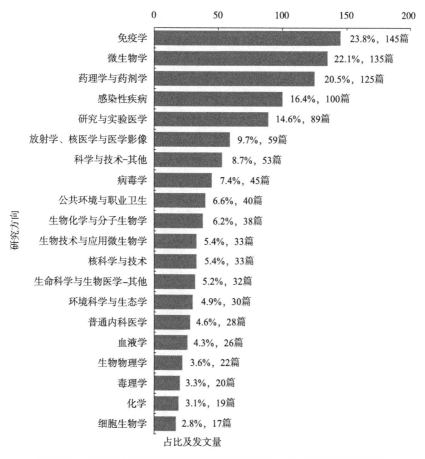

图 2.2.2　BARDA 资助科研项目发表论文研究方向分布（发文量前 20 位）

（六）BARDA 相关科研项目发表论文标题词频分析

词频分析是文献计量学中一种重要的分析方法，基于论文中高频词的统计及其年度变化情况分析，可以量化反映相应研究领域的热点及其变化趋势[160, 161]。根据统计分析结果，BARDA 资助科研项目发表论文标题中频次较高的词有 Vaccine（182 次）、Influenza（160 次）、Virus（98 次）、Immune（84 次）、Radiation（57 次）、Therapy（54 次）、Pharmacokinetic（50 次）等（表 2.2.4）。通过筛选部分有代表意义的词对其年度频次分布进行分析发现，近年来 Vaccine、Influenza 和 Virus 等词保持较高频次，Infection 呈现上升趋势，Anthrax 频次呈现降低趋势（表 2.2.5）。

表 2.2.4　BARDA 资助科研项目发表论文标题中部分高频词

高频词	中文	频次 / 次	高频词	中文	频次 / 次
Vaccine	疫苗	182	Beta-Lactamase	β - 内酰胺酶	27
Influenza	流感	160	Resistance	耐受	25
Virus	病毒	98	Infant	幼儿	24
Immune	免疫	84	H1N1		24
Model	模型	77	H5N1		23
Safety	安全性	68	Patient	患者	22
Cell	细胞	58	Hematopoiesis	造血	22
Radiation	辐射	57	Irradiation	放射	22
Trial	试验	55	Inhibitor	抑制剂	22
Therapy	治疗	54	Non-Human	非人类	21
Pharmacokinetic	药代动力学	50	Primate	灵长类	21
Infection	感染	47	Transplant	移植	20
Health	健康	44	Protein	蛋白	20
Antibody	抗体	44	H7N9		20
Clinical	临床	43	Inactivated	灭活的	20
Protection	保护	41	Blood	血液	20
Mice	大鼠	41	Antigen	抗原	20
Human	人类	39	Injury	损伤	19
Anthrax	炭疽	39	Detect	检测	19
Dose	剂量	37	Vitro	体外的	18
Ebola	埃博拉	36	Prevention	预防	18
Hemagglutinin	血凝素	32	Burn	烧伤	18
Adjuvant	佐剂	31	Plasma	血浆	17
Macaque	恒河猴	31	Lung	肺	17
Pandemic	大流行病	29	Attenuation	减毒	16

表 2.2.5　BARDA 资助科研项目发表论文标题中部分高频词 2009—2020 年度词频变化趋势

序号	高频词（英文）	高频词（中文）	总计	2009	2010	2011	2012	2013	2014	2015	2016	2017	2018	2019	2020	变化趋势
1	Vaccine	疫苗	182	1	5	8	13	14	20	13	24	17	23	19	25	
2	Influenza	流感	160	2	6	8	15	14	16	13	23	15	17	15	16	
3	Virus	病毒	98	1	2	2	7	11	7	7	12	12	15	12	10	
4	Immune	免疫	84	1	2	7	6	7	9	9	6	8	10	6	13	
5	Radiation	辐射	57	0	0	0	5	4	8	7	5	7	8	3	10	
6	Therapy	治疗	54	0	0	2	3	2	3	7	4	8	11	6	8	
7	Infection	感染	47	0	0	0	3	1	3	7	5	4	6	8	10	
8	Antibody	抗体	44	1	0	3	3	2	4	5	8	4	5	4	5	
9	Anthrax	炭疽	39	2	2	3	0	7	7	4	5	1	1	5	2	
10	Ebola	埃博拉	36	0	0	2	2	0	0	2	1	4	18	3	4	

三、分析与讨论

本研究通过文献计量和词频分析方法，分析了 BARDA 相关科研论文的分布情况，从中可以看出 BARDA 相关科研项目研究具有以下特点与趋势。

（一）项目论文产出持续增长，不断加强生物威胁应对研究

自 2006 年成立以来，BARDA 围绕 CBRN、大流行性流感和新发感染性疾病威胁应对，部署了大量科研项目，以支持医学应对措施的高级研发。从年度发表论文数量看，近些年 BARDA 资助科研项目发表的论文数量呈现持续增长的趋势，这说明近年来 BARDA 资助的科研项目不断取得研究进展。从论文研究方向看，近年来发表在微生物学和感染性疾病等研究方向的论文数量不断增长，这说明 BARDA 虽然涉及化学、生物、放射与核威胁应对，但发表论文较多的领域主要为生物防御领域。从论文标题词频分布看，近年来炭疽等传统生物威胁剂的研究逐渐减少，而流感、病毒性疾病一直是 BARDA 研究的重点。根据 BARDA 官网数据，截至 2018 年 9 月，BARDA 与大量企业及科研院所签署各类项目合同达 433 项，其中生物威胁应对相关合同 337 项，占比达 78%[63]。截至 2021 年 2 月，由 BARDA 资助、FDA 批准的 57 种产品中生物威胁应对产品为 51 种，占

比 89%。新冠肺炎疫情暴发以来，BARDA 支持了一系列疫情应对相关研究，截至 2020 年 10 月，BARDA 已投入 160 亿美元到新冠肺炎疫情应对中，其中疫苗相关经费约 125 亿美元，治疗相关经费约 20 亿美元[162]。

（二）项目布局重点突出，多种类型机构广泛参与

在美国生物防御相关药品疫苗研发体系中，BARDA 主要负责通过向企业提供经费资助、技术指导和监管层面建议，支持产品的后期研发[163]。从论文发表期刊及研究领域看，近些年由 BARDA 资助的论文大多发表在治疗、疫苗及感染性疾病相关领域的期刊中。论文标题中，疫苗、免疫、治疗及抗体等词近年来也一直保持较高频次。由 BARDA 资助、FDA 批准的产品中，治疗药物类产品 16 种，占比约 28%；疫苗类产品 20 种，占比约 35%。从论文发表机构看，发文较多的机构既有 FDA、CDC 等政府机构，也有杜克大学、马里兰大学等高校，还有葛兰素史克公司和 Emergent BioSolutions 公司等制药企业，与各类机构建立良好合作关系是 BARDA 推进生物防御药物、疫苗等医学应对措施产品研发的基础。

（三）资助全球范围机构，注重国际科技合作

从论文发表机构的国别看，BARDA 科研项目除了资助美国机构开展研究以外，还资助了大量美国以外机构。从论文发表数量看，美国以外机构发表论文数量接近 15%，其中英国和加拿大机构发表论文数量较多。从项目部署看，近年来，BARDA 除了支持一些美国以外企业，如英国的 Astra Zeneca 公司、加拿大的 Cangene 公司等开展生物防御产品研发外，还在全球范围内与多家机构建立了密切合作关系。例如，从 2006 年开始，BARDA 启动了国际流感疫苗生产能力建设计划，旨在通过在全球多个国家建立流感疫苗生产基础设施，同时开展当地从业人员培训，促进流感疫苗生产能力的提升；目前 BARDA 已为 13 个国家 15 家制造商提供了流感疫苗生产的经费与技术支持[145, 164]。从 2011 年起，BARDA 建立了由美国、英国和荷兰 17 家实验室组成的非临床研究网络，以开发多种实验动物模型，支持药物、疫苗的安全性和有效性评估研究，促进产品研发，加快 FDA 审批[111]。

第三章
DARPA 生物防御相关科研项目分析

1957 年 10 月 4 日，苏联第一颗人造地球卫星"Sputnik-1"的发射让美国各界大为震惊，美国政府意识到苏联已经拥有快速拓展军事技术的能力，并对美国国家安全构成威胁。仅仅 4 个月后，1958 年 2 月 7 日时任美国国防部长尼尔·麦克尔罗伊（Neil McElroy）发布了建立高级研究计划局（Advanced Research Projects Agency，ARPA）的国防部第 5105.15 号指令；1972 年该机构更名为国防高级研究计划局（Defense Advanced Research Projects Agency，DARPA）。成立之初，该机构的研究重点集中在航天技术、弹道导弹防御和固体推进剂三个领域[165]。冷战时期的成立背景决定了 DARPA 一以贯之的使命和宗旨——对国家安全相关的突破性技术进行关键性投资[166]。自成立以来，DARPA 通过与美国乃至全球的高水平科研院所、军工企业展开多元化合作，创新发展了大量先进武器技术和军民两用技术，如互联网、隐形战机、全球定位系统、脑控假肢等[167]。近 30 年来，随着生物科技不断发展进步和生物恐怖主义、新发突发传染病及生物技术滥用误用等生物威胁加剧，DARPA 在生命科学，特别是生物防御领域进行战略性投入，部署了大量相关科研项目[168-169]。2014 年 DARPA 成立生物技术办公室（Biological Technologies Office，BTO）以来，其生命科学相关研究逐渐形成了紧紧围绕美军作战需求，瞄准未来科技前沿，布局合成生物学、感染性疾病应对和神经科学三大领域的研究体系，并取得了大量研究成果[169-172]。美国国防部军事科研体系架构如图 3.1 所示。

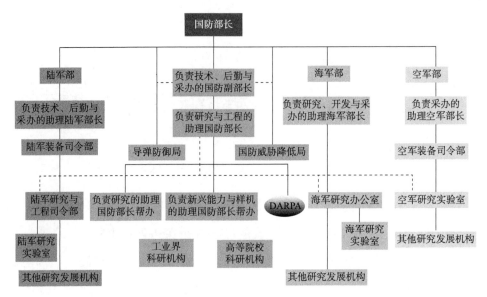

图 3.0.1　美国国防部军事科研体系架构（2017 年 8 月）

（实线代表行政隶属，虚线代表业务指导；资料来源："保障前沿"公众号；https://mp.weixin.qq.com/s/hlKaBcQtuUMofjJaUZz1UA）

第一节　DARPA 生物防御相关科研项目梳理与分析

作为美国科技创新的"排头兵"、引领世界军事科技革命的"策源地"，DARPA 战略性资助生物防御领域的背景因素是什么？作为注重从国家安全高度把握未来科技发展趋势、推动颠覆性技术研究的机构，DARPA 如何在战略层面上指导布局生物防御研究？面对近年来全球新发突发传染病层出不穷、生物技术滥用误用风险不断增加、生物恐怖主义和生物武器威胁长期存在等一系列影响美国乃至全球的安全威胁，DARPA 部署了哪些科研项目？相关科研部署有哪些值得我国借鉴的特点？围绕上述问题，本章通过情报调研、定量分析、案例研究等方法，全面梳理了 DARPA 生物防御研究布局的发展脉络和 2000 年以来的生物防御科研项目部署情况，以期为国内生物防御研究管理部门和科研人员、生物安全科技发展战略研究人员提供参考。

一、DARPA 生物防御科研项目形成背景及相关发展战略

自冷战开始以来，美国国防部和 DARPA 对于影响战争形势和国家安全的武器技术一直聚焦于物理和数学科学的研究，这种倾向性一直延续到了 20 世纪 90 年代；冷战结束以后，受苏联生物武器计划、伊拉克生物武器计划等生物战威胁和东京沙林毒气事件等恐怖袭击事件影响，美国国防部意识到美国及美军面临的生物武器威胁与日俱增，但防护能力严重不足，因此开始部署大量的生物武器防御项目 [173-176]。在此背景下，DARPA 开始将生物战防御与生物恐怖应对纳入其科研项目体系。1996 年，DARPA 增设了非常规对策计划办公室，开始布局应对生物战威胁的科研项目 [173]；随后 1997 年其正式启动了"生物战防御"（Biological Warfare Defense）项目单元，当年经费预算为 6160 万美元，主要用于开发进行生物武器袭击后果管理的计算机软件、检测环境中病原体和生物毒素的传感器、快速鉴别疾病的诊断技术及预防感染或增强人体抵御病原体或毒素能力的新方法 [176]。

DARPA 自成立之初便将职能定位为探索创新性、颠覆性技术，其主要目的是打造美国的技术领先优势、防止世界上其他国家的科技创新技术优势给美国国家安全带来威胁。DARPA 根据其部署科研项目的主要目标将所有项目分为 3 个领域，即国家层面问题（National Level Problems）、作战优势（Operational Dominance）和高风险高回报技术（High-Risk，High-Payoff Technologies），其中国家层面研究领域的项目旨在寻找对美国国家安全造成紧急、困难和危险的各类威胁的解决方法，防范生物袭击是该研究领域的子领域之一，其他 3 个子领域为支持全球反恐、防范信息攻击和保持美国航天技术优势 [177]。1997 年 DARPA 启动"生物战防御"项目时，时任 DARPA 主任拉里·林恩（Larry Lynn）要求相关科研人员要为了革命性的目标而努力，并将 DARPA 在生物学领域的发展目标确定为创造一个"生物星球大战"（Star Wars of Biology）[178]。这说明美军已意识到现代生物技术快速发展给美国国家安全带来的威胁与挑战，同时也体现了 DARPA "转危为机"的敏锐视野。

DARPA 重视发展以生物防御能力建设为核心的生物技术研究还体现在其历次发布的战略规划中。2003 年 2 月 DARPA 发布的《战略计划》（*Strategic*

Plan）详细描述了 DARPA 八大重点研究领域，其中第一个重点研究领域为"反恐"（Counter-Terrorism），包括部分生物战防御相关研究。在该战略计划中 DARPA 首次确立"生物学革命"（Bio-Revolution）重点研究领域，旨在广泛而全面地利用现代生物科技，以期使美国军队更健康、安全和高效，该领域包括"保护军人资本"（Protect Human Assets）、"增强系统效能"（Enhance System Performance）、"增强人员表现"（Enhance Human Performance）和开发上述三个领域未包含的"工具"（Tools）4 个部分，其中"保护军人资本"主要是指生物战防御和战伤救治[179]。2007 年2 月 DARPA 发布的《国防高级研究计划局战略计划》（*Defense Advanced Research Projects Agency Strategic Plan*）将 2003 年版《战略计划》中"反恐"战略重点的生物战防御部分融合进"生物学革命"战略重点的"保护军人资本"部分[180]。2015 年3 月 DARPA 发布的《服务于国家安全的突破性技术》（*Breakthrough Technologies for National Security*）报告中设定的 4 项 DARPA 的主要战略资助领域的第三个领域为"驾驭生物系统"，DARPA 在这个领域的工作包括加速合成生物学研究进步、应对感染性疾病和掌握新的神经生物学技术。其应对感染性疾病工作的目标包括发展遗传和免疫技术来探测、诊断和治疗感染性疾病、研究病毒的进化、预测突变方式和开发药品疫苗等[181]。2019 年 8 月 DARPA 发布的 2019 年战略框架文件《面向国家安全创建技术突破和新能力》（*Creating Technology Breakthroughs and New Capabilities for National Security*）中确定了 DARPA 未来创新的 4 个战略方向，即维护国家安全、威慑并战胜高端对手、开展维稳工作和推动科技领域的基础性研究，其中主动生物监测和生物威胁应对是其维护国家安全战略方向的重要组成部分[182]。

二、DARPA 生物防御科研项目概况

DARPA 自启动生物战防御项目以来，部署了大量生物防御相关科研项目。本研究从 DARPA 官网（https://www.darpa.mil）、美国基金资助查询系统（https://beta.SAM.gov、https://www.grants.gov 等）、生物防御相关新闻报道网站（https://globalbiodefense.com 等）及部分承担机构官网等来源梳理收集了 2000 年以来 DARPA 部署的 47 项生物防御相关科研项目及其资助信息。

（一）2000年以来DARPA生物防御科研项目年度立项及经费投入情况

2000年以来，DARPA共部署生物防御相关科研项目47项。据各来源不完全统计，经费投入至少约11.3亿美元，其中2018年立项数最多且投入经费最多，共立项6项，投入经费约1.8亿美元（图3.1.1）。从年度项目部署趋势看，DARPA生物防御相关科研项目部署呈现一定的波动性，结合相关年度生物安全领域发生的标志性事件及DARPA自身的战略规划可以发现，DARPA生物防御相关科研项目部署与一些重要事件关联。例如，2001年"炭疽邮件"生物恐怖事件发生后、2009年H1N1流感暴发后DARPA均有针对性地部署了多个相关科研项目，2014年生物技术办公室成立后，生物防御类科研项目呈现出年度立项数增多的态势。从项目经费资助看，DARPA多数生物防御项目经费投入较大，如"兼具预防和治疗的自动诊断技术"项目经费接近1.8亿美元。其他获得经费资助较多的项目还有"建筑物防护""大流行病预防平台""预言（病毒进化预测）"等项目（表3.1.1）。

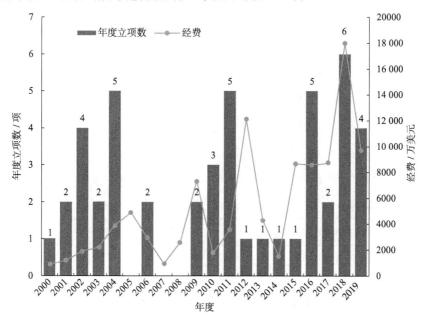

* 年度经费数量包括前面立项项目后续的年度拨付经费及后续资助新的机构的经费；部分项目资助一些机构经费信息未查询到。

图3.1.1　DARPA 2000年以来生物防御项目年度立项及经费投入情况

表 3.1.1　DARPA 生物防御相关科研项目 2000 年以来经费投入情况（经费数前 20 位）

序号	项目	立项年度	经费 / 万美元
1	兼具预防和治疗的自动诊断技术（ADEPT）	2011	17 820
2	建筑物防护（Immune Building）	2001	8309
3	大流行病预防平台（P3）	2017	7080
4	预言（病毒进化预测）（Prophecy）	2010	6931
5	H1N1 加速（H1N1 Acceleration）	2011	6915
6	表观遗传特征与监测（ECHO）	2018	6660
7	微生理系统（MPS）	2011	6330
8	全球核酸按需制备（NOW）	2019	5600
9	保护性等位基因和响应元件的预表达（PREPARE）	2018	5211
10	加速药品生产（AMP）	2006	4515
11	安全基因（Safe Genes）	2016	4100
12	昆虫联盟（Insect Allies）	2016	3230
13	SIGMA+ 传感器	2018	2742
14	预防新发病原体威胁（PREEMPT）	2018	2197
15	手持式等温银标准传感器（HISSS）	2004	2091
16	先进植物技术（APT）	2017	1979
17	七天生物防御（7-Day Biodefense）	2009	1858
18	主动生物武器传感器（Active BW Sensors）	2000 年以前*	1757
19	生物气溶胶的光谱传感（SSBA）	2003	1716
20	持续性水生生物传感器（PALS）	2018	1645

＊该项目具体立项年度不详。

（二）DARPA 生物防御项目各研究领域立项情况

从研究领域布局看，DARPA 生物防御研究注重全链条应对，部署了涵盖预测、预防、诊断和治疗等生物防御研究的主要环节。在 2000 年以来部署的 47 项项目中，预测类项目共 6 项，包括药物疫苗安全性与有效性预测类 3 项和病原体毒力预测类 3 项；预防类项目共 19 项，包括疫苗及免疫类 5 项、生物监测类 14 项；诊断类 4 项；治疗类 8 项，包括治疗方法类 5 项和规模化制备 3 项；其他类项目 10 项（表 3.1.2）。DARPA 部署科研项目最多的为生物监测类项目。

表 3.1.2　DARPA 2000 年以来生物防御项目概览

研究类别		项目中文名称	项目英文名称	立项年度
预测 6 项	药物疫苗安全性与有效性	快速疫苗评估	RVA	2003
		微生理系统	MPS	2011
		快速威胁评估	RTA	2013
	病原体毒力	预言（病毒进化预测）	Prophecy	2010
		普罗米修斯	Prometheus	2016
		预防新发病原体威胁	PREEMPT	2018
预防 19 项	疫苗及免疫	七天生物防御	7-Day Biodefense	2009
		控制细胞机制–疫苗	CCM-V	2010
		兼具预防和治疗的自动诊断技术：预防环境和传染病威胁措施	ADEPT：PROTECT	2012
		宿主恢复力技术	THoR	2015
		保护性等位基因和响应元件的预表达	PREPARE	2018
	生物监测	生物战剂检测传感器集成与建模	SIMBAD	2000
		风险基因评估的三角剖分鉴别	TIGER	2001
		生物飞行时间传感器	BioTOF	2002
		高级门户安全	APS	2002
		生物气溶胶的光谱传感	SSBA	2003
		威胁战剂云战术拦截与应对	TACTIC	2004
		手持式等温银标准传感器	HISSS	2004
		建筑物防护传感器	SIB	2004
		蛋白质构象控制	CPC	2006
		抗体技术项目	ATP	2009
		先进植物技术	APT	2017
		持续性水生生物传感器	PALS	2018
		朋友或敌人	Friend or Foe	2018
		SIGMA+ 传感器	SIGMA + Sensors	2018
诊断 4 项		兼具预防和治疗的自动诊断技术：按需诊断–即时诊断	ADEPT：DxOD-POC	2011

续表

研究类别		项目中文名称	项目英文名称	立项年度
诊断 4项		兼具预防和治疗的自动诊断技术：按需诊断-有限资源配置	ADEPT：DxOD-LRS	2011
		表观遗传特征与监测	ECHO	2018
		利用基因编辑技术进行检测	DIGET	2019
治疗 8项	治疗方法	蛋白质设计过程	PDP	2004
		控制细胞机制-诊断与治疗	CCM-D&T	2010
		病原体捕食者	Pathogen Predators	2014
		干扰和共同预防及治疗	INTERCEPT	2016
		大流行病预防平台	P3	2017
	规模化制备	加速药品生产	AMP	2006
		H1N1加速	H1N1 Acceleration	2011
		全球核酸按需制备	NOW	2019
其他 10项		建筑物防护	Immune Building	2001
		建筑物保护工具包	BPTK	2002
		基于二氧化氯的建筑物生物战剂污染清除	CDBDB	2002
		自洁净表面	SDS	2004
		安全基因	Safe Genes	2016
		谱系起源指示记录	CLIO	2011
		生物控制	Biological Control	2016
		昆虫联盟	Insect Allies	2016
		个性化保护生物系统	PPB	2019
		重新引导	ReVector	2019

注：表中部分项目名称英文缩写全称信息如下（其他在正文或附件中出现）：

BioTOF：Biological Time-of-Flight Sensor；**APS**：Advanced Portal Security；**PDP**：Protein Design Processes；**CDBDB**：Chlorine Dioxide for BW Decontamination of Buildings；**SDS**：Self-Decontaminating Surfaces

（三）DARPA生物防御相关科研项目主要研究阶段

根据DARPA生物防御相关科研项目研究目标和研究内容的侧重点不同，以2009年H1N1流感暴发和2014年生物技术办公室成立为两个时间节点，DARPA生物防御相关科研项目可分为以下3个阶段。

1.侧重生物战及生物恐怖主义应对阶段（1997—2009年）

该阶段时间跨度为1997年生物战防御项目启动至2009年H1N1流感暴发，

DARPA 生物防御研究主要目的是应对来自其他国家的潜在生物战威胁和恐怖组织的生物恐怖主义威胁。

DARPA 生物防御研究源于 1997 年启动的"生物战防御"项目单元，主要是为了应对美国及美军面临的潜在生物战威胁和恐怖组织的生物恐怖主义威胁，主要包括 6 个研究重点，即治疗措施、高级传感器、高级诊断方法、生物武器袭击后果管理工具、空气和水净化设备及潜在生物威胁剂的基因测序[183]；该项目单元具体部署了"非常规病原体应对"（Unconventional Pathogen Countermeasures）、"环境生物传感器"（Environmental Biosensors）、"基于组织的传感器"（Tissue-Based Sensors）、"高级医学诊断"（Advanced Medical Diagnostics）、"高级后果管理"（Advanced Consequence Management）、"空气与水净化"（Air and Water Purification）和"病原体基因组测序"（Pathogen Genomic Sequencing）等项目[183-185]。2001 年"9·11"恐怖袭击事件和随后发生的"炭疽邮件"生物恐怖事件，导致美国国防战略转向全球反恐，其中"炭疽邮件"生物恐怖事件也被认为是国际生物安全形势的"分水岭"，由此美国及全球各国开始加强生物防御研究。在战略规划层面，DARPA"生物战防御"项目单元被归属到"反恐"研究领域。与此同时，该阶段 DARPA 生物防御研究的整体框架逐渐形成。

该阶段 DARPA 生物防御项目主要包括以下 5 类。

（1）袭击前情报获取或人群免疫。具有代表性的项目有：DARPA 信息意识办公室的"全面信息意识"（Total Information Awareness）项目，旨在利用先进情报技术获得恐怖分子的袭击计划；免疫佐剂类项目，如 CpG（胞嘧啶 - 磷酸 - 鸟苷酸，一种免疫增强剂）相关研究[186, 187]。

（2）袭击中生物监测类项目。该类项目主要包括各类生物威胁剂传感器研究。具有代表性的研究有：2001 年部署的"风险基因评估"（Triangulation Identification for Genetic Evaluation of Risks，TIGER）项目，旨在开发一种能够检测任何类型病原体的通用传感器，主要技术包括质谱、信号处理和聚合酶链式反应（Polymerase Chain Reaction，PCR）等[188]；2003 年部署的"生物气溶胶的光谱传感"（Spectral

Sensing of Bio-Aerosols，SSBA）项目，旨在利用生物威胁剂的光学特征，开发一种响应时间小于1分钟、具有良好灵敏度和低误报率的生物威胁剂检测传感器，并探索远程检测和定位生物威胁剂的可能性[189]；2004年部署的"手持式等温银标准传感器"（Handheld Isothermal Silver Standard Sensor，HISSS）项目，旨在开发一种手持式传感器，以快速鉴定细菌、病毒、毒素等生物威胁剂[190]。

（3）袭击后基于建筑物的人员保护。主要包括2001年部署的"建筑物防护"（Immune Building）项目及后续部署的数项相关项目，该类项目主要致力于开发基于建筑物基础设施（如空调系统）的抵御生物或化学战剂在建筑内部扩散的技术[191]。

（4）袭击后医学应对措施研究。该类项目主要由基于"生物战防御"项目单元部署的"非常规病原体应对"项目发展而来，主要致力于广谱生物战剂治疗方式相关研究。其他相关项目有：2003年部署的"快速疫苗评估"（Rapid Vaccine Assessment）项目，旨在通过构建一种人工免疫系统，快速、可靠地在体外评估生物威胁剂在人类免疫系统中引起的反应[192]；2006年部署的"加速药品生产"（Accelerated Manufacturing of Pharmaceuticals）项目，旨在利用植物新型生产平台，在12周内生产出300万剂符合良好生产规范（Good Manufacturing Practice，GMP）的疫苗或单克隆抗体[193]。

（5）袭击后环境处理类研究。该类研究致力于生物袭击后针对受污染环境的去污处理。其相关研究有：2004年部署的"自洁净表面"（Self-Decontaminating Surfaces）项目，旨在开发一种具有自我清洁功能、可以消杀微生物的涂层材料[194]；2002年部署的"基于二氧化氯的建筑物生物战剂污染清除"（Chlorine Dioxide for BW Decontamination of Buildings）项目，旨在开发基于二氧化氯的气体洗消技术[195]。

2. 开始注重大规模感染性疾病应对阶段（2009—2014年）

2009年H1N1流感在美国暴发，并迅速发展为全球性大流感，造成大量人员感染死亡。H1N1疫情暴发后，DARPA生物防御研究开始注重大规模感染性疾病应对相关研究，并部署了一系列相关项目。

H1N1流感暴发初期，DARPA通过审查其既往研究项目，以2006年部署的AMP项目为基础，于2009年5月发起了"蓝天使（H1N1加速）"[Blue Angle（H1N1 Acceleration）]计划，旨在提升美军快速灵活应对自然发生或人为制造的大流行性疾病的能力[196]。该计划包括3个子项目："健康与疾病预测"（Predicting Health and Disease）项目旨在预测疾病的过程、症状的严重程度、患者的传染性等，由斯坦福国际研究院承担[197]；"体外分子免疫构建"（Modular Immune in Vitro Construct）项目即前文所述"快速疫苗评估"项目的一部分，由Pasteur-VaxDesign公司承担[198]；"加速药品生产"项目主要由得克萨斯农工大学和Medicago公司承担，2012年Medicago公司利用基于植物的生产平台在1个月内生产了1000万支H1N1流感疫苗[199, 200]。

H1N1流感暴发以后，DARPA意识到全球具有高度传染性的新发突发病原体出现的频率正在不断增加，且人工合成生物威胁剂成为可能，这对部署在全球各地的美军形成了较大威胁。2009年6月，DARPA宣布开展"七天生物防御"（7-Day Biodefense）项目，该项目旨在寻求高度创新的方法来应对任何已知或未知、自然发生或人为蓄意产生的生物剂威胁，项目主要技术领域包括广谱抗病毒药物、中和抗体和其他创新性医学应对措施开发等[201]；从2010年开始，DARPA围绕核酸疫苗技术、生物威胁剂即时检测和新型靶向给药工具等技术陆续部署了一系列项目，并形成了一个综合性的项目——"兼具预防和治疗的自动诊断技术"（Autonomous Diagnostics to Enable Prevention and Therapeutics，ADEPT），该项目取得了大量研究成果，并成为日后数个DARPA感染性疾病应对相关项目的基础[202]。2006年部署的AMP项目开展的研究证明基于植物的新型生产平台能够加速上百万支疫苗的生产，然而在没有临床前安全性和有效性数据的支撑及对疫苗或药物的毒理学广泛认知的情况下，无法启动临床试验。因此，DARPA于2011年9月启动了"微生理系统"（Microphysiological Systems，MPS）项目，旨在开发一种工程化的体外人体组织模拟平台，以模拟药物或疫苗与人类生理系统的相互作用，准确预测药物或疫苗的安全性、有效性和药代动力学[203]。

3. 多元化生物防御研究阶段（2014 年 BTO 成立后至今）

2014 年生物技术办公室（BTO）的成立标志着美军已深刻认识到生物技术在国防安全层面的巨大价值。BTO 的任务重点是融合生物学、工程学、计算机科学等学科，将生物系统的巨大潜力应用到国家安全领域。该阶段 DARPA 生物防御相关科研项目呈现出多元化发展趋势，除了继续强化大规模感染性疾病应对相关研究外，DARPA 生物防御研究开始布局涉及抗生素耐药、农业生物防御及生物技术安全等领域的研究，在技术层面开始注重合成生物学、基因编辑技术在生物防御研究中的应用。

为了应对多重耐药病原体带来的生物威胁，2014 年 DARPA 部署了"病原体捕食者"（Pathogen Predators）项目，旨在研究以噬菌蛭弧菌（Bdellovibrio）和Micavibrio 细菌作为耐药性病原体和生物威胁病原体感染的疗法[204]；2015 年 DARPA部署了"宿主恢复力技术"（Technologies for Host Resilience，THoR）项目，旨在通过耐受的生物学机制，寻求突破性干预措施的开发，以提高患者自身耐受多种病原体的能力[205]；针对农业领域面临的生物威胁，2016 年 DARPA 部署了"昆虫联盟"（Insect Allies）项目，旨在利用昆虫携带的植物病毒对成熟植物进行基因治疗[206]；针对基因编辑技术滥用或误用带来的潜在威胁，为促进基因编辑技术的安全性和有效性，确保美国在基因编辑领域的领先地位，2016 年 DARPA 部署了"安全基因"（Safe Genes）项目[207]；为应对经蚊虫传播的登革热、疟疾等疾病对美军作战人员造成的威胁，2019 年 DARPA 部署了"重新引导"（ReVector）项目，该项目旨在通过精确、安全地修饰人体皮肤微生物组改变皮肤气味，以降低人体对蚊虫媒介的吸引力[208]。

（四）DARPA 生物防御相关科研项目主要承担机构

2000 年以来，有来自全球的 232 家机构参与承担了 DARPA 生物防御相关科研项目，从承担机构类型看，包含企业、高校、研究院所和医院等各类型机构。一些大型企业与国际知名高校或研究院所获得了较多的经费资助。获得经费资助最多的5 家机构为：莫德纳公司，共获得资助 9370 万美元，承担了 ADEPT 和 NOW 2 项项目的研究；哈佛大学，共获得资助 6601 万美元，承担了 MPS 和 Prophecy 等 8 项项目的研究；亚利桑那州立大学，共获得资助 4119 万美元，承担了 ECHO 和 7-Day

Biodefense 2 项项目的研究；G-Con 公司，共获得资助 4000 万美元，承担了 H1N1 Acceleration 项目的研究；巴特尔纪念研究所，共获得资助 3527 万美元，承担了建筑物免疫和 SIGAMA+ 传感器 2 项项目的研究。其他获得经费资助较多的机构还有范德堡大学、麻省理工学院和加拿大 Abcellera 公司等（表 3.1.3）。

表 3.1.3　DARPA 生物防御相关科研项目主要承担机构（经费数前 20 位）

序号	机构英文名称	机构中文名称	项目数 / 项	经费 / 万美元	主要承担项目
1	Moderna，Inc.	莫德纳公司	2	9370	ADEPT；NOW
2	Harvard University	哈佛大学	8	6601	MPS；Prophecy
3	Arizona State University	亚利桑那州立大学	2	4119	ECHO；7-Day Biodefense
4	G-Con，LLC	G-Con 公司	1	4000	H1N1 Acceleration
5	Battelle Memorial Institute	巴特尔纪念研究所	3	3527	Immune Building；SIGAMA+
6	Vanderbilt University	范德堡大学	4	3514	P3；RTA
7	MIT	麻省理工学院	7	3278	MPS；SSBA
8	Abcellera Biologics，Inc.	Abcellera 公司	1	3000	P3
9	Icahn School of Medicine at Mount Sinai	西奈山伊坎医学院	2	2780	ECHO；PREEMPT
10	VaxDesign Corporation	VaxDesign 公司	4	2500	ADEPT；RVA
11	UC San Francisco	加利福尼亚大学旧金山分校	5	2487	Prophecy；PREPARE
12	Northrop Grumman Corporation	诺斯洛普·格鲁门公司	3	2477	HISSS；PALS
13	University of Washington	华盛顿大学	4	2272	ADEPT；PDP
14	Georgia Institute of Technology	佐治亚理工学院	1	2190	PREPARE
15	IBIS Biosciences，Inc.	IBIS 生物科学公司	1	1957	Prophecy
16	Kentucky Bioprocessing，Inc.	肯塔基生物工艺公司	1	1790	H1N1 Acceleration
17	Ginkgo Bioworks，Inc.	Ginkgo 生物技术公司	2	1736	ReVector
18	Massachusetts General Hospital	麻省总医院	3	1734	Safe Genes；ADEPT
19	Columbia University	哥伦比亚大学	6	1722	PREPARE；Prometheus
20	University of Massachusetts	马萨诸塞大学	4	1716	ADEPT；Prophecy

三、DARPA 生物防御科研项目研究特点

DARPA 的科研项目凝聚了来自全球高水平科研院所、大型企业等力量，注重开展创新性研究以形成对其他国家的技术优势，促进相关研究领域的革命性与颠覆性进步。生物防御研究作为 DARPA 近年来重点关注的领域之一，其相关科研项目的研究主要呈现出以下特点。

（一）强调防御关口前移，提高生物监测能力

新发突发感染性疾病及生物恐怖主义等生物威胁能够在短时间内造成大量人员伤亡，因此及时、有效的生物监测能为生物防御相关机构快速反应赢得宝贵时间，国家层面强大的生物监测体系也可对潜在的生物战或生物恐怖袭击起到威慑作用[209, 210]。DARPA 历来重视以生物传感器技术为代表的生物监测类项目的部署，以提高美国及美军生物防御体系的预警监测能力，将生物威胁抵御在未发之前。早在 1997 年"生物战防御"项目单元启动时，生物传感器技术就是 DARPA 生物防御项目的重点研究领域之一，2000 年以前 DARPA 部署有"生物传感器技术"和"基于组织的生物传感器"（Tissue-Based Biosensors）等项目。2000 年以来，DARPA 生物防御项目共立项 47 项，其中生物监测相关项目有 14 项，约占所有项目的 1/3。例如，2004 年 DARPA 部署的"威胁战剂云战术拦截与应对"（Threat Agent Cloud Tactical Intercept & Countermeasure，TACTIC）项目，旨在 1 分钟内远距离探测、鉴别和识别空中化学或生物战剂威胁，并在威胁云团到达目标之前实施干预措施并及时清除[211]；2009 年 8 月，DARPA 宣布开展"抗体技术项目"（Antibody Technology Program，ATP），以开发能够在恶劣环境条件下工作的基于抗体的传感器，2012 年该项目取得研究成果，并将技术移交到了美国国防部的"关键试剂计划"，在成果展示阶段，该项目研发的抗体传感器能够在 70 ℃条件下连续正常工作 48 小时[212]；2017 年及 2018 年相继部署的"先进植物技术"（Advanced Plant Technologies，APT）和"持续性水生生物传感器"（Persistent Aquatic Living Sensors，PALS）项目分别希望利用陆生生物（在该项目中专指植物）和海洋生物来实现对来自陆地和海洋环境中的包含生物威胁在内的各种环境

威胁的探测预警 [213, 214]。

（二）强调研究的广谱性，提高抵御未知威胁的能力

DARPA 科研项目追求以最低的技术成本实现最高的目标需求。随着人类社会与自然环境的接触日益频繁，生物技术进步带来的滥用误用风险不断升级，结合美军在全球各地部署的实际情况，DARPA 认为美国及美军未来面临的生物威胁很可能是未知的且复杂多变的。如何以广谱性研究来抵御各类已知或未知生物威胁一直是 DARPA 的技术追求之一。例如，其"生物战防御"项目单元最开始部署的"非常规病原体应对"项目旨在打破"一菌一药"（One bug - One drug）的模式，实现生物威胁病原体的广谱应对 [183]；"基于组织的生物传感器"项目旨在创造能够对任何有害病原体发出警告的传感器，而不是针对单一特定的病原体 [215]。针对病毒类病原体存在较高突变率、易对现有疗法产生耐药性的问题，2015 年 DARPA 部署了"干扰和共同预防及治疗"（INTERfering and Co-Evolving Prevention and Therapy，INTERCEPT）项目，旨在使用治疗性干扰颗粒（Therapeutic Interfering Particles，TIPs）作为应对快速进化的病毒类病原体的疗法，从而为埃博拉、寨卡和基孔肯亚等快速进化的病毒提供新的广谱疗法，并提供一种平台技术，可随时应对经过基因工程改造的病毒威胁 [216]。

（三）强调系统化立项，注重平台化研发

系统化立项是 DARPA 应对生物威胁的重要手段，具有创新性、可按需配置的技术平台研发是 DARPA 生物防御研究的核心要求。例如，2001 年前后，为应对生物恐怖分子对军队及重要机构建筑设施造成的威胁，DARPA 部署了"建筑物防护"项目，以改进建筑物的基础设施（如空调系统等），提高建筑物对化学和生物战剂气溶胶攻击的抵御能力 [191]。"炭疽邮件"生物恐怖事件发生后，针对在该事件中暴露出的美国及美军在生物威胁应对行动中的不足，DARPA 陆续部署了与"建筑物防护"项目配套的数项项目，包括 2002 年部署的"基于二氧化氯的建筑物生物战剂污染清除"项目 [195]、用于应对邮件系统可能发生的生物战剂污染的"高级门户安全"（Advanced Portal Security）项目 [217]、"建筑物保护工

具包"（Building Protection Toolkit，BPTK）项目[218]和2004年部署的"建筑物防护传感器"（Sensors for Immune Buildings，SIB）项目等[219]。

2010年，为控制天然或人工合成生物威胁剂的传播，DARPA围绕"兼具预防和治疗的自动诊断技术"项目陆续部署了涵盖核酸疫苗技术平台、靶向给药工具、即时诊断技术、便携式诊断平台、大规模被动免疫技术平台的一系列项目，具体有以下5项项目。

（1）2010年部署的"控制细胞机制–疫苗"（Controlling Cellular Machinery - Vaccines）项目旨在研发基于核酸疫苗开发的通用技术平台[220]。2011年，由In-Cell-Art、赛诺菲·巴斯德（Sanofi Pasteur）和CureVac 3家公司组成的RNArmor Vax团队获DARPA为期4年共计3310万美元的资助，承担了该项目的研究工作[221]。

（2）2010年部署的"控制细胞机制–诊断与治疗"（Controlling Cellular Machinery - Diagnostics and Therapeutics）项目旨在研发基于哺乳动物细胞工程化，从而实现靶向给药和活体诊断的新型工具[222]。2011年，由麻省理工学院、BBN科技公司、科罗拉多大学博尔德分校和波士顿大学的研究人员组成的团队参与了该项目的研究[223]。2014年，来自美国怀海德生物医学研究所的研究人员在该项目的资助下，开展了红细胞携带递送技术相关研究，可以使人的红细胞递送解毒剂等药物到达全身[224]。

（3）2011年部署的"兼具预防和治疗的自动诊断技术：按需诊断–即时诊断"（Autonomous Diagnostics to Enable Prevention and Therapeutics：Diagnostics on Demand -Point of Care，ADEPT：DxOD -PoC）项目旨在研发一种集生物样本采集与存储、高效分子识别的诊断平台[225]。2013年，在该项目的资助下加拿大多伦多大学的研究人员开发了一种用于病原体检测的芯片，并证明了它们能够成功分析未纯化的样本，并准确鉴别病原体[226]。

（4）2011年部署的"兼具预防和治疗的自动诊断技术：按需诊断–有限资源配置"（Autonomous Diagnostics to Enable Prevention and Therapeutics：Diagnostics on Demand – Limited Resource Settings，ADEPT：DxOD - LRS）项目旨在开发一种可以让作战人员在资源有限的环境中使用的便携式诊断平台[227]。2013年3月，

加州理工学院获得了该项目 1515 万美元的资助，用于研发数字化滑动芯片平台，以在资源有限地区提供生物威胁剂的分析 [228, 229]。

（5）2012 年部署的"兼具预防和治疗的自动诊断技术：预防环境和传染病威胁措施"（Autonomous Diagnostics to Enable Prevention and Therapeutics：Prophylactic Options to Environmental and Contagious Threats，ADEPT-PROTECT）项目寻求创新性的大规模被动免疫策略，开发基于核酸治疗剂或疫苗递送的平台技术 [230]。2014 年，美国圣迭戈 Ichor Medical Systems 公司获得了该项目为期 5 年共 2020 万美元的资助，以进行 TriGrid 电穿孔系统的开发和临床评估，该电穿孔系统基于 DNA 的抗体递送平台，用于生产基于被动免疫预防的保护性抗体 [231]；2013 年，莫德纳（Moderna Therapeutics）公司获得了 DARPA 该项目 2500 万美元的资助，用于研究和建立其 mRNA 疫苗开发平台 [232]。

（四）强调快速反应，可按需配置能力

生物防御类治疗剂和疫苗的快速和大规模生产是抵御生物威胁的直接手段，是生物防御能力建设的重要组成部分 [150]。DARPA 高度重视生物防御相关药物和疫苗的快速大规模生产和按需配置的能力。例如，前文所述的 2006 年部署的 AMP 项目旨在利用基于植物的新型生产平台，在 12 周内生产出 300 万剂符合 GMP 的疫苗或单克隆抗体。2013 年 5 月，DARPA 启动的"快速威胁评估"（Rapid Threat Assessment）项目，旨在开发新型高通量方法和工具，在 30 天内阐明生物威胁剂、药物或疫苗影响细胞功能的分子机制，以缩短评估药物疗效和毒性所需的时间，从而促进新型治疗剂或疫苗的审批 [233]。2016 年部署的"普罗米修斯"（Prometheus）项目旨在患者接触病原体后的 24 小时内确定特异性生物标志物，以预测个体是否具有传染性 [234]。2017 年部署的"大流行病预防平台"（Pandemic Prevention Platform）项目旨在开发一个综合技术平台，在识别病原体后 60 天内实现有效的基于核酸的治疗剂或疫苗的快速研发、生产、测试和分发 [235]。2019 年部署的"全球核酸按需制备"（NOW）项目旨在 24 小时之内快速生产、配制和包装数百种核酸治疗剂 [236]。2019 年部署的"利用基因编辑技术

进行检测"（Detect It with Gene Editing Technologies，DIGET）项目计划将基因编辑元件整合到分布式生物检测器中，针对新发突发病原体或工程化病原体进行快速诊断，开发一种能够一次性筛查 10 种病原体或宿主生物标志物的手持式检测设备和一个能同时筛查超过 1000 个临床和环境样本的大规模多重检测平台，并要求两部分研究都可以快速重新配置，以适应不断变化的生物威胁[237]。2019 年部署的"个性化保护生物系统"（Personalized Protective Biosystem，PPB）项目旨在开发一种轻便、灵活的防护装备，以抵御美军在不同环境中遇到的生物化学威胁[238]。

（五）强调场景化试验、基地化测试

复杂的作战环境和多元化的生物威胁对于生物防御研究提出了更高要求，如何模拟遭受生物袭击的实际场景，并进行试验条件下的有效测试是 DARPA 生物防御研究的重要关注点之一。基于各类型场景化试验和基地化测试的研究方式，源自 DARPA 科研项目紧贴作战和生物防御实际的研究理念。在大部分项目的预先计划中，DARPA 均明确了项目研发过程中各阶段的里程碑指标及场景化试验与演示相关定量化指标，部分项目还确立了基地化的实地测试点。例如，2001 年部署的"建筑物防护"项目包含 4 个技术领域，分别为"集成系统试验""技术开发""全尺寸演示""建筑保护工具箱"。其中，"集成系统试验"技术领域致力于在全尺寸搭建的试验平台上设计、开发、实施、测试和优化整个系统架构，该技术领域研究在美国能源部下属的内华达试验场和亚拉巴马州的陆军麦克莱伦堡陆军基地进行了测试；"全尺寸演示"技术领域在美国密苏里州的伦纳德·伍德堡陆军训练基地进行演示[239]。2018 年部署的"SIGMA+ 传感器"项目旨在开发探测生物、化学和爆炸物威胁的新型传感器网络[240]，2019 年该项目以印第安纳波利斯赛车场为测试基地进行了数次测试[241]，2020 年在美国犹他州陆军杜格威试验场和新泽西州的机场、汽车站、火车站、码头等地实现了各种场景的项目试验[242]。

（六）强调项目研发的延续性

DARPA 生物防御相关科研项目每项项目的部署都致力于满足具体作战任

务需求或应对特定生物威胁，但各项目之间并不是完全独立的，而是具有延续性。这种延续性主要体现在两个方面。一方面体现在项目资助的延续性上。以DARPA资助Moderna公司开展mRNA疫苗为例：Moderna公司成立于2010年，主要专注于mRNA疫苗技术的研究；2013年，Moderna公司获得了DARPA部署的ADEPT-PROTECT项目2500万美元的资助，用于研究和建设其mRNA疫苗开发平台[232]；2019年，Moderna陆续公布了其研发的针对寨卡病毒的mRNA-1893疫苗和针对基孔肯雅病毒的mRNA-1944疫苗的研究进展[243-245]，2020年该公司研发的针对新型冠状病毒的mRNA-1273疫苗在美国获批上市，这些研究成果的背后均有来自DARPA的支持[246]；2020年10月，该公司又获得了DARPA NOW项目5600万美元的资助，以开发快速移动式核酸疫苗生产平台[247]。另一方面体现在各项目部署之间的延续性上。DARPA在之前部署的"复杂环境中的生物鲁棒性"项目取得进展的情况下，于2016年启动了针对农业领域合成生物学应用及生物威胁应对的"加速农业工程"（Accelerated Agricultural Engineering）项目[248]，该项目后来演化形成了3个项目：2016年部署的"昆虫联盟"项目、2017年部署的"先进植物技术"项目和2018年部署的"持续性水生生物传感器"项目[249]。

四、启示

作为美国国防部下属重要军事技术研究项目资助管理机构，DARPA从20世纪90年代着眼影响国家安全与军事安全的重大生物威胁，聚焦于生物防御相关领域的前沿技术，部署了一系列涵盖生物防御研究各阶段的前瞻性、创新性科研项目，经过20余年的不断发展，形成了布局全面、特点鲜明、日趋成熟的生物防御研究体系，逐渐成为美国生物防御科技支撑体系的重要一环。

当前，我国面临的生物安全风险因素众多，生物安全面临严峻挑战，但生物安全领域科技创新能力存在短板与不足[7]。面向未来，我国亟须结合我国国情和生物防御实际，加强生物防御相关研究，以生物防御能力建设为牵引，以生物防御关键核心技术攻关为抓手，科学构建我国生物防御科技支撑体系。DARPA研究被誉为全球科技创新的"风向标"，我国生物防御科研项目管理部门和相关科研人员应及时关注 DARPA 生物防御科研项目的立项动态，密切跟踪其相关技术与产品的研究进展，科学研判 DARPA 生物防御研究的未来走向和重点技术领域；结合我国生物防御需求，积极借鉴 DARPA 生物防御科研项目在创新资助机制、先进研发理念和颠覆性科研思路等方面的经验，促进我国生物防御研究创新性发展，不断完善我国生物防御科技支撑体系。

第二节　DARPA 生命科学相关科研项目文献计量分析

本研究基于文献计量学方法，以 DARPA 生命科学相关科研项目发表论文为研究对象，分析了 DARPA 生命科学相关科研项目的资助重点与特点，为我国生命科学研究领域相关科研人员和政策管理部门了解 DARPA 生命科学领域相关科研项目部署情况与研究进展提供参考。

一、数据来源与研究方法

本研究文献数据来源为 Web of Science（WoS）的 SCI-Expanded 数据库，检索时间为 2020 年 11 月 25 日。通过限定基金资助机构为 DARPA 或"Defense Advanced Research Projects Agency"、文献类型为 Article，检索数据库中所有由 DARPA 资助的论文。共检索到 24 023 篇论文，经数据去重，得到 24 008 篇论文。WoS 数据库根据期刊研究方向（Research Area）将数据库中所有文献分为生命科学与生物医学、自然科学、应用科学、艺术与人文和社会科学 5 大类，并细分为 147 个研究方向；每篇文献的研究方向标注有交叉，但每篇文献研究方向标注不超过 5 个。本研究通过筛选研究方向为生命科学与生物医学类的论文，并人工筛选研究方向为"应用科学"类下属的"科学与技术–其他主题"（主要为跨学科领域期刊，如 *Nature*、*Science* 等）研究方向中的生命科学相关论文，经合并后得到数据库中所有由 DARPA 资助的生命科学相关论文。其中根据研究方向分类"生命科学与生物医学"筛选得到论文 3527 篇；人工筛选"科学与技术–其他主题"研究方向论文中生命科学相关论文 978 篇；经数据合并去重，得到 4394 篇论文（由于 WoS 对于每篇文献的研究方向标注有交叉，所以人工筛选得到的"科学与技术–其他主题"研究方向论文中生命科学相关论文与根据研究方向分类"生命科学与生物医学"筛选得到的文献有部分重复）。论文对应的 DARPA 项目信息根据论文基金资助信息中的项目号查询而来，查询来源为 http://www.darpa.mil、http://www.grants.gov、http://beta.SAM.gov 等网站及 DARPA 部分年度项目资助列表。

根据上述检索结果，对论文年度发表数量、国家或地区分布、机构分布、研究方向、项目发表论文等进行统计分析。国家或地区和机构分布基于论文的通信作者，为便于统计，有多个通信作者或通信作者有多个机构信息的，选取下载数据中第一个通信作者的第一个机构信息。根据 WoS 数据库的国家与地区分类，England（英格兰）单独列出，中国的文献数量统计不含中国台湾。词频分析基于论文标题，通过将词性不同、含义相同的词合并分析及筛选有意义的高频词进行对比分析。

二、结果

（一）论文年度发表数量

截至 2020 年 11 月 25 日，根据数据统计，DARPA 共资助发表论文 24 008 篇，其中 1995—2007 年合计论文数为 126 篇，2008—2020 年为 23 882 篇。其中，生命科学领域论文 4394 篇，其中 1995—2007 年合计论文数为 30 篇，2008—2020 年为 4364 篇。根据检索结果，2008 年以前 DARPA 年度资助发表论文数保持在较低水平；2008 年以来，DARPA 年度资助发表论文数不断上升，于 2012 年达到最高，此后数年，总论文数量呈现下降趋势，2017 年开始又呈现缓慢增长趋势；DARPA 资助生命科学领域年度论文数量自 2008 年以来一直呈现缓慢增长趋势，同时在论文总数中的占比不断增长，2018 年、2019 年占比均达到 25% 以上（图 3.2.1）。

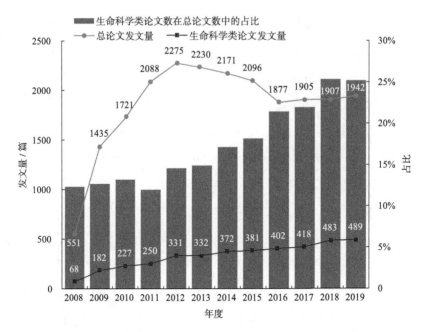

图 3.2.1　2008—2019 年 DARPA 科研项目发表论文及生命科学类论文情况

（二）国家或地区分布

　　共有来自全球 66 个国家或地区的机构具有标注 DARPA 资助的论文发表，其中 40 个国家或地区的机构获 DARPA 科研项目资助并发表生命科学相关论文。论文发表数最多的为来自美国的机构。其中，美国以外发文较多的国家或地区有中国（422 篇）、德国（330 篇）、英格兰（295 篇）、加拿大（273 篇）和澳大利亚（122 篇）等；生命科学领域论文中，美国以外发文较多的国家或地区有英格兰（81 篇）、加拿大（67 篇）、德国（38 篇）、法国（34 篇）和澳大利亚（25 篇）等，中国机构发文 21 篇（表 3.2.1）。总论文中发表论文最多的中国机构有清华大学（39 篇）、中国科学院（34 篇）和南京大学（18 篇）等；在生命科学领域发表论文的中国机构有南京大学（3 篇）、中国科学院（2 篇）和上海交通大学（2 篇）等。

表 3.2.1　DARPA 科研项目发表论文主要国家或地区

序号	国家或地区	总论文		生命科学领域论文	
		发文量 / 篇	占比	发文量 / 篇	占比
1	美国	20 690	86.2%	3929	89.4%
2	英格兰	295	1.2%	81	1.8%
3	加拿大	273	1.1%	67	1.5%
4	德国	330	1.4%	38	0.9%
5	法国	211	0.9%	34	0.8%
6	澳大利亚	122	0.5%	25	0.6%
7	巴西	64	0.3%	25	0.6%
8	中国	422	1.8%	21	0.5%
9	西班牙	81	0.3%	18	0.4%
10	葡萄牙	23	0.1%	17	0.4%
	其他	1497	6.2%	139	3.2%
	合计	24 008		4394	

（三）DARPA 生命科学相关科研项目发文量

根据查询到的 DARPA 生命科学领域项目发表论文情况，发文量较多的项目有：2009 年部署的"加速损伤修复的重组与可塑性"（Reorganization and Plasticity to Accelerate Injury Recovery，REPAIR）项目，旨在进行机制研究，以提高大脑建模水平及研究人员与大脑交互的能力[250]，发文 139 篇；2011 年部署的"生物代工厂"（Living Foundries）项目，旨在通过基于对生物系统的基本代谢过程进行编程的方法，实现复杂分子的适应性、可扩展性和按需生产能力[251]，发文 132 篇；2005 年部署的"生物学的基础规律"（Fundamental Laws of Biology，FunBio）项目，致力于为生物学领域带来更深层次的数学理解和相应的预测能力，其目标是发现生物学基础规律[252]，发文 130 篇；2011 年部署的"兼具预防和治疗的自动诊断技术"（Autonomous Diagnostics to Enable Prevention and Therapeutics，ADEPT）项目，旨在开发一系列识别、应对自然或工程病原体和毒素威胁的技术[202]，发文 126 篇；2015 年部署的"电子处方"（Electrical Prescriptions，ElectRx）项目，致力于通过精确、闭环、非侵入性地调节患者周围神经系统的方式来提供针对疼痛、一般性炎症、创伤后应激、严重焦虑和创伤的非药物治疗方式[253]，发文83篇。其他发文较多的项目还有2010年部署的"可靠神经接口技术"（Reliable Neural-Interface Technology，RE-NET）项目、"预言（战胜病原体）"[Prophecy（Pathogen Defeat）]项目和2016年部署的"安全基因"（Safe Genes）项目等（表3.2.2）。

表 3.2.2　DARPA 科研项目发表生命科学相关论文情况

序号	项目名称	立项年度	发文量/篇
1	加速损伤修复的重组与可塑性（REPAIR）	2009	139
2	生物代工厂（Living Foundries）	2011	132
3	生物学的基础规律（FunBio）	2005	130
4	兼具预防和治疗的自动诊断技术（ADEPT）	2011	126
5	电子处方（ElectRx）	2015	83
6	可靠神经接口技术（RE-NET）	2010	78
7	预言（战胜病原体）[Prophecy（Pathogen Defeat）]	2010	72
8	安全基因（Safe Genes）	2016	57
9	复杂环境中的生物鲁棒性（BRICS）	2014	56
10	微生理系统（Microphysiological Systems）	2011	56
11	简化科学发现的复杂性（SIMPLEX）	2014	54
12	手部本体感受和触感接口（HaPTIx）	2014	53
13	生物控制（Biological Control）	2016	51
14	革命性假肢（Revolutionizing Prosthetics）	2005	48
15	大机制（Big Mechanism）	2014	47
16	谱系起源指示记录（CLIO）	2011	46
17	时间生物学（Biochronicity）	2011	44
18	恢复主动记忆（RAM）	2014	42
19	神经功能、行为、结构和技术（Neuro-FAST）	2014	37
20	具有生物功能的可折叠合成聚合物[Fold F（X）]	2014	36
21	恢复编码记忆集成神经设备（REMIND）	2009	36
22	基于系统的神经技术新兴疗法（SUBNETS）	2013	36
23	类透析治疗（DLT）	2011	33
24	干扰和共同预防及治疗（INTERCEPT）	2016	25
25	勇士织衣（Warrior Web）	2011	25
26	快速高海拔与缺氧适应（RAHA）	2008	24
27	活体内纳米装置（IVN）	2012	23
28	七天生物防御（7-Day Biodefense）	2009	21
29	快速威胁评估（RTA）	2013	20

续表

序号	项目名称	立项年度	发文量 / 篇
30	战地医药（Battlefield Medicine）	2014	19
31	病原体捕食者（Pathogen Predators）	2014	19
32	预防新发病原体威胁（PREEMPT）	2018	19
33	预防暴力性爆炸神经损伤（PREVENT）	2006	19
34	靶向神经可塑性训练（TNT）	2016	16
35	加速药品生产（AMP）	2006	14
36	预测健康与疾病（PHD）	2006	14
37	按需生物医药（Bio-MOD）	2012	10
38	普罗米修斯（Prometheus）	2016	10
39	蛋白质设计过程（PDP）	2005	10
40	大流行病预防平台（P3）	2017	9
41	昆虫联盟（Insect Allies）	2016	5
42	保护性等位基因和响应元件的预表达（PREPARE）	2018	5
43	宿主恢复力技术（THoR）	2015	5
44	抗体技术项目（ATP）	2009	4
45	朋友或敌人（Friend or Foe）	2018	4

注：表中部分项目名称英文缩写全称信息如下（其他在正文或附件中出现）：

RE-NET：Reliable Neural-Interface Technology；**REMIND**：Restorative Encoding Memory Integrative Neural Device；**SUBNETS**：Systems-Based Neurotechnology for Emerging Therapies；**DLT**：Dialysis-Like Therapeutics；**RAHA**：Rapid Altitude and Hypoxia Acclimatization；**IVN**：In Vivo Nanoplatforms；**PREVENT**：Preventing Violent Explosive Neurologic Trauma；**Bio-MOD**：Biologically-derived Medicines on Demand

（四）DARPA 科研项目发表生命科学相关论文期刊分布

DARPA 科研项目发表生命科学相关论文较多的期刊有 *PLoS One*（154 篇）、*PNAS*（146 篇）、*Lab on A Chip*（128 篇）、*Journal of Neural Engineering*（123 篇）和 *Nature Communications*（112 篇）等。除发表在综合类期刊中的论文外，大多数论文发表在神经科学、生物学基础研究等相关领域的期刊上。一些顶级期刊的刊文量也较高，如 *Cell* 刊文 78 篇，*Science* 刊文 64 篇，*Nature* 刊文 59 篇；还有大量论文发表在 *Nature* 系列子刊上（表 3.2.3）。此外，根据统计结果，发表在影响因子＞ 20 的期刊上的论文有 370 篇，占比 8.4%，发表在影响因子＞ 10 的期刊上的论文有 848 篇，占比 19.3%。

表 3.2.3　DARPA 科研项目发表生命科学相关论文期刊分布（发文量前 20 位）

序号	期刊英文名称	发文量 / 篇	影响因子（2019 年）
1	*PLoS One*	154	2.7
2	*PNAS*	146	9.4
3	*Lab on A Chip*	128	6.8
4	*Journal of Neural Engineering*	123	4.1
5	*Nature Communications*	112	12.1
6	*Scientific Reports*	97	4.0
7	*ACS Synthetic Biology*	96	4.4
8	*PLos Computational Biology*	69	4.7
9	*Cell*	68	38.6
10	*Science*	64	41.8
11	*Frontiers In Neuroscience*	64	3.7
12	*Nucleic Acids Research*	62	11.5
13	*Nature*	59	42.8
14	*IEEE TNSRE*	52	3.3
15	*eLife*	49	7.1
16	*Journal of Neuroscience*	48	5.7
17	*Journal of Neuroscience Methods*	47	2.2
18	*Nature Biotechnology*	44	36.6
19	*Journal of Neurophysiology*	41	2.2
20	*Nature Methods*	38	30.8

＊影响因子数据来源于 Web of Science 数据库。

（五）DARPA 科研项目发表生命科学相关论文机构分布

　　共有来自全球的 752 家机构获 DARPA 科研项目资助并发表生命科学相关论文。发表论文较多的机构有麻省理工学院（194 篇）、斯坦福大学（186 篇）和哈佛大学（153 篇）等；发表在 *Nature*、*Science* 和 *Cell* 等高影响因子期刊上的论文大部分来自以上 3 家机构：其中来自麻省理工学院的论文发表在 *Nature* 2 篇、*Science* 7 篇、*Cell* 6 篇，来自斯坦福大学的论文发表在 *Nature* 12 篇、*Science* 6 篇、*Cell* 14 篇，来自哈佛大学的论文发表在 *Nature* 6 篇、*Science* 3 篇、*Cell* 4 篇；此外，发表高影响因子期刊论文较多的机构还有加利福尼亚大学旧金山分校和华盛顿大学等（表 3.2.4）。

表 3.2.4　DARPA 科研项目发表生命科学相关论文机构及高影响因子期刊分布

序号	机构	发文量/篇	高影响因子期刊发文量*					
			Nature	*Science*	*Cell*	*Nature Biotechnology*	*Nature Methods*	*Nature Neuroscience*
1	麻省理工学院	194	2	7	6	5	5	3
2	斯坦福大学	186	12	6	14	0	7	8
3	哈佛大学	153	6	3	4	5	8	0
4	西北大学	83	0	1	1	0	0	0
5	哥伦比亚大学	81	1	2	2	0	3	0
6	加州理工学院	78	2	2	2	0	0	1
7	杜克大学	77	3	3	0	0	0	0
8	加利福尼亚大学旧金山分校	77	2	5	9	2	1	2
9	华盛顿大学	76	6	7	0	3	0	0
10	加利福尼亚大学欧文分校	75	0	1	2	0	0	0
11	宾夕法尼亚大学	74	1	1	0	0	0	0
12	加利福尼亚大学伯克利分校	72	1	1	0	0	0	3
13	南加利福尼亚大学	65	0	0	0	1	0	1
14	波士顿大学	60	0	2	3	1	0	0
15	匹兹堡大学	58	0	0	0	0	0	0
16	得克萨斯大学奥斯汀分校	58	0	3	1	2	0	0
17	威斯康星大学	58	0	0	0	0	0	0
18	约翰·霍普金斯大学	53	0	1	0	0	1	0
19	哈佛医学院	52	0	3	0	1	2	0
20	佐治亚理工学院	50	0	0	0	0	0	0
	其他机构	2714	23	16	24	23	11	7
	合计	4394	59	64	68	44	38	25

* 本表选取了 DARPA 科研项目发表生命科学相关论文中影响因子较高且发文量相对较多的 6 种期刊。

（六）DARPA 科研项目发表生命科学相关论文研究方向分布及年度变化趋势

DARPA 科研项目发表生命科学相关论文共涉及 98 个研究方向，占 Web of Science 数据库 147 个研究方向的 66.7%。论文发表数量较多的研究方向为生物化学与分子生物学（发文 1115 篇，占比 25.4%）、科学与技术–其他主题（主要为跨学科研究领域，发文 1065 篇，占比 24.2%）、神经科学与神经学（发文 936 篇，占比 21.3%）、化学（发文 385 篇，占比 8.8%）和工程学（发文 331 篇，占比 7.5%）等。其他发文较多的研究方向还有细胞生物学、生物化学与应用微生物学、数学与计算生物学等（图 3.2.2）。从研究方向的年度变化趋势看，近年来增长趋势明显的为生物化学与分子生物学、科学与技术–其他主题、神经科学与神经学 3 个研究方向（图 3.2.3）。

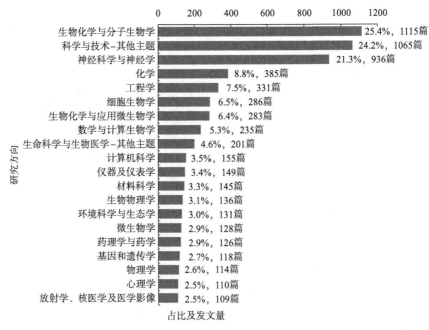

图 3.2.2　DARPA 科研项目发表生命科学相关论文研究方向分布（发文量前 20 位）

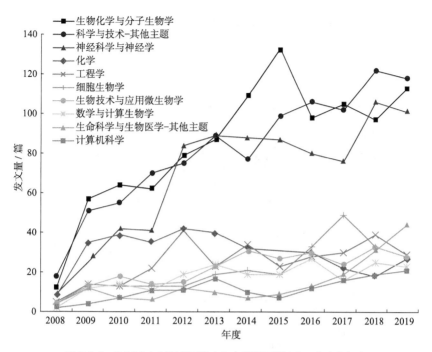

图3.2.3　DARPA科研项目发表生命科学相关论文研究方向年度
变化趋势（发文量前10位）（见书末彩插）

（七）DARPA科研项目发表生命科学相关论文标题词频分析

词频分析是文献计量学中一种重要的分析方法，基于论文中高频词的统计及其年度变化情况分析，可以量化反映相应研究领域的热点及其变化趋势[160, 161]。根据统计分析结果，DARPA生命科学相关科研项目发表论文标题中频次累积较高的词有Cell（390次）、Nerve（351次）、Protein（288次）、Human（277次）、Virus（218次）、Cortex（209次）、Gene（187次）、Brain（187次）等（表3.2.5）。通过筛选部分有代表意义的词对其年度频次分布进行分析发现，近年来频次较高且增长趋势明显的词有Virus、Infection、Bacteria、Immune和CRISPR等（表3.2.6）。

表 3.2.5　DARPA 科研项目发表生命科学相关论文标题中部分高频词

高频词	中文	频次/次	高频词	中文	频次/次	高频词	中文	频次/次
Cell	细胞	390	Memory	记忆	102	RNA	核糖核酸	72
Nerve	神经	351	Mouse	小鼠	101	Microbial	微生物	70
Protein	蛋白	288	Sensor	传感器	101	Quantification	定量	70
Human	人类	277	Structure	结构	100	Metabolism	代谢	68
Virus	病毒	218	Biology	生物学	96	Vivo	体内	65
Cortex	大脑皮质	209	Disease	疾病	96	Electrode	电极	65
Gene	基因	187	Prediction	预测	96	Receptor	受体	63
Brain	大脑	187	Signal	信号	96	Chip	芯片	63
Network	网络	185	Therapy	治疗	95	Automatic	自动	62
Dynamic	动力学	174	Computation	计算	89	Stress	压力	60
Synthesis	合成	165	Rat	大鼠	88	Cell-Free	无细胞	59
Learning	学习	155	Sequence	序列	86	Hippocampal	海马	59
DNA	脱氧核糖核酸	141	Identification	鉴别	85	Injury	损伤	59
Detect	检测	138	Population	种群	83	Vitro	体外	59
Circuit	通路	128	Transcription	转录	83	Blood	血液	57
Genome	基因组	125	Influenza	流感	82	CRISPR	规律成簇间隔短回文重复序列	54
Interface	接口	124	Molecular	分子	82	Deep	深度	52
Image	成像	118	Cognition	认知	82	Prosthesis	假肢	52
Infection	感染	116	Behavior	行为	81	Tissue	组织	51
Microfluidic	微流体	115	Immune	免疫	81	Delivery	递送	49
Bacteria	细菌	113	Antibody	抗体	78	Encode	编码	49
Genetic	遗传	113	Electric	电力	78	Sleep	睡眠	49
Evolution	进化	111	Acid	酸	75	3D	三维	48
Data	数据	109	Engineering	工程	75	Brain-Machine Interface	脑机接口	48
Neuron	神经元	103	Device	设备	74	Information	信息	48

表3.2.6　2008—2019年度DARPA科研项目生命科学相关论文标题中部分高频词词频变化趋势

序号	高频词（英文）	高频词（中文）	总计	年度频次／次												变化趋势
				2008	2009	2010	2011	2012	2013	2014	2015	2016	2017	2018	2019	
1	Nerve	神经	297	1	7	15	5	23	23	31	26	26	40	45	55	
2	Human	人类	247	3	6	8	9	19	12	26	24	31	37	38	34	
3	Virus	病毒	183	3	3	12	11	3	9	13	14	18	26	31	40	
4	Brain	大脑	171	1	5	9	10	19	17	13	19	25	26	17		
5	Infection	感染	99	1	3	5	8	3	6	6	8	5	19	17	18	
6	Bacteria	细菌	105	4	3	4	7	5	4	10	7	12	7	20	22	
7	Influenza	流感	75	1	5	5	14	4	9	4	7	2	4	6	9	
8	Immune	免疫	71	3	2	2	5	4	2	8	11	6	10	8	10	
9	CRISPR	规律成簇间隔短回文重复序列	40	0	0	0	0	1	4	2	2	3	0	13	15	

三、分析与讨论

本研究通过文献计量和词频分析的方法，分析了DARPA生命科学相关科研论文的分布情况，从中可以看出DARPA生命科学领域相关科学研究具有以下特点与趋势。

（一）持续加强生命科学研究，项目布局重点突出

自1997年"生物战防御"项目部署以来，DARPA着眼美军作战需求和影响国家安全的重大生物威胁，在生命科学领域部署了大量科研项目以加强生命科学研究，广泛利用现代生物科技为美军服务。从年度发文数量看，近些年DARPA资助生命科学领域论文数不断增加且在总论文数中的占比不断上升，这表明DARPA近年来持续加强生命科学领域研究。从研究领域和项目发文情况看，DARPA重点布局生物化学与分子生物学以及神经科学领域研究，逐渐形成了以感染性疾病应对、合成生物学和神经科学为研究重点的项目体系。

（1）DARPA感染性疾病应对研究源于"生物战防御"项目。起初开展该

类研究是为了应对生物战或生物恐怖威胁，在 2009 年 H1N1 流感暴发以后，DARPA 围绕大规模流行病应对部署了大量项目[169]。

（2）DARPA 是美国国防部资助合成生物学领域研究的主要机构。自 2011 年以来，DARPA 投入大量资金到合成生物学研究领域以推进合成生物学在美国国家安全领域的广泛应用，部署了以复杂环境中的生物鲁棒性（Biological Robustness in Complex Settings，BRICS）、生命代工厂（Living Foundries）为代表的数项科研项目[254]。

（3）DARPA 资助神经科学类项目开始于 2002 年部署的"脑机接口"（Brain Machine Interface，BMI）项目；2013 年 4 月奥巴马政府宣布开展"脑计划"（Brain Research through Advancing Innovative Neurotechnologies，BRAIN）以后，DARPA 进一步加强神经科学相关研究，包括研究新型 BMI 技术，以恢复精神类疾病或记忆障碍患者的神经功能[172]。在上述 DARPA 生命科学相关科研项目的资助下，相关项目承担机构发表了大量研究论文。

（二）资助全球顶尖科研机构，注重加强国际科技合作

虽然 DARPA 是直属于美国国防部的军事科研项目资助机构，但并不排斥其他国家的机构参与到其项目研究中，而且力求通过国际合作，寻求资助全球范围内高水平科研机构的研究人员来促进其颠覆性创新技术的研究。这种项目承担机构及研究人员的选择策略，可以最大限度吸收全球优秀人才来为其研究服务。以 DARPA 生命科学相关科研项目的资助机构发表论文情况为例，共有来自全球 40 个国家的 752 个机构获 DARPA 生命科学相关科研项目资助发表论文。美国国内的麻省理工学院、斯坦福大学和哈佛大学等国际知名高水平研究机构发表了大量高水平研究论文；美国以外国家或地区的发文总量占比达 10.6%，国外研究机构发表论文较多的机构有英国的剑桥大学、牛津大学，加拿大的多伦多大学、昆士兰大学，法国的巴斯德研究所、巴黎大学等。这些来自全球、拥有不同特色优势研究学科的高水平科研机构是 DARPA 推进生命科学颠覆性研究的重要保障。

（三）注重生物威胁应对，不断加强感染性疾病相关研究

DARPA 大规模部署生命科学相关科研项目始于 1997 年的"生物战防御"项目，该项目部署有数项子项目，主要致力于开发进行生物武器袭击后果管理的计算机软件工具、检测环境中病原体和生物毒素的传感器、快速鉴别疾病成因的诊断技术及预防感染或增强人体抵御病原体或毒素能力的新方法[176]。2001 年"9·11"恐怖袭击事件和"炭疽邮件"生物恐怖事件以后，DARPA 在战略规划层面将"生物战防御"项目的部分研究内容纳入"反恐"研究领域中，并陆续部署了与"建筑物防护"（Immune Building）项目相关的系列子项目和"快速疫苗评估"（Rapid Vaccine Assessment，RVA）等多项项目[179]；2009 年 H1N1 流感暴发后，其生命科学研究进一步将大规模传染病应对纳入其生命科学领域的研究重点之一，相继部署了"H1N1 促进"（H1N1 Acceleration）计划、"微生理系统"（Microphysiological Systems，MPS）和"兼具预防和治疗的自动诊断技术"（Autonomous Diagnostics to Enable Prevention and Therapeutics，ADEPT）等一系列感染性疾病应对类项目；2014 年 DARPA 成立生物技术办公室以后，为了应对近年来全球面临的各类新发再发感染性疾病威胁，DARPA 继续强化感染性疾病相关研究，陆续部署了"大流行病预防平台"（Pandemic Prevention Platform，P3）和"预防新发病原体威胁"（Preventing Emerging Pathogenic Threats，PREEMPT）等项目[168]。从 DARPA 生命科学相关科研论文的标题词频来看，近年来病毒、细菌、感染和免疫等词在论文标题中出现的频次越来越高，说明上述相关项目正在取得越来越多的研究进展。项目经理是 DARPA 扁平化项目管理模式的重要一环，被认为是 DARPA 实现科技创新的关键，项目经理在 DARPA 任职时的研究方向主要取决于自身的科研经历和技术背景[255]。当前 DARPA 生物技术办公室 13 位项目经理中有 4 位分别是神经工程学、合成生物学、海洋学和昆虫学背景，具有感染性疾病相关研究背景的项目经理达 9 位[256]。DARPA 项目经理的任期一般为 3 ~ 5 年，因此至少在未来短期内，DARPA 生命科学研究将继续强化感染性疾病应对相关研究。

第三节　DARPA 生物防御相关科研项目潜在生物安全风险分析

DARPA 的创新模式历来受到美国国内各类机构和全球各国科技部门的推崇。但 DARPA 科研项目背后涉及的生物安全及伦理道德风险也不断引起关注。从 DARPA 历史资助项目看，越南战争期间 DARPA 开发的化学脱叶剂橙剂（Agent Orange）就曾引起广泛批评；"9·11"恐怖袭击事件后 DARPA 部署的"全面信息监测"（Total Information Awareness）项目旨在通过分析通信信息来监测恐怖主义行动，但该项目由于涉嫌侵犯公民隐私权而终止；DARPA 在脑控假肢和脑机接口领域的投入被质疑是为了创造超级战士和精神控制系统[255]。从项目管理模式看，DARPA 扁平化的项目管理模式被认为是 DARPA 实现科技创新的关键；在项目研发中项目经理通常拥有较大管理权限，是决定其项目成功的关键因素之一，但也可能由此引起项目部署的随意性和项目监管的缺失[255, 257]。DARPA 近些年来投入了大量经费到生物防御研究中，取得了大量研究成果，但其部分生物防御相关科研项目近年来也引起了国际社会对其潜在生物安全风险的批评[17, 258]。

近年来，以基因编辑技术和合成生物学技术为代表的前沿生物技术的发展不断引起科学界和各国政府对其生物安全风险的担忧。这些研究领域是目前 DARPA 生物防御项目的重点研究方向[6]。基于对 DARPA 生物防御相关项目生物安全（Biosafety）风险（主要指非蓄意引起的风险）和生物安保（Biosecurity）风险（主要指蓄意引起的风险）的分析，可以发现近年来 DARPA 部署的一些生物防御类项目存在潜在生物安全风险。

一、"昆虫联盟"（Insect Allies）项目

2016 年 10 月，DARPA 宣布将开展一项为期 4 年的"昆虫联盟"（Insect Allies）研究项目，该项目旨在开发一种平台技术，通过媒介昆虫向靶标植物传播经过基因改造的植物病毒，以在单个生长季节内增强成熟植物性状，从而抵御各种人为或自然发生的灾害，保障美国农业安全[259]。2018 年 10 月，来自德国马克

斯·普朗克进化生物学研究所、弗莱堡大学和法国国家科学研究中心的研究人员在 *Science* 刊文，认为"昆虫联盟"项目具有明显的两用性潜力，同时呼吁全球展开广泛的社会、科学和法律方面的讨论[17]。该文一经发布，立即引起了科学界和各国媒体的广泛关注。

（一）"昆虫联盟"项目介绍

1. "昆虫联盟"项目形成背景

DARPA 认为农业安全是国家安全的重要组成部分，农业粮食生产是促进国防准备、保持社会稳定和增强经济活力的基本人类活动。但长期以来，农业粮食生产活动一直面临病毒、虫害、干旱、污染、水灾和霜冻等自然及人为危害。传统的应对措施主要包括作物轮作、选择性育种、使用杀虫剂、检疫等手段，不过这些措施通常是缓慢低效的，而且无法应对突发威胁[260]。选择性抗病育种是目前最有效的保护植物的方式之一，但往往需要 5 ~ 7 年的时间来确定相关的保护性基因，再用另外 10 年甚至更长的时间来在整个植物种群中培育所需的性状；使用化学杀虫剂和高空灌溉，不仅需要昂贵的基础设施，而且容易造成不必要的环境破坏[260, 261]。因此，DARPA 认为目前急需一种新的快速、高效、特异的作物保护方案。

2016 年 10 月，DARPA 提出将开展"昆虫联盟"项目，项目经理 Blake Bextine 认为该项目有望提供应对传统农业威胁的替代方案——使用靶向基因疗法在单个生长季节内保护成熟植物。DARPA 建议利用天然且高效的两步递送系统，即昆虫载体和它们所传播的植物病毒，将经过改造修饰的基因转移到成熟植物上，以达到增强植物性状、抵抗农业威胁的目标[260]。在此过程中，DARPA 旨在将某些传统的农业"害虫"转变为"盟友"，因此将项目名称确定为"昆虫联盟"。DARPA 认为，该项目一旦成功，不仅可以防止农业安全受到意外或有目的的生物威胁，而且能改变传统植物保护的范式，促进农业创新[262]。

植物病毒基因编辑、昆虫载体改造等领域的研究进展为该项目提供了基础。Eigenbrode 等人发现天然存在的昆虫 / 病毒 / 植物疾病系统中，病毒对于载体和靶标植物存在选择特异性[263]；Hajeri 等人证明了柑橘病毒（CTV）诱导的基因沉默（VIGS）技术可以影响植物基因的表达和害虫的存活率[264]；Maggio 等人发现利用腺病毒载体递送 RNA 引导的 CRISPR / Cas9 核酸酶复合物可在多种人类细胞中靶向诱变[265]；因此，DARPA 认为可以利用病毒来改变植物基因表达以增强植物性状。不过，如何采取有效靶向的传递是一大难题。CRISPR / Cas9 系统可以在实验室条件下实现某些植物特性的改变，但大规模的农田条件对这种方式提出了挑战；高架喷雾是目前农业中最直接的喷洒平台，但该方式需要大量的水资源和大规模的基础设施的支持，而且喷洒相对高成本的生物制品时，高架喷雾存在较高的损耗率，因此在大规模农田条件下该方法并不实用[259]。近年来的一些研究进展为新方法的尝试提供了可能。Qi Su 等的研究证明共生菌 Hamiltonella 与粉虱载体的共生关系提高了粉虱对于番茄黄化曲叶病毒传播的效率[266]；Hedges 等人发现感染了沃尔巴克菌的黑腹果蝇由 RNA 病毒感染导致的死亡率显著降低[267]；Ingwell 等人发现感染大麦黄矮病毒的蚜虫对非侵染性小麦植株表现出明显的偏好性[268]；Handler 综述了一系列控制环境中植物和昆虫存活率的条件致死系统[269]。综上，DARPA 认为通过利用昆虫载体的自然能力来传递具有高宿主植物特异性的病毒，并将这种能力与基因编辑技术相结合，就可以在不需要大规模基础设施的条件下，在大范围内快速增强农田中成熟植物的性状[259, 262]。

2. "昆虫联盟"项目技术领域

"昆虫联盟"项目包括 3 个技术领域：植物病毒操纵、昆虫载体优化和成熟植物选择性基因治疗。DARPA 强调该项目意外或蓄意产生的生物安全风险，要求所有工作必须在封闭的实验室、温室或其他安全设施内进行[259]。

1) 植物病毒操纵

该技术领域的主要目标是选择、修饰和优化能够感染单个成熟植株的病毒。DARPA 要求研究团队必须确定 5 ~ 10 种候选病毒，这些病毒可由合适的昆虫载体携带，并能传递植物获得性功能所需的基因元件。DARPA 强调在植物中经基因修饰的基因元件的稳定性，要求基因稳定表达时间至少 2 周[259]。

2）昆虫载体优化

该技术领域的主要目标是能够感染目标成熟植物的昆虫载体的选择、修饰和优化。DARPA 要求研究团队必须确定并使用昆虫载体将经过基因修饰的植物病毒传递给目标植物；可以根据需要对昆虫载体相关特性进行修饰和优化，如昆虫的生存特性、传播能力和觅食特性；昆虫载体必须能够被大规模生产，并能被释放到作为模拟野外环境的大型温室中；昆虫载体必须整合多因素"条件致死保障措施"，这些因素可以是抗生素、温度、光照等，从而有效管理释放到受控环境中的昆虫种群，并确保在释放后 2 周内昆虫全部死亡，并且没有后代繁殖[259]。

3）成熟植物选择性基因治疗

该技术领域的主要目标是增强植物特定性状的目标基因在成熟植物中的表达。DARPA 要求研究团队所选性状应当反映当前或将来可能对农业生产造成重大破坏的因素，如干旱、水灾、病原体及虫害的暴发等；目标植物必须是玉米、小麦、土豆、果树等在美国具有重要地位的作物或水稻、木薯、豇豆等在全球具有重要农业地位的作物；项目最终要在一个包含至少 20 种不同植物的复杂植物群落中进行测试，以检验基因组修饰策略的物种特异性[259]。

3."昆虫联盟"项目的部署情况

1）"昆虫联盟"项目阶段安排

"昆虫联盟"项目整个研究计划为期 4 年，分为 3 个阶段。每个阶段时间分别为 12 个月（Ⅰ阶段）、18 个月（Ⅱ阶段）、18 个月（Ⅲ阶段）。在Ⅰ阶段，DARPA 希望研究团队能够通过以昆虫为载体的病毒将基因元件成功传递给单个植株，并在植株内表达该基因元件；在Ⅱ阶段，侧重对于病毒、昆虫和植物递送平台的修饰，提高基因元件的传播和表达能力，并可以在温室内封闭的单一种类作物栽培条件下进行试验；在Ⅲ阶段，研究团队将使用多种基因元件进行多重环境和植物系统的试验[259]。

2）"昆虫联盟"项目经费投入和获得资助的机构

DARPA "昆虫联盟"项目总投入经费约为 3230 万美元，共有 4 个研究团队获得了资助。康奈尔大学博伊斯·汤普森研究所（Boyce Thompson Institute，BTI）的"增强植物性状的病毒与昆虫"（Viruses and Insects as Plant Enhancement Resources，VIPER）研究团队获得经费资助 1030 万美元，该团队的技术方案是通过设计玉米病毒，以蚜虫和叶蝉作为相应的昆虫载体来快速实现成熟玉米植株的性状增强[261]。俄亥俄州立大学的"玉米跳虫"（Team Maize Hopper）研究团队获得经费资助 1000 万美元，技术方案是利用基于弹状病毒的玉米病毒载体，以粉虱和叶蝉作为昆虫载体，增强玉米植株性状[270]。宾夕法尼亚州立大学的研究团队获得经费资助 700 万美元，技术方案是以粉虱作为昆虫载体，将编码有益基因的病毒传递到成熟的番茄植株中，来改善植物对干旱和疾病的应激反应，该团队已经利用一种病毒通过粉虱将编码黄色荧光蛋白的基因传递到了植物中[271, 272]。得克萨斯大学奥斯汀分校的"蚜虫内共生菌在植物寄主免疫和防御中的应用"（Aphid Endosymbionts for Plant Host Immunization and Defense，AEPHID）研究团队获得了 500 万美元的经费资助，该团队的技术方案并不涉及对病毒进行基因改造，而是利用蚜虫天然的摄食过程，对蚜虫体内的共生菌进行基因改造，为靶标植物提供一种"基因疫苗"[273]。

（二）"昆虫联盟"项目引发的生物安全问题争议

DARPA 宣布开展"昆虫联盟"项目伊始，各界普遍认为该项目是为了开发一种解决美国农业面临的自然或人为威胁的创新性技术手段。基于近年来植物病毒和植物—昆虫相互作用研究领域取得的进展，以及 CRISPR / Cas9 技术在植物基因组编辑中取得的成功，科学界、社会大众及各研究团队对该项目取得成功持乐观态度。不过，随着 2018 年 10 月 Science 上文章的发表，该项目开展带来的生物安全风险和 DARPA 的实际开展意图引发了各界广泛的讨论。

1. 利用病毒作为植物基因编辑系统载体的潜在风险

DARPA 认为，植物病毒作为植物基因编辑系统的载体具有重大前景。但

Reeves 等人认为"昆虫联盟"项目利用病毒将基因编辑系统传递到植物基因组中的行为，是在进行基因的水平转移，在环境中利用病毒进行基因水平转移的行为会对管理、生物、经济、社会等多个层面产生深远影响[17]。水平基因转移（Horizontal Gene Transfer，HGT），又称横向基因转移（Lateral Gene Transfer，LGT），是指遗传物质跨越物种进行传递的过程，与之相对应，通过繁殖将遗传物质从亲代传给子代的过程被称为垂直基因转移。在基因的垂直转移过程中，新性状需要进行长时间的培育并进行传代才能获得，而基因的水平转移能使物种快速获得其他物种的遗传物质，因此被认为是真核生物基因组进化中的一个非常重要的过程[274, 275]。水平环境基因改造生物剂（Horizontal Environmental Genetic Alteration Agents，HEGAAs）是指能够释放到环境中直接编辑植物染色体的一类经过遗传改造的生物体，"昆虫联盟"项目被认为属于 HEGAAs 项目[276]。Reeves 等人认为基因编辑技术本身所带来的"脱靶效应"和昆虫行为的不确定性使得这项技术在农田条件下运用显得还不够成熟，而且 HEGAAs 具有在环境中直接发挥作用的能力，这会给生态环境带来潜在的威胁[17]。德国联邦自然保护局的 Simon 等人认为，对于监管机构和风险评估人员来说，HEGAAs 涉及多种前沿技术。检测重组 DNA 与植物病毒的结合、确定携带重组 DNA 昆虫的作用超出了生物技术领域曾经进行过的任何风险评估[277]。不过，DARPA 认为，对于这些威胁他们已经做了充分的准备。Blake Bextine 表示 DARPA 高度重视环境影响和"脱靶效应"，在"昆虫联盟"项目中设计了相应的机制（如昆虫载体必须要设计有高度的靶向性和"条件致死保障措施"）来消除这些影响；在项目研发阶段，所有的工作都将在密闭的实验室、温室或安全设施中进行[278]。"玉米跳虫研究团队"的研究人员也表示该团队所有研究内容将在位于马里兰州的美国农业部农业研究所的高等级生物安全设施中进行[279]。此外，一些学者认为利用病毒作为植物基因编辑系统载体不仅存在事故性和实验室意外泄漏等生物安全风险，还存在人为蓄意利用的生物安全风险。奥地利学者 Siguna Mueller 研究分析了"昆虫联盟"项目中利用病毒作为植物基因编辑载体的潜在两用性。该研究认为，攻击者可能通过滥用传染性转基因病毒和其他水平环境基因改造生物剂的方式带来以下几种影响：增加农作物对病虫害和病原体的敏感性；对非靶标生物造成有害影响；对生物多样性形成干扰或造成物种灭绝；破坏土壤微环境和生态[280]。此外，该研究还认为对靶标植物使用 CRISPR / Cas9 系统进行基因编辑本身也具有潜在的两用性，攻击者可能会利用该技术破坏植物。例如，他们可以通过关键毒素的表达来破坏植物，或者设计表达吸引特定植物天敌的挥发性物质[280]。

2.对植物染色体进行基因编辑影响全球作物种子资源安全和生物多样性

Reeves 等人提出，根据开发目的不同，HEGAAs 可以分为两个类别：具有体细胞基因编辑能力的 HEGAAs 和具有种系基因编辑能力的 HEGAAs。他们认为，如果利用 HEGAAs 对植物染色体进行编辑，那么植物通过基因编辑获得的性状可能会通过植物传代而遗传下去，这会造成植物长期性状的改变，同时可能会对全球作物种子资源产生影响，进而影响全球粮食市场和食品安全监管体系[17]。2016 年 DARPA 公布"昆虫联盟"项目的方案时，方案内容及 DARPA 官方网站的相关报道中均未提及避免针对植物染色体的改造[259, 260]。宾夕法尼亚州立大学研究团队的 Wayne Curtis 承认有一些研究人员正在考虑使用 CRISPR / Cas9 技术来编辑植物染色体[281]。不过，在 *Science* 上的文章发表以后，Blake Bextine 表示各研究团队实际上都在研究瞬时表达系统，即引入的遗传物质不会改变植物染色体。得克萨斯农工大学的 Cody 等人认为如果采用类似于烟草花叶病毒诱导的 CRISPR / Cas9 瞬时表达系统，那对于生物安全的影响将会小很多[282]。纽约石溪大学的植物生物学家 Vitaly Citovsky 也认为瞬时表达系统是个非常有用的想法——大多数植物病毒都不具有种子传播能力，这意味着如果植物被病毒感染，即使使用 CRISPR / Cas9 技术稳定地对植物进行基因改造，病毒也不会影响种子[283]。但是，Reeves 等人在其网站上提出，一些研究表明产生满足携带基因编辑系统所有要求的病毒用来编辑植物染色体从理论上讲是可行的[276, 284-286]。William 等人强调了基因编辑植物对于生物多样性的影响。他们认为，随着基因编辑技术变得更加有效和广泛应用，如果对基因编辑植物等技术疏于监管，很多类似于"昆虫联盟"的项目可能会在没有经过充分审查的情况下大规模部署，这对于生物多样性将会产生较大的不确定性[287]。

3. 利用昆虫作为病毒运载工具可能违反《禁止生物武器公约》

VIPER 团队的 Bryce Falk 认为病毒进入植物必须穿过坚硬的细胞壁，植物细胞的损伤通常是由昆虫媒介如蚜虫、叶蝉等的觅食行为造成的，因此昆虫是一种良好的传播媒介[283]。不过 Reeves 等人认为"昆虫联盟"项目以昆虫作为病毒运载工具有可能是为了开发一种用于进攻的方法，这将违反《禁止生物武器公约》相关条款。他们认为，除了昆虫活动本身具有较大的不可控性外，一旦在昆虫载体设计中取消了 DARPA 所谓的"条件致死保障措施"，或者昆虫的存活时间大于 DARPA 规定的 2 周时间，该技术就是一种明显的生物武器。而且，目前已有研究表明可以通过喷洒的方式在田间利用转基因病毒感染植物，因此 DARPA 要求研究团队必须以昆虫作为运送工具的意图令人怀疑。纽约加里森哈斯廷斯中心生物伦理研究所的 Gregory Kaebnick 也对昆虫的可控性提出了疑问，他认为一旦将昆虫和病毒引入了农田将很难将其消除，"昆虫联盟"最终将具有很大的破坏性[288]。针对这些质疑，DARPA 表示，如果想要绕开《禁止生物武器公约》制造生物武器，他们就不会采取发布公告的形式，从广义上来讲，几乎所有类型的研究开发都有潜在的两用性，"昆虫联盟"项目的开展需要尖端的技术和深厚的学术背景，如果想造成危害，他们可以采用更简单的方法[281]。

早在 *Science* 上的文章发表之前，Wintle 等[289]于 2017 年在对生物工程领域进行"水平扫描"以评估新兴生物技术带来的风险与机遇时就指出，DARPA 开展的"昆虫联盟"项目是军方开展具有潜在两用性项目的一个典型的例子。他们认为目前很多军方资助的项目虽然声称是为了防止或应对特定威胁，但在一些领域进行的资助具有潜在的两用性，甚至有些军方正在开展的项目似乎把重点放在了具有潜在两用性的技术上。此次"昆虫联盟"项目所引发的生物安全问题争议也进一步说明，随着合成生物学和基因编辑技术的不断发展，生物体的人工合成和改造变得越来越容易，这些新兴生物技术对于国家安全、农业、环境等领域产生的影响更加广泛和深远，生物技术安全问题也将面临更加严峻的挑战。

二、安全基因（Safe Genes）项目

2016 年，为应对基因编辑技术误用或滥用给美军带来的潜在威胁，加快基因编辑技术在治疗领域的发展，确保美国在基因编辑领域的优势地位，DARPA 启动"安全基因"项目，旨在提高基因编辑技术的安全性和有效性，提供消除基因编辑技术误用或滥用后果的工具与方法，同时寻求抵御生物威胁的新型基因工程解决方案。该项目主要包括 3 个技术领域。① 控制基因编辑活动：实现生物系统内基因编辑的可逆控制；② 对策与预防：抑制有害的基因编辑活动；③ 基因修复：在复杂种群和环境中消除不必要的工程基因 [207]。2017 年 DARPA 宣布计划在未来 4 年向哈佛医学院、麻省理工学院等 7 个团队投资 6500 万美元，以支持"安全基因"项目的研发；项目资助分为两大类，即基因驱动和遗传修复技术、基因编辑在哺乳动物体内的治疗应用 [290]。受该项目资助引发较大争议的一项研究是来自伦敦帝国理工学院的研究人员利用基因驱动技术，让传染疟疾的冈比亚按蚊（Anopheles Gambiae）种群在短短 7 ～ 11 代内就出现崩溃，实现了实验室条件下的"蚊子灭绝" [291]。该项目的生物安全风险在于以下两个方面。①Biosafety 风险：该项目涉及的基因编辑技术本身存在的技术风险、经基因驱动技术修饰的物种外泄等均可能引起非蓄意生物安全风险的产生。②Biosecurity 风险：根据"蚊子灭绝"的相关研究结果，该项目涉及的基因驱动技术可能被用来开发针对特定对象的恶意病毒或蛋白。

三、预防新发病原体威胁（PREEMPT）项目

2018 年，为寻求从源头上追踪和遏制新发病毒性传染病的方法，保障部署在全球病原体跨物种传播高风险地区美军的安全，DARPA 宣布开展"预防新发病原体威胁"项目。该项目旨在通过研究病原体跨物种演化规律（重点关注蝙蝠传人病毒）、监测病原体跨物种传播的热点地区，并实施干预措施，遏制病原体经动物到人的跨物种传播，抑制病毒进入人类种群，项目为期 3.5 年，包括两个技术领域：① 开发和验证综合模型，量化在"热点"地理区域的动物宿主中出

现可感染人类病毒的可能性；② 开发靶向抑制宿主或媒介载体中的动物病毒的方法，以减少病毒传播给人类的可能性[292]。目前该项目已投入经费 2200 万美元，共有加利福尼亚大学戴维斯分校、法国巴斯德研究所等 5 个研究团队获得了该项目的资助，研究所涉及的病原体有高致病性禽流感病毒、蝙蝠肝炎病毒、拉沙热病毒、埃博拉病毒和黄病毒等[293]。该项目的生物安全风险在于以下两方面。①Biosafety 风险：该项目部分研究涉及的经修饰病毒或宿主动物意外释放可能造成潜在公共卫生威胁。②Biosecurity 风险：该项目的研究成果可能被用来降低病原体跨物种传播所需条件，也可能利用研究中新发现的宿主动物或媒介动物，或者改造蝙蝠等已知宿主动物传播病毒性疾病。

近年来还有一些具有潜在生物安全风险的技术引发了学术界讨论，如病毒基因组合成、DNA 改组和定向进化、个人基因组学和免疫调节技术等[294]。DARPA 同样部署了一些涉及上述技术的科研项目，如"大流行病预防平台"项目、"预言（病毒进化预测）"项目、"保护性等位基因和响应元件的预表达"项目及"宿主恢复力技术"项目等。

生物技术的快速发展推动着科技的进步，给人类带来了巨大的福祉，生物经济正蓬勃发展并持续影响着人类社会。但与此同时，生命科学领域一些研究成果的发表引起了人们对于生物技术谬用的担忧。从 2001 年澳大利亚科学家意外产生强致死性鼠痘病毒[295]、2002 年美国科学家通过化学方法合成脊髓灰质炎病毒[296]、2005 年 1918 流感病毒重构[297]、2012 年 H5N1 流感病毒功能获得性研究[298]、2018 年 1 月加拿大 David Evans 研究团队人工合成马痘病毒[299] 到 2018 年 11 月"基因编辑婴儿"事件，这些研究都引发了社会大众和科学界对于生物技术两用性问题的担忧。

第四章
DTRA 生物防御相关项目分析

国防威胁降低局（Defense Threat Reduction Agency，DTRA）成立于 1998 年 10 月，是美国国防部（Department of Defense，DOD）直属机构之一，受负责核、化学、生物防御项目的助理国防部长（Assistant Secretary of Defense for Nuclear，Chemical & Biological Defense Programs）直接领导 [300, 301]，作为国防部 8 个作战支持局（Combat Support Agencies，CSA）之一，DTRA 同时受参谋长联席会议主席监督管理 [302]。DTRA 的主要职责是准备和应对大规模杀伤性武器威胁及保持美国的核威慑能力。

20 世纪 90 年代初，受国际安全形势影响，美国国防部认为可用于发展大规模杀伤性武器的化学、生物和核材料的扩散对美国造成的威胁日益严重；以东京沙林毒气事件为代表的一系列恐怖袭击事件加剧了其对美国容易遭受大规模杀伤性武器恐怖袭击的担忧。因此，美国国防部认为有必要组建一家专职机构，负责大规模杀伤性武器威胁的应对 [303]。

1998 年 10 月，美国国防部通过合并 3 家原有机构和国防部负责的 2 项计划，组建成立国防威胁降低局（DTRA）。3 家原有机构和 2 项计划分别为国防特殊武器局（Defense Special Weapons Agency，负责核化生相关研究）、现场核查局（On-Site Inspection Agency，负责条约监测与履约工作）、国防技术安全管理局（Defense Technology Security Administration，负责大规模杀伤性武器相关技术的出口管制）及合作威胁降低项目（Cooperative Threat Reduction Program，负责苏联的大规模杀伤性武器库存清除与安全监管）和国防部化学与生物防御计划（DOD Chemical/Biological Defense Program，CBDP，负责针对化学或生物武器的防御性应对措施的开发）[303, 304]。成立之初的 1999 财年，DTRA 经费预算约为 16.9 亿美元，包括直接经费 10.5 亿美元和 CBDP 经费 6.4 亿美元；人员构成为 881 名军人和 941 名文职人员，合计 1822 人[303]。2003 年以前，DTRA 只负责国防部 CBDP 的经费分配，而不直接管理项目；2003 年 4 月，DTRA 成立化学与生物防御联合科技办公室，作为国防部化学与生物防御科技研究与发展的协调中心，开始负责 CBDP 的科学与技术类项目[301]。2016 年 10 月，成立于 2006 年的联合简易威胁打击组织（Joint Improvised-Threat Defeat Organization，主要负责简易爆炸装置的处理应对）调整合并入 DTRA。

根据 2021 年的数据，DTRA 共有 2000 余名工作人员，总部位于美国弗吉尼亚州贝尔沃堡，在美国本土设有 7 家分支机构，此外 DTRA 在亚美尼亚、格鲁吉亚、日本和韩国等全球 20 多个国家设立有分支机构[305]。作为国防部下属业务局及作战支持机构，DTRA 主要有以下三方面使命：应对核化生及高当量爆炸物威胁；应对不断增长变化的各类简易爆炸装置威胁；确保美军保持安全、可靠和有效的核威慑能力[306]。DTRA 主要通过 4 个核心功能来履行其使命任务：① 威胁控制；② 威胁降低；③ 作战支持；④ 技术开发[303]。根据 DTRA 发布的《DTRA 2018—2022 财年战略规划》，目前 DTRA 的 4 个战略发展目标为：提高作战支持能力；加大与跨部门、跨国合作伙伴的合作力度；促进创新；释放管理权[307]。

DTRA 的任务执行主要通过其下辖的业务工作处来实现。DTRA 的业务工作处主要围绕其使命任务和职能需求设计和组建。1998 年成立以来，DTRA 的业务工作处组成历经多次调整，目前下辖 7 个业务工作处：合作威胁降低处（Cooperative Threat Reduction Directorate）、研究开发处（Research and Development Directorate）、信息管理与技术处（Information Management & Technology Directorate）、核相关联合体处（Nuclear Enterprise Directorate）、现场核查与能力建设处（On-Site Inspection and Building Capacity Directorate）、作战综合处（Operations and Integration Directorate）和战略规划处（Strategic Integration Directorate）[308]。其中直接管理生物防御项目的两个处为合作威胁降低处和研究开发处。

第一节　DTRA 生物防御相关项目梳理与分析 ①

DTRA 与生物防御相关的项目主要涉及合作威胁降低处的生物威胁降低项目（Biological Threat Reduction Program，BTRP）和研究开发处化学与生物技术部（Chemical and Biological Technologies Department）的技术研究类项目。

一、合作威胁降低项目与生物威胁降低项目

DTRA 合作威胁降低处管理的生物威胁降低项目（BTRP）启动于 1998 年，旨在全球范围内通过对特别危险病原体（Especially Dangerous Pathogens，EDPs）相关基础设施的销毁、生物安全研究、检测及监测来降低美国面临的生物威胁 [309]；BTRP 又名生物协同计划（Cooperative Biological Engagement Program，CBEP），是美国合作威胁降低（Cooperative Threat Reduction，CTR）项目的重要组成部分 [310]。自启动以来，BTRP 经过数次工作重点调整，已从最初的生物武器应对，拓展至应对全球范围内各种蓄意或非蓄意生物威胁，目前主要通过与欧洲、非洲、中东和东南亚地区的 30 多个国家开展国际合作以支持美国全球生物监测体系的建设，不断加强生物威胁的早期预警。

（一）合作威胁降低（CTR）项目

1991 年苏联解体以后，美国为了防止苏联拥有的大规模杀伤性武器及相关基础设施或材料流落到其他国家，对美国国家安全构成威胁，于 11 月 27 日通过《1991 降低苏联核威胁法案》（*Soviet Nuclear Threat Reduction Act of 1991*），并于 1992 年正式启动合作威胁降低（CTR）项目，旨在拆除或销毁前苏联国家的大规模杀伤性武器或相关基础设施与材料 [311, 312]。因《1991 降低苏联核威胁法案》最初由美国前参议员萨姆·纳恩（Sam Nunn）和理查德·卢格（Richard Lugar）

---

① 本节信息参考以下网址：Defense Threat Reduction Agency (https://www.dtra.mil)、The National Academies Press (https://nap.nationalacademies.org)、U.S. Government Accountability Office (https://www.gao.gov)、Global Biodefense (https://globalbiodefense.com)、JSTO in the News (https://www.dvidshub.net/publication/538/jsto-in-the-news)、Homeland Security Digital Library (https://www.hsdl.org)、Federation of American Scientists (https://irp.fas.org/threat/cbw)、Global Security (https://www.globalsecurity.org/military/library/budget)。

起草，所以该项目又称纳恩 - 卢格计划（Nunn-Lugar Program）。1991 年，美国国会授权从 1992 财年美国国防部拨款 4 亿美元，以支持 CTR 项目在前苏联国家的开展，主要内容包括：① 核武器、化学武器和其他大规模杀伤性武器的销毁；② 销毁过程中的武器运输、储存、去功能化及安全保卫工作；③ 防止大规模杀伤性武器扩散的可核查机制建立；④ 为苏联大规模杀伤性武器及运载系统研究相关科研人员提供经费资助 [310, 311, 313]。1998 年，该项目并入新成立的 DTRA，由 DTRA 合作威胁降低处具体负责管理。

美国国会于 1997 年、2004 年和 2008 年先后 3 次以立法形式扩大了 CTR 项目的地理范围，加大了经费资助力度，拓展了项目内容。特别是 2008 年以来，国会取消了 CTR 项目的地域限制，授权 CTR 项目在前苏联国家以外开展相关活动，CTR 项目开始快速与全球多个国家开展合作，并不断扩大项目内容 [311]。目前，CTR 项目的大部分资金来源于美国国防部、能源部和国务院，此外国土安全部参与了部分阻止或监测向美国运送核或放射性材料的项目。在国防部范围内，CTR 项目由负责全球战略事务的助理国防部长办公室提供长期规划与指导，负责核化生防御项目的助理国防部长办公室负责项目预算和实施监督，由 DTRA 合作威胁降低处负责具体实施 [310]。DTRA 管理的 CTR 项目共包括 3 个子项目：生物威胁降低项目（BTRP）、防扩散项目（Proliferation Prevention Program，PPP）和安全与削减项目（Security and Elimination Program，S&E）。其中安全与削减项目包括全球核安全（Global Nuclear Security）项目、化学安全与削减（Chemical Security and Elimination）项目和进攻性战略武器削减（Strategic Offensive Arms Elimination）项目 [309]。

合作威胁降低项目启动近 30 年来，销毁了大量前苏联国家的核武器、化学武器及相关基础设施与材料。在生物威胁降低领域，该项目在全球 3 大洲 30 多个国家开展了相关活动，主要包括 100 多个生物实验室的建设或改造，协调开展了 300 多项特别危险病原体（EDPs）相关的基础研究、检测和诊断研究 [311]。2008 —2014 年，CTR 项目在前苏联国家确保核武器安全、销毁大规模杀伤性武器及基础设施的大部分工作完成；2012 —2017 年，BTRP 在前苏联国家完成了其大部分基础设施相关项目，并在前苏联地区、非洲、东南亚及中东地区等 30

多个国家启动了多个生物安全与生物安保和生物监测类项目。纵观 CTR 项目发展历史，其主要参与了各种销毁类（如核武器、化学武器的销毁和生物设施的非军事化）和能力建设类（如核武器安全、生物安全与监测、边界监测与封锁）活动；近年来，CTR 项目更多地转向能力建设，主要通过 BTRP 和 PPP 实施[311]。

（二）生物威胁降低项目（BTRP）

CTR 项目启动以来，美国高度关注苏联所拥有的生物武器计划及相关基础设施。1992 年 9 月，美国、英国与俄罗斯签订"三方协定"，试图通过谈判与核查的方式终止苏联时期的大规模生物武器计划 [涉及 3 个俄罗斯国防部下属的生物实验室及 18 个 Biopreparat 实验室（苏联生物武器计划相关实验室）]，但由于相互之间缺乏信任，该协定以失败告终[314]。1994 年，通过与俄罗斯签订协议，美国在莫斯科牵头组建了国际科学与技术中心（International Science and Technology Center，ISTC），用以资助苏联生物武器计划相关科研人员参与科研项目。ISTC 成立 20 多年来共资助了前苏联国家 760 家研究所 70 000 多名科研人员参与 ISTC 相关研究计划。1997 年，美国国家科学研究委员会（National Research Council，NRC）发布《控制危险病原体：美俄合作的蓝图》报告，包括由 ISTC 牵头、美国机构合作的 8 项病原体相关研究试点项目，其中 5 项项目的美方合作机构为美国疾病预防控制中心，3 项项目的合作机构为美国陆军传染病医学研究所。这些项目为 BTRP 的开端[315, 316]。根据涉及国家及研究侧重点的不同，BTRP 可分为两个阶段：BTRP 1.0（1998—2007 年）和 BTRP 2.0（2008 年至今）。

1.BTRP 1.0（1998—2007 年）

1998—2007 年，BTRP 主要在俄罗斯、哈萨克斯坦、乌兹别克斯坦、格鲁吉亚、阿塞拜疆和乌克兰等 6 个前苏联国家开展。该阶段 BTRP 的目标是防止生物武器扩散，主要是减少生物恐怖主义的风险，防止生物武器相关技术、专业知识和 EDPs 的扩散[316]。

1）年度经费投入情况

1998—2007 年，美国国防部共投入约 4.3 亿美元以资助 BTRP 在俄罗斯、哈萨克斯坦、乌兹别克斯坦、格鲁吉亚、阿塞拜疆和乌克兰等 6 个国家的开展。在项目刚开始启动的数年，BTRP 经费数额保持在较低水平；从 2003 年开始，DOD 开始加大对 BTRP 的资助力度，年度经费呈现增长趋势；2003 —2007 年，BTRP 经费共计约 3.46 亿美元（图 4.1.1）[316]。

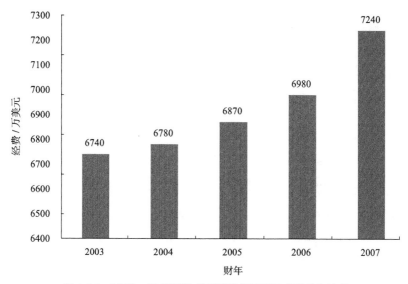

图 4.1.1　2003—2007 财年美国国防部 BTRP 经费投入情况

2）项目研究类别及经费投入情况

在 1.0 阶段，BTRP 目标是防止生物武器扩散。根据研究类别，该阶段 BTRP 分为 4 类，分别为生物基础设施销毁（Biological Infrastructure Elimination）、生物安全与生物安保（Biosafety&Biosecurity）、合作生物研究（Cooperative Biological Research）、项目管理（Program Administration）（表 4.1.1）[310, 316]。

表 4.1.1　1998—2007 财年 BTRP 各项目类别经费投入情况

国家	项目类别及经费分配 / 万美元				合计
	生物基础设施销毁	生物安全与生物安保	合作生物研究	项目管理 *	
格鲁吉亚	650	8360	560		9570
俄罗斯	0	5000	3020	8190	8020
乌兹别克斯坦	450	6240	1190		7880

国家	项目类别及经费分配 / 万美元				合计
	生物基础设施销毁	生物安全与生物安保	合作生物研究	项目管理 *	
哈萨克斯坦	420	5580	1260	8190	7260
阿塞拜疆	0	1050	180		1230
乌克兰	0	910	30		940
合计	1520	27 140	6240		

*项目管理经费为所有项目通用，未分配到具体国家。

生物基础设施销毁类项目主要负责进行前苏联国家部分生物武器实验室及材料的销毁。该类项目 1998—2007 年共投入经费 1520 万美元，占比约 4%。BTRP 通过该类项目拆除了哈萨克斯坦斯捷普诺戈尔斯克（Stepnogorsk）的炭疽生产设施，投入经费 420 万美元；销毁了埋藏在乌兹别克斯坦沃兹罗日杰尼耶岛露天试验场的 150 吨炭疽生物战剂，投入经费 450 万美元；拆除了格鲁吉亚 Biokombinat 能够生产病毒性动物病原体的两用性设施，投入经费 650 万美元[316]。

生物安全与生物安保类项目主要进行整个区域内的设施升级、人员培训等活动，以及在格鲁吉亚、阿塞拜疆、乌兹别克斯坦和哈萨克斯坦建立"威胁剂检测与响应"（Threat Agent Detection and Response，TADR）网络。该类项目开展的主要工作有：收集和确保特别危险病原体（EDPs）保存在安全、集中化的设施中，以防止恐怖分子获取；提高合作国家的生物安全与生物安保能力；增强项目承担机构检测、诊断和应对疾病暴发的能力；确保用于有益研究的 EDPs 存储的安全性，以防止意外释放或被盗；创建培训类项目，提高科研人员诊断能力及与流行病学相关的科研能力，以及生物伦理和生物安全意识。此外，BTRP 还与合作国家开发了基于合作国家实验室的疾病监测和诊断网络，即"威胁剂检测与响应"网络，并与电子综合疾病监测系统（Electronic Integrated Disease Surveillance System）相连接，向相关国家和美国政府报告疫情数据，以加强疾病监测，确保对潜在生物攻击和流行病的早期预警。该类项目 1998—2007 年经费投入为 2.71 亿美元，占比约 63%，是 BTRP 经费投入最大的部分。从国家经费分布看，获得经费最多的是格鲁吉亚，获经费 8360 万美元；此外，乌兹别克斯坦获经费 6240 万美元，哈萨克斯坦获经费 5580 万美元，俄罗斯获经费 5000 万美元，阿塞拜疆获经费 1050 万美元，乌克兰获经费 910 万美元[316]。

合作生物研究类项目主要包括在俄罗斯、哈萨克斯坦、乌兹别克斯坦、格鲁吉亚和阿塞拜疆开展的生物研究实验升级项目，以及部分生物学研究类项目。该类项目经费投入为 6240 万美元，占比约 14%。从国家经费分布看，获得经费最多的是俄罗斯，获经费 3020 万美元；此外，哈萨克斯坦获经费 1260 万美元，乌兹别克斯坦获经费 1190 万美元，格鲁吉亚获经费 560 万美元，阿塞拜疆获经费 180 万美元，乌克兰获经费 30 万美元。值得注意的是，该类研究项目的申请，既面向合作国家的机构，也面向美国国内的机构；从实际经费分配看，美国机构约获得了该类项目 75% 的经费[316]。

项目管理经费支出包括威胁降低支持中心（Threat Reduction Support Center）的日常经费及材料与设备的运输成本。该类项目经费支出为 8190 万美元，占比约 19%[316]。

2.BTRP 2.0（2008 年至今）

2008 年美国《国防授权法案》授权 CTR 项目将项目活动范围从前苏联国家和欧洲拓展至中东、亚洲等地。奥巴马政府主要通过 BTRP 实现了 CTR 项目地域范围的拓展，BTRP 的重点从销毁生物武器及相关基础设施与材料转向加强病原体检测、诊断与疾病监测能力；同时，为了避免伙伴国家对于"威胁"一词的敏感，美国将 BTRP 名称修改为生物协同计划（Cooperative Biological Engagement Program，CBEP）[310, 314]。

在 2.0 阶段，BTRP 的合作国家从前苏联国家扩展到了欧洲、非洲、东南亚、南亚及中东地区。当前，BTRP 的合作国家包括亚美尼亚、阿塞拜疆、柬埔寨、喀麦隆、埃塞俄比亚、格鲁吉亚、几内亚、印度、伊拉克、约旦、哈萨克斯坦、肯尼亚、老挝、利比里亚、马来西亚、菲律宾、塞内加尔、塞拉利昂、南非、坦桑尼亚、泰国、土耳其、乌干达、乌克兰、乌兹别克斯坦和越南等 26 个国家[314]。

1）年度经费投入情况

2007—2020 年，美国国防部共投入约 27.3 亿美元以资助 BTRP 在全球范围内的开展。从 2008 财年开始，BTRP 经费大幅上涨，并保持持续增长趋势直到 2014 年；近年来，BTRP 的年度经费投入有所下降（图 4.1.2）。此外，由于 2008—2014 年，CTR 项目在前苏联国家确保核武器安全、销毁大规模杀伤性武器及基础设施的大部分任务结束，BTRP 在 CTR 项目中的经费占比不断升高，从 20 世纪末占 CTR 项目预算的不到 10% 增长到 2016 财年的 60% 以上，BTRP 已成为国防部 CTR 项目的主要组成部分[310, 314]。

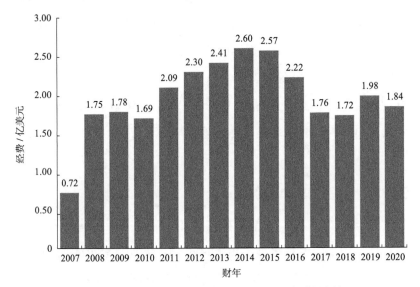

图 4.1.2　2007—2020 财年美国国防部 BTRP 经费投入情况

2）项目研究类别与主要内容

在这一阶段，美国逐渐认识到自然发生或人为引起的大规模传染病暴发，对美国及部署在全球的美军构成严重威胁。因此国防部期望 BTRP 通过促进生物安全与生物安保相关研究部署，提高伙伴国家安全、快速检测报告危险病原体的能力，建立和加强国际研究伙伴关系来应对美国面临的不断演变的生物威胁。2.0 阶段的 BTRP 主要包括 3 个研究类别：生物安全与生物安保（Biosafety & Biosecurity，BS&S）、生物监测（Biosurveillance，BSV）、合作生物研究（Cooperative Biological Research，CBR）[317]。

BTRP 中 BS&S 类项目主要涉及 3 个领域。① 加强危险病原体存储安全，即通过将危险病原体集中到少数存储设施中，保持对这类病原体的充分控制。② 通过实验室层面的生物风险管理系统来保障安全，主要包括：通过个人防护装备的恰当选择与安全使用来促进生物风险管理系统的发展和安全文化的培育；生物设施的安全设计与建造；标准操作程序的确立与实践；实验室人员的培训。③ 通过国家层面监管框架施加影响，即协助合作国家建立生物安全相关国家层面的政策法规及指南，并确立监督机制[317]。

BTRP 中 BSV 类项目主要涉及 4 个领域。① 疾病监测。通过为医务人员提供与疾病监测相关的临床技能培训和政策制度宣讲，提高危险病原体暴发或生物恐怖事件的监测能力。② 实验室诊断。建立标准操作规程，对实验室人员进行样本采集、运输和保存方面的培训，拥有必要的设备和试剂来进行危险病原体的及时诊断。③ 流行病学调查分析。通过对医务人员进行流行病学调查和数据分析能力培训，以进行迅速、准确的疫情调查。④ 疾病报告与交流。通过建立、使用需报告疾病清单的报告机制，快速、准确地报告疫情；为合作国家提供电子疾病监测和报告系统[317]。

二、DTRA 管理的化学与生物防御科研项目

国防部化生防御计划（CBDP）开始于 1994 年，旨在提供与化学、生物防御相关的研究、开发和采购计划，提高美军应对化学、生物、放射性和核（Chemical，Biological，Radiological，Nuclear，CBRN）威胁的能力[318]。1998 年 DTRA 成立时，CBDP 作为一部分并入 DTRA。DTRA 成立之初，只负责 CBDP 的经费分配。从 2003 年 4 月开始，国防部将 CBDP 科学与技术（Science & Technology）类项目的管理权分配给了 DTRA 研究开发处的化学与生物技术部，该部同时作为国防部的化生防御联合科技办公室（Joint Science & Technology Office for Chemical and Biological Defense，JSTO-CBD），主要负责化学 / 生物武器防御医学应对措施的基础研究与早期开发。

（一）CBDP

1991 年海湾战争之前，美军化学与生物防御相关科学与技术项目分散在军队各个部门，其中陆军是主要负责部门；1994 年，为全面加强美军应对生化威胁的能力，国会发布的《1994 年国防授权法案》将国防部范围内散在的化学与生物防御项目合并为一个联合计划，即 CBDP，并由国防部长办公室直接监督。在国防部内部，除了国防高级研究计划局（Defense Advanced Research Projects Agency，DARPA）和特种作战司令部（Special Operations Command）负责的特定项目外，由国会批准拨给国防部所有的化生防御相关经费均通过 CBDP 来管理和执行；1998 年，CBDP 并入新成立的 DTRA。2003 年，CBDP 的组织结构得到进一步优化，并延续至今[319]。2020 年，负责化学与生物防御计划的副助理国防部长 [Deputy Assistant Secretary of Defense for Chemical and Biological Defense Programs，DASD（CBD）] 发布《CBDP 联合体战略》（*CBDP Enterprise Strategy*），提出了 CBDP 未来发展的 4 个目标：① 为未来战争做好规划，紧贴未来联合作战环境能力需求，确定 CBDP 目标；② 及时交付，建立快速交付给作战人员解决方案的 CBDP 技术；③ 促进创新，扩大和利用合作关系推动 CBDP 创新；④ 优化 CBDP 组织结构，优化 CBDP 工作机制，促进 CBDP 转型升级[320]。

目前，CBDP 由"CBDP 联合体"（CBDP Enterprise）具体组织实施，由负责核、化学、生物防御项目的助理国防部长 [Assistant Secretary of Defense for Nuclear，Chemical&Biological Defense Programs，ASD（NCB）] 领导[321]。CBDP 联合体涉及 3 个联合办公室，其中 CBRN 防御联合需求办公室（Joint Requirements Office-Chemical，Biological，Radiological，and Nuclear Defense，JRO-CBRND）受参谋长联席会议主席领导，主要负责 CBRN 作战需求的规划、协调与批准；化生防御联合科技办公室（JSTO-CBD）受 DTRA 领导，主要负责化生防御相关科研项目的实施，推进相关技术向高级开发阶段的过渡，并保持与国防高级研究计划局（DARPA）等其他科研机构的合作；化生防御联合项目执行办公室（Joint Program Executive Office-Chemical Biological Defense，JPEO-CBD）受陆军部领导，负责化生防御项目的高级研发及项目的全程监督[319]。

自 1994 年成立以来，美国投入大量经费支持国防部 CBDP 的开展。自 2001 年以来，CBDP 的年度经费预算保持在 10 亿美元以上[322]。CBDP 的使命是提高美军监测、预防、消除、响应 CBRN 威胁及恢复能力[318, 323]。根据项目预算类别，CBDP 包括研究、开发、测试与评估（Research，Development，Test and Evaluation，RDT&E）类和采购类支出。近年来，RDT&E 类支出主要支持以下 7 类项目：生化威胁剂的医学应对措施研发；生化威胁环境检测与监测类设备或传感器；生化威胁防御 RDT 相关基础设施与基地建设；生物监测、预警、报告、建模与模拟系统；生化威胁剂基础研究；个人或集体防护装备及洗消装备；生命科学和物理科学相关基础研究。采购类项目主要支持以下 5 类项目：呼吸机与眼科防护用品；现代化分析实验室系统；CBRN 威胁监测系统；集体防护装备；特殊用途防护装备。CBDP 2021 财年经费预算约为 12.908 亿美元，其中 RDT&E 类经费 9.937 亿美元，采购类经费 2.971 亿美元（表 4.1.2）[324]。

表 4.1.2　CBDP 2021 财年经费预算

单位：万美元

序号	研究、开发、测试与评估类	经费	采购类	经费
1	生化威胁环境监测与医学诊断	29 400	呼吸机与眼科防护用品	9500
2	生物防御医学应对措施研发	15 600	现代化分析实验室系统	6500
3	化学防御医学应对措施研发	10 300	CBRN 威胁监测系统	4700
4	生化威胁防御研究、开发与测试基础设施	9900	集体防护装备	2300
5	生化威胁防护装备研发	7800	机舱化学威胁防御系统	500
6	医学应对措施平台与生产设施研发	8100	其他	6210
7	生化威胁剂基础研究	8100		
8	早期预警与决策系统	5100		
9	概念开发与技术演示	2000		
10	其他	3070		
	合计	99 370		29 710

（二）DTRA-CB 化学与生物防御科研项目

DTRA 是"CBDP 联合体"的重要组成部分。DTRA 在 CBDP 中的职责包括：① 在负责核化生防御项目的助理国防部长监督下管理 CBDP 相关经费；② 成立化生防御联合科技办公室（Joint Science and Technology Office for CBD，JSTO-CBD）以管理 CBDP 中的科学与技术类项目；③ 协调国防部实验室、工业界、学术界、国际合作伙伴及其他政府机构与实验室，来支持国防部各部门在 CBRN 防御相关领域的采购计划；④ 与 JRO-CBRND、JPEO-CBD 及其他军事部门协调管理 CBDP 联合技术示范（Joint Technology Demonstration）类项目 [321]。

DTRA 研究与发展处化学与生物技术部（DTRA Research and Development Directorate-Chemical and Biological Technologies Department，DTRA-CB）为"CBDP 联合体"中的 JSTO-CBD。目前，DTRA-CB 由现役军人（5%）、文职人员（60%）和项目承包商（35%）共约 200 人组成；人员驻扎在 2 个地方，即位于弗吉尼亚州贝尔沃堡的 DTRA 总部和位于马里兰州的美国陆军阿伯丁试验场 [325]。

1. DTRA-CB 任务领域及经费

DTRA-CB 的主要任务是管理国防部范围内的应对生化威胁的相关科技项目，提升美军生化防御能力 [326]。其重点研究领域分为 3 个方面：认知（Understand）、防护（Protect）和化解（Mitigate）。"认知"领域重点是为美军提供识别传统或新型生化威胁的能力，提高决策者获得信息的及时性，主要包括化学监测、决策分析与管理、医学诊断、生物检测、CBRN 预警与报告和生化威胁剂基础研究 6 个领域；"防护"领域重点是为美军提供预防生化危害的能力，主要包括生物预防、化学预防、集体防护、皮肤防护、呼吸道保护与眼部防护 6 个领域；"化解"领域重点是为美军提供应对生化威胁的能力，主要包括生物治疗剂、化学治疗剂、材料污染洗消、个人污染洗消等领域 [325]。

DTRA-CB 的经费来源分为 DTRA 相关经费和 CBDP 科学与技术（Science and Technology，S&T）经费。根据 CBDP 年度预算，2003 年以来由 CBDP 支出的 S&T 经费约 85 亿美元。从年度经费看，2006—2010 年 CBDP 中 S&T 保持了

较高投入，此后年度经费投入开始下降；从 2020 年开始，年度经费预算略有上升（图 4.1.3）。

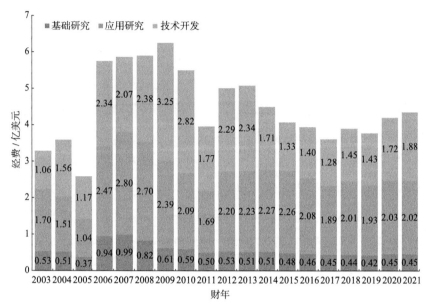

图 4.1.3 CBDP 科学与技术（S&T）年度经费投入情况（见书末彩插）
（数据来源于各年度 CBDP 预算）

2. DTRA-CB 化生防御科研项目

DTRA-CB 化生防御科研项目主要通过其下辖的 8 个部门具体开展，各部门分别负责推进 DTRA 化生防御科研项目的不同研究方向或任务领域。

1）高级与新发威胁分部

高级与新发威胁分部（Advanced and Emerging Threat Division）的主要任务是提供化学生物威胁剂的关键特性数据，确定毒理学机制，从而为风险评估及重大生物或化学事件的应对提供支持；该分部同时负责开发生化战剂应对的治疗方法 [325]。近年来该部门通过开展项目或资助其他机构，持续提高美军应对新发威胁的能力。例如，来自埃基伍德化生中心的研究人员在该部门的资助下，开发和验证基于计算机建模、芯片技术和实验室检测方法的"芯片上的器官"（Organ-on-a-Chip）技术，以快速评估威胁剂影响人体器官的毒理学机制 [327]；为了应对合成生物学等革命性生物技术发展可能带来的新型生化威胁，DTRA-CB 评估识别可能导致威胁扩散的新兴技术 [325]。

2）检测与诊断分部

检测与诊断分部（Detect and Diagnostics Division）致力于支持开发与生化威胁相关的新型检测与诊断方法，提高美军针对生化威胁剂的人体或环境条件下的检测与诊断能力，从而对生化威胁进行有效准备、预测及应对。该部门主要分为 2 个团队：检测团队与诊断团队。检测团队重点关注分布式生物监测系统、自动化现场生物样本采集与检测、新发生物威胁传感器技术与化学威胁检测技术；诊断团队致力于开发快速、高度敏感和特异的下一代诊断技术，重点关注具有实验室检测水平的即时诊断技术、创新性诊断方法与平台和从样品制备到生物信息学分析的全流程诊断系统开发 [328]。当前已取得部分研究进展或正在开展的部分支持项目包括：①FEVER 项目，旨在研发区别病毒与细菌感染的基于宿主的诊断方法及设备 [329, 330]；②RHODA 项目，旨在开发用于诊断由合成或转基因生物威胁剂引起的脓毒血症的基于宿主的诊断方法；③RADAR 项目，旨在开发基于识别抗生素耐药菌和抗生素敏感性测试的诊断方法 [328]。

3）数字化战场管理分部

数字化战场管理分部（Digital Battlespace Management Division）致力于为美军提供全面的化学与生物数据分析能力，以支持应对生化威胁的态势感知与决策管理能力 [325]。该部门还致力于开发准确评估 CBRN 风险、快速确定行动方案，并将分析结果实时传输到作战指挥控制系统的工具。该部门与大学空间研究学会（Universities Space Research Association）支持开发了一种基于统计建模方法预测全球基孔肯亚病毒暴发风险的计算机应用程序（CHIKRisk），旨在为部署在全球各地的美军人员提供预警信息和防护指南 [331]。在新型冠状病毒肺炎疫情应对中，该部门研究人员支持开发了一种根据非侵入性方法收集人体生物数据（如心率变化等）从而能够实现疾病早期预警的算法，并期望开发一种基于该算法的可穿戴式设备 [332]。

4）防护与危害洗消分部

防护与危害洗消分部（Protection and Hazard Mitigation Division）致力于通过在装备重量、材料性能、洗消能力及耗资成本等方面进行改进研究，从而增强美军生化威胁防护装备研发能力[325]。2019 年，该部门评估了其支持研发的可用于高热环境的 CBRN 威胁防护服，该装备由降温背心和一个小型制冷装置组成，可以保证作战人员在 72℃环境条件下连续工作 4 小时[333]；该部门与美国海军水面作战中心达尔格伦分部的研究人员合作开发了一种在低温条件下实现生物威胁剂洗消的方法，以避免传统湿热条件下洗消对作战人员及装备造成的危害[334]。

5）疫苗与治疗分部

疫苗与治疗分部（Vaccines and Therapeutics Division）的主要任务是支持传统及新发生物威胁医学应对措施（疫苗、药物等）的开发，提高美军应对生物威胁的能力[325]。该部门主要由疫苗团队和治疗团队组成。疫苗团队致力于开发针对出血热病毒、东方马脑炎病毒、海洋生物毒素、肉毒毒素、炭疽芽孢杆菌、土拉热弗朗西斯菌、鼻疽伯克霍尔德菌、Q 热立克次体及鼠疫耶尔森菌的疫苗；治疗团队致力于开发针对甲病毒属、丝状病毒、肉毒毒素、多重抗生素耐药菌的药物。此外，两个团队还关注药物疫苗研发的一些支持性技术或基础研究，如动物模型开发、宿主病原体相互作用基础研究、可控药物递送方式研究、佐剂与稳定性技术等[328]。

6）研究卓越中心分部

研究卓越中心分部（Research Center of Excellence Division）通过加强与国防部实验室及其他 CBDP 相关机构的合作，提高美军生化防御研究水平。该部门的主要任务是招募和指导青年人才，加强美军生化防御的人才队伍建设。其中人员招募任务促进雇员在国防部实验室与其他部门科学家一起开展合作研究。相关国防部实验室主要包括陆军埃基伍德化生中心（Army Edgewood Chemical Biological Center）、美国陆军化学防御医学研究所（United States Army Medical Research Institute of Chemical Defense）、美国陆军传染病医学研究所（United States

Army Medical Research Institute of Infectious Diseases）和海军医学研究中心（Naval Medical Research Center）的实验室 [325]。

7）研究运营分部

研究运营分部（Research Operations Division）主要负责 DTRA-CB 的管理与日常运营。该部门致力于业务流程管理、采购、战略交流、人力资源管理和科学、技术、工程与数学（Science，Technology，Engineering and Math，STEM）活动的组织 [325]。

8）作战集成分部

作战集成分部（Warfighter Integration Division）致力于促进 DTRA-CB 与参与化生防御科学技术的作战人员的战略合作，为美军应对战场挑战提供技术支撑和创新性作战能力 [325]。例如，2018 年，该部门在美国路易斯·麦考德联合基地组织了化生操作分析（Chemical and Biological Operation Analysis，CBOA）活动，以在模拟作战条件下评估化生防御相关技术。参与该活动的不仅包括研发相关技术的工业界、学术界研究人员，还有 27 名来自化学反应小组（Chemical Response Team）和第 110 CBRN 营的官兵，以及 10 名美国海关和边境特别反应小组的官员。该活动共完成了 29 项化生防御技术或设备的评估 [335]。

三、讨论

本节系统梳理了 DTRA BTRP 的成立背景、历史沿革、经费投入，分析了国防部 CBDP 与 DTRA-CB 的研究领域、经费投入与工作机制，可为我国生物防御相关研究人员与政策管理部门了解 DTRA 生物防御研究布局与进展提供参考。DTRA 生物防御相关项目主要有以下特点。

（一）强调生物监测能力建设，提高生物防御预警能力

有效生物监测预警是应对突发生物安全事件的重要应对措施，美国生物防御研究历来重视生物监测能力的发展，这既体现在美国发布的各个战略报告中，也体现在各机构所承担的科研项目中 [210]。DTRA 作为国防部生物威胁应对的重要机构，在美军生物监测能力建设中发挥着重要作用。BTRP 1.0 阶段最开始的工

作重点是销毁前苏联国家的生物武器及相关基础设施，不过从 1998 年开始，该项目即投入大量经费与格鲁吉亚等国合作建立 TADR 网络，以加强疾病监测，确保对潜在生物袭击和流行病的早期预警；BTRP 2.0 阶段，该项目的工作重点转向病原体检测与疾病监测，通过加强与欧洲、非洲、东南亚等 30 多个国家的研究合作，促进美军海外生物监测体系的建立。在国防部 CBDP 中，生物监测投入占有较大比重，近年来该计划继续加强环境监测与医学诊断领域的投入。在 2021 财年 CBDP 经费预算中，生化威胁环境监测与医学诊断相关经费为 2.94 亿美元，在 CBDP RDT&E 总经费中占比约 30%。

（二）积极整合各类机构资源，注重建立长效合作机制

DTRA 生物防御研究注重所涉及各类机构的相互协作，整合各方优势资源，并推动建立机构间的长效合作机制。由美国海军医学研究司令部和陆军医学研究司令部从 20 世纪 40 年代开始在全球陆续建立的生物实验室，为 BTRP 的推进积累了丰富的工作经验。基于这些海外实验室建立的国防部新发感染性疾病监测与应对系统为 BTRP 1.0 阶段的 TADR 网络建立奠定了基础；在 BTRP 推进的过程中，国防部又加强了这些实验室的建设，以更好地为美国海外生物监测网络提供支持。在国防部 CBDP 推进的过程中，DTRA-CB 扮演了中心协调机构的角色，积极促进政府机构、研究院所及工业界机构的合作。以 CHIKRisk 研究为例，该项目主要由 DTRA-CB 数字化战场管理分部负责，有多个机构为该项目提供了支持，如泛美卫生组织提供了关于基孔肯亚病毒暴发的全球历史数据，华尔特·里德陆军研究所和美国国立过敏与感染性疾病研究所提供了埃及伊蚊和白纹伊蚊活动范围的数据，美国国家海洋与大气管理局提供了当前和预期的气候数据。

（三）注重加强国际合作，增强生物防御领域影响力

近年来，美国积极推进生物安全领域的国际合作，不断增强美国及美军在全球生物防御领域的影响力，并利用 BTRP 等生物防御项目，持续推进非传统安全领域国际合作，并期望继续加大这类项目的国际合作力度，扩大项目合作内容，

推动"生物外交"的建立。例如，BTRP 当前的主要任务是通过国际合作支持美国及美军生物监测能力建设，加强对于各类生物威胁的早期预警，在项目推进过程中，美国通过在合作国家当地建立或改进生物实验室，开展研究资助，进行人员培训，建立疾病监测网络和参与合作国生物安全相关法规建设等。美国近些年在生物安全领域不断推出新的国际合作项目或倡议，如美国国务院生物安保项目（Biosecurity Engagement Program，BEP）、美国国际开发署的《全球卫生安全倡议》等，美国通过这些项目在全球 38 个国家开展了数据共享、疾病监测和建立生物实验室等与 BTRP 类似的行动，不断增强美国在全球生物防御领域的影响力[336-339]。在 2020 年美国科学院关于 BTRP 的分析报告中，建议国防部应该继续加强 BTRP 在外交领域的作用[314]。

（四）注重全谱系生物防御研究，打造综合分层防御体系

多年来，美军生物安全能力建设主要沿着应对生物武器袭击与部队卫生健康两条路径发展，由于任务不同，各职能部门相互之间缺乏协同。近年来，随着国际生物安全形势不断恶化，多种生物威胁相互交织，美国积极采取战略措施，统筹生物武器防范与传染病应对，注重全谱系生物防御研究，国防部生物防御能力得以加强。DTRA BTRP 的任务目标已从最初的防止生物武器扩散，拓展到全球范围内各种蓄意、意外或自然发生的生物威胁等全谱系生物威胁应对。DTRA-CB 所负责的 CBDP S&T 类研究，注重建立涵盖病原体基础研究、风险评估、监测预警、检测诊断、疫苗药物、防护装备、洗消方法研发和作战支持等全谱系、综合、分层的防御体系，并不断推进相关技术的创新性发展，着力提高生物防御研究的科技支撑能力。

（五）着眼于美军作战实际需求，提高战斗力生成贡献

作为国防部下属的 8 个作战支持局之一，DTRA 项目部署着眼于美军作战实际需求，提高生物防御研究对美军战斗力生成的贡献。当前，美国在海外 165 个国家或地区部署了 17 万现役人员执行各类任务，美国国防部认为，美军不仅面临战争及恐怖主义的威胁，也面临着地方性传染病的威胁。BTRP 的目标除了对合作国家提供卫生援助外，更主要的是着眼于部署在海外的美军面临的复杂战场

环境中的生物威胁，由 BTRP 建立起来的生物威胁监测网络能有效服务于美军海外任务需求及利益需求，降低美军面临的生物威胁风险。DTRA-CB 的首要目标是保护美军作战人员免受化学与生物威胁剂的袭击，提高美军抵御生化威胁的能力，其致力于推动与美军作战人员的合作伙伴关系，将化生防御能力作为美军战斗力生成的要素之一，强调化生防御技术在复杂作战环境下的有效应用。

第二节　DTRA 生命科学相关科研项目文献计量分析

本研究基于文献计量学方法，以 DTRA 生命科学相关科研项目发表论文为研究对象，分析 DTRA 生命科学相关科研项目的资助重点与特点，为我国生命科学研究领域相关科研人员和科研管理部门了解 DTRA 生命科学领域相关科研项目部署情况与研究进展提供参考。

一、数据来源与研究方法

本研究文献数据来源为 Web of Science（WoS）的 SCI-Expanded 数据库，检索时间为 2021 年 1 月 22 日。通过限定基金资助机构为 DTRA 或"Defense Threat Reduction Agency"、文献类型为 Article，检索数据库中所有由 DTRA 资助的论文。共检索到 9310 篇论文，经数据去重，得到 9296 篇论文。本研究通过筛选研究方向为"生命科学与生物医学"的论文，并人工筛选研究方向为"应用科学"类下属的"科学与技术–其他主题"（主要为跨学科领域期刊，如 *Nature*、*Science* 等）研究方向中的生命科学相关论文，合并后得到所有由 DTRA 资助的生命科学相关论文。其中根据研究方向分类"生命科学与生物医学"筛选得到论文 2374 篇；人工筛选得到"科学与技术–其他主题"研究方向论文中生命科学相关论文 620 篇（筛选范围不含已确定为"生命科学与生物医学"研究方向类别的论文）；经数据合并后，得到 2994 篇论文。

根据上述检索结果，对论文年度发表数量、国家或地区分布、机构分布、研究方向、标题词频等进行统计分析。国家或地区和机构分布基于论文的通信作者，为便于统计，有多个通信作者或通信作者有多个机构信息的，选取下载数据中第一个通信作者的第一个机构信息。根据 WoS 数据库的国家与地区分类，England（英格兰）单独列出，中国的文献数量统计不含中国台湾。词频分析基于论文标题，通过将词性不同、含义相同的词合并，分析及筛选有意义的高频词进行对比分析。

二、结果

（一）年度发表论文数量

截至 2021 年 1 月 22 日，DTRA 共资助发表论文 9296 篇，其中 1995—2007 年合计论文数为 3 篇，2008—2020 年为 9293 篇。总论文中生命科学领域论文为 2994 篇，其中 2007 年为 1 篇，2008—2020 年为 2993 篇。根据检索结果，2008 年 DTRA 年度资助发表论文数开始大幅增长，2013 年、2014 年和 2015 年年度发文量均超过 900 篇；2016 年以来，DTRA 年度资助发表论文数呈现不断下降趋势。DTRA 资助生命科学领域论文自 2008 年以来，年度论文数呈现增长趋势，但 2009—2014 年在总论文中的占比呈下降趋势；2015 年是 DTRA 资助生命科学领域论文年度发文量最多的一年，从该年开始，DTRA 资助科研论文数有所下降，但生命科学领域的论文占比是逐渐上升的趋势，2020 年，生命科学领域论文占总论文的比例接近 40%（图 4.2.1）。

图 4.2.1　2008—2020 年 DTRA 资助科研项目发表论文数及生命科学领域论文数

（二）国家或地区分布

共有来自全球 64 个国家或地区的机构具有标注 DTRA 资助的论文发表，其中 48 个国家或地区的机构获 DTRA 科研项目资助并发表生命科学相关论文。论文发表数最多的为来自美国的机构。总论文中，美国以外发文较多的国家或地区有中国（233 篇）、英格兰（144 篇）、加拿大（83 篇）、以色列（83 篇）和法国（44 篇）等；生命科学领域论文中，美国以外发文较多的国家或地区有英格兰（62 篇）、以色列（35 篇）、澳大利亚（32 篇）、法国（23 篇）和中国（21 篇）等（表 4.2.1）。生命科学领域发表论文的中国机构有武汉大学（3 篇）、天津大学（3 篇）和北京师范大学（2 篇）等。

表 4.2.1　DTRA 科研项目发表论文主要国家或地区

序号	国家或地区	总论文		生命科学领域论文	
		发文量 / 篇	占比	发文量 / 篇	占比
1	美国	8199	88.2%	2627	87.7%
2	英格兰	144	1.5%	62	2.1%
3	以色列	83	0.9%	35	1.1%
4	澳大利亚	36	0.4%	32	1.1%
5	法国	44	0.5%	23	0.8%
6	中国	233	2.5%	21	0.7%
7	新加坡	32	0.3%	18	0.6%
8	巴基斯坦	16	0.2%	15	0.5%
9	乌克兰	15	0.2%	13	0.4%
10	加拿大	83	0.9%	12	0.4%
	其他	411	4.4%	136	4.5%
	合计	9296	100%	2994	100%

（三）DTRA 生命科学相关科研项目发表论文期刊分布

DTRA 生命科学相关科研项目发表论文较多的期刊有 *PLoS One*（166 篇）、*Scientific Reports*（70 篇）、*PNAS*（62 篇）、*ACS Nano*（46 篇）和 *Journal of Virology*

（44 篇）等。除发表在综合类期刊中的论文外，大多数论文发表在感染性疾病、材料学研究等相关领域的期刊上。此外，部分论文发表在 *Nature* 等顶级期刊上，如 *Nature* 刊文 16 篇，*Cell* 刊文 17 篇，*Science* 刊文 14 篇；还有大量论文发表在 *Nature* 系列子刊上（表 4.2.2）。此外，根据统计结果，发表在影响因子＞ 20 的期刊上的论文有 108 篇，占比 3.6%；发表在影响因子＞ 10 的期刊上的论文有 370 篇，占比 12.4%。

表 4.2.2　DTRA 科研项目发表生命科学相关论文期刊分布（发文量前 20 位）

序号	期刊	发文量 / 篇	影响因子 *（2019 年）
1	*PLoS One*	166	2.7
2	*Scientific Reports*	70	4.0
3	*Proceeding of the National Academy of sciences*	62	9.4
4	*American Chemical Society Nanotechnology*	46	14.6
5	*Journal of Virology*	44	4.5
6	*ACS Applied Materials & Interfaces*	37	8.8
7	*Antimicrobial Agents and Chemotherapy*	37	4.9
8	*Nature Communications*	32	12.1
9	*Applied and Environmental Microbiology*	31	4.0
10	*Journal of Infectious Diseases*	30	5.0
11	*Lab On A Chip*	30	6.8
12	*PLOS Neglected Tropical Diseases*	30	3.9
13	*Infection and Immunity*	26	3.2
14	*Acs Synthetic Biology*	25	4.4
15	*Antiviral Research*	24	4.1
16	*Biochemistry*	24	2.9
17	*Biomacromolecules*	24	6.1
18	*Chemico-Biological Interactions*	24	3.7
19	*PLOS Computational Biology*	24	4.7
20	*Atmospheric Environment*	23	4.0

＊影响因子数据来源于 Web of Science 数据库。

（四）DTRA 生命科学相关科研项目发表论文机构分布

根据论文发表情况，共有来自全球的 586 家机构获 DTRA 相关科研项目资助并发表生命科学相关论文。发表论文较多的机构有美国陆军传染病医学研究所（271 篇）、马里兰大学（99 篇）、美国陆军化学防御医学研究所（94 篇）、美国海军研究实验室（78 篇）和华盛顿大学（76 篇）等（表 4.2.3）。在 *Nature* 等顶级期刊上发表较多论文的机构有华盛顿大学（5 种期刊合计 10 篇）、麻省理工学院（6 篇）、博德（Broad）研究所（4 篇）、哈佛大学（4 篇）等（表 4.2.4）。

表 4.2.3　DTRA 科研项目发表生命科学相关论文机构分布

序号	机构英文名称	机构中文名称	发文量 / 篇
1	USAMRIID	美国陆军传染病医学研究所	271
2	Univ Maryland	马里兰大学	99
3	USAMRICD	美国陆军化学防御医学研究所	94
4	US Naval Res Lab	美国海军研究实验室	78
5	Univ of Washington	华盛顿大学	76
6	Univ of Calif，San Diego	加利福尼亚大学圣地亚哥分校	71
7	Walter Reed Army Inst Res	华尔特·里德陆军研究所	67
8	Uniformed Serv Univ Hlth Sci	美国健康科学统一服务大学	55
9	George Mason Univ	乔治梅森大学	49
10	Univ of Texas at Austin	得克萨斯大学奥斯汀分校	49
11	Columbia Univ	哥伦比亚大学	46
12	Los Alamos Natl Lab	洛斯·阿拉莫斯国家实验室	45
13	MIT	麻省理工学院	45
14	Harvard Univ	哈佛大学	36
15	Vanderbilt Univ	范德堡大学	34
16	Univ Florida	佛罗里达大学	32

序号	机构英文名称	机构中文名称	发文量/篇
17	US Army Edgewood Chem Biol Ctr	美国陆军埃基伍德化生中心	30
18	US Army Med Res & Mat Command	美国陆军医学研究司令部	30
19	Univ of Illinois	伊利诺伊大学	29
20	Univ New Mexico	新墨西哥大学	29
21	Johns Hopkins Univ	约翰·霍普金斯大学	28
22	US Ctr Dis Control & Prevent	美国疾病预防控制中心	27

表4.2.4　DTRA科研项目发表生命科学相关论文机构顶级期刊发文情况

机构名称	发文量/篇					合计
	Cell	*Lancet*	*Nature*	*NEJM*	*Science*	
华盛顿大学	2	0	5	0	3	10
麻省理工学院	5	0	0	0	1	6
博德研究所	1	0	1	0	2	4
哈佛大学	2	0	2	0	0	4
美国陆军传染病医学研究所	0	0	2	1	0	3
艾伯特爱因斯坦医学院	1	0	0	0	1	2
波士顿大学	1	1	0	0	0	2
荷兰癌症研究所	0	0	1	0	1	2
国立过敏与感染性疾病研究所	0	1	0	1	0	2
斯克利普斯研究所	1	0	0	0	1	2
范德堡大学	2	0	0	0	0	2
其他机构	2	1	5	1	5	14
合计	17	3	16	3	14	53

（五）DTRA 科研项目发表生命科学相关论文研究方向分布及年度变化趋势

DTRA 科研项目发表生命科学相关论文共涉及 87 个研究方向，占 Web of Science 数据库 147 个研究方向的 59.2%。论文发表数量较多的研究方向为科学与技术 - 其他主题（主要为跨学科研究领域，发文 695 篇，占比 23.2%）、生物化学与分子生物学（发文 682 篇，占比 22.8%）、化学（发文 455 篇，占比 15.2%）、药理学与药剂学（发文 367 篇，占比 12.3%）和微生物学（发文 355 篇，占比 11.9%）等；其他发文较多的研究方向还有生物技术与应用微生物学、免疫学和材料科学等（图 4.2.2）。从研究方向的年度变化趋势看，发文量前 10 位的研究方向中只有微生物学的发文量近几年呈现增长趋势，其他研究方向发文量均呈现下降趋势（图 4.2.3）。

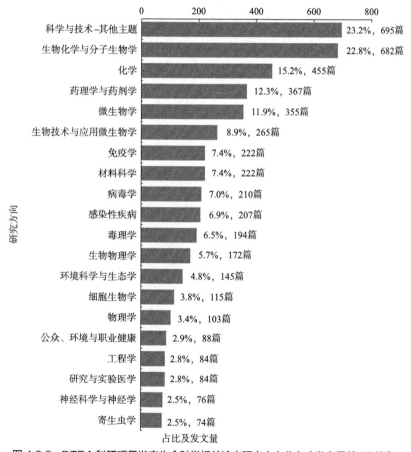

图 4.2.2 DTRA 科研项目发表生命科学相关论文研究方向分布（发文量前 20 位）

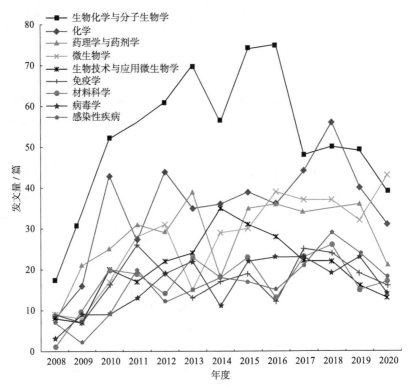

图4.2.3　DTRA科研项目发表生命科学相关论文研究方向年度变化趋势（发文量前10位）（见书末彩插）

（六）DTRA科研项目发表生命科学相关论文标题词频分析

词频分析是文献计量学中一种重要的分析方法，基于论文中高频词的统计及其年度变化情况分析，可以量化反映相应研究领域的热点及其变化趋势[160]。通过筛选标题部分有代表意义的词对其年度频次分布进行分析发现，近年来频次较高且增长趋势明显的词有 Virus（395次）、Human（224次）、Infection（194次）、Ebola（172次）、Antibody（170次）、Immune（132次）和 Vaccine（122次）等（表4.2.5、表4.2.6）。

表4.2.5　DTRA科研项目发表生命科学相关论文标题中部分高频词

高频词	中文	频次/次	高频词	中文	频次/次
Virus	病毒	395	Encephalitis	脑炎	59
Protein	蛋白	263	Chemical	化学	57

续表

高频词	中文	频次 / 次	高频词	中文	频次 / 次
Human	人类	224	Host	宿主	49
Model	模型	205	Drug	药物	48
Infection	感染	194	Macaque	猕猴	48
Ebola	埃博拉	172	Francisella	弗朗西斯菌	46
Antibody	抗体	170	Brain	大脑	44
Immune	免疫	132	Toxicity	毒性	43
Mouse	小鼠	125	Treatment	治疗	43
Vaccine	疫苗	122	Screening	筛选	42
Detection	检测	113	Sequencing	测序	42
Anthrax	炭疽	111	Marburg	马尔堡	40
Antibiotic	抗生素	111	Yersinia	鼠疫耶尔森菌	38
Bacteria	细菌	110	Microfluidic	微流体	37
Bacillus	杆菌	105	Escherichia	大肠杆菌	32
Burkholderia	伯克霍尔德菌	101	Filovirus	线状病毒	32
Inhibitor	抑制剂	88	Antigen	抗原	29
Botulinum	肉毒杆菌	82	Antiviral	抗病毒	29
Disease	疾病	82	Bat	蝙蝠	29
Aerosol	气溶胶	78	Blood	血液	28
Pathogen	病原体	77	High-Throughput	高通量	28
Identification	鉴别	73	Materials	材料	28
Fever	发热	67	Respiratory	呼吸系统	28
Radiation	辐射	66	Decontamination	洗消	27
Pseudomallei	类鼻疽伯克氏菌	63	Biosensor	生物传感器	26
Influenza	流感	62	Macrophage	巨噬细胞	26
Neurotoxin	神经毒素	61	Monoclonal	单克隆	25
Organophosphate	有机磷酸酯	61	3D	三维	24
Nanoparticle	纳米颗粒	61	Inactivation	灭活	24
Nerve	神经	60	Rabbit	兔子	24

表 4.2.6　DTRA 科研项目发表生命科学相关论文标题中高频词 2008—2020 年度词频变化趋势

序号	高频词（英文）	高频词（中文）	总计	年度频次 / 次													变化趋势
				2008	2009	2010	2011	2012	2013	2014	2015	2016	2017	2018	2019	2020	
1	Virus	病毒	395	4	11	17	17	22	34	26	44	45	48	49	44	34	
2	Protein	蛋白	263	1	12	10	16	14	20	25	36	34	24	23	25	23	
3	Infection	感染	194	2	7	6	6	10	16	9	22	14	26	26	31	16	
4	Ebola	埃博拉	172	2	5	6	12	5	11	9	24	25	25	25	17	6	
5	Antibody	抗体	170	—	3	10	19	6	9	8	16	20	25	22	18	14	
6	Immune	免疫	132	4	3	9	8	12	7	7	22	16	12	9	13	10	
7	Vaccine	疫苗	122	6	4	6	13	9	7	10	9	10	12	6	17	13	
8	Anthrax	炭疽	111	6	3	11	10	15	9	18	7	9	5	7	3	10	
9	Antibiotic	抗生素	111	2	3	4	7	5	9	4	15	10	13	13	14	12	
10	Bacteria	细菌	110	1	3	7	3	6	10	7	21	10	9	10	14	9	

三、分析与讨论

本研究通过文献计量和词频分析方法，分析了 DTRA 科研项目生命科学相关论文的分布情况，结合 DTRA 相关科研部署，从中可以看出 DTRA 生命科学领域相关科研项目研究具有以下特点与趋势。

（一）科研任务重心逐渐转向生物威胁应对

DTRA 的主要任务是应对核化生等大规模杀伤性武器对美国造成的威胁。其应对生物威胁的主要手段有：通过在欧洲、非洲、前苏联国家和东南亚地区支持开展生物威胁降低项目（BTRP），在全球建立生物威胁监测体系；通过负责国防部 CBDP 中的科学与技术类项目，支持核化生领域产品研发。近年来，随着《核不扩散条约》受到全球广泛认同，全球核威胁显著降低。因此，DTRA 的研究重心逐渐转向生物威胁应对。从论文年度发表情况来看，2015年以后，由 DTRA 资助科研项目发表的论文数逐年降低，不过与此同时，生

命科学领域论文在总论文中的占比不断上升，2019 年占比 36%，2020 年接近
40%；从论文发表期刊来看，大量文献发表在了感染性疾病应对等领域的期刊
上；从研究方向分布看，生物化学与分子生物学、化学、药理学与药剂学等研
究方向的论文占比较多；微生物学研究方向发表的论文近年来不断增多；从
论文标题词频看，病毒（Virus）、感染（Infection）、埃博拉（Ebola）和抗体
（Antibody）等词出现的频次相对较高，疫苗（Vaccine）和抗生素（Antibiotic）
出现的频次呈现上升趋势。以上表明，生物威胁应对已逐渐成为 DTRA 科研任
务的主要方向。

（二）主要资助美军相关机构

DTRA 作为美国国防部下属的 8 个作战支持局之一，具有浓厚的作战支援色
彩，其下属研究与发展处的化学与生物技术部作为国防部化生防御联合科技办
公室，负责管理国防部化生防御计划的科学与技术类项目，是美军生物防御科研
项目管理的核心机构和协调中心；它也通过与美国陆军传染病医学研究所、美国
陆军化学防御医学研究所及华尔特·里德陆军研究所等美军其他生物防御机构开
展密切合作，支持美军在各种作战环境下应对化学与生物威胁。从论文机构分布
看，美国陆军传染病医学研究所等国防部下属机构发表了大量论文。

（三）积极开展多方合作

虽然 DTRA 主要资助机构为军内机构，然而其资助发表在 *Nature* 等顶级
期刊上的论文大部分来自其资助的民口机构。其中既有华盛顿大学和麻省理工
学院等综合性高等院校、艾伯特爱因斯坦医学院等医学院校，也有国立过敏与
感染性疾病研究所、荷兰癌症研究所等来自全球的各类研究院所。在科研项目
资助中，DTRA 注重通过开展多方合作，整合来自多种类型机构的研究力量来
支持其生命科学领域的研究任务。此外，在与其他国家机构的合作中，各个国
家或地区生命科学领域发表的论文在总论文中的占比有较大差别，如其资助英
格兰和以色列机构发表的论文中，生命科学领域论文占比不足一半；而资助巴
基斯坦和乌克兰等国机构发表的论文几乎全为生命科学领域论文。

第三节　DTRA 生物防御相关项目潜在生物安全风险分析

作为美国国防部下属的应对核化生等大规模杀伤性武器威胁的主要机构，DTRA 通过 BTRP 和其承担的 CBDP 科研项目，在前苏联国家、中东、非洲和东南亚地区持续支持生物威胁应对相关研究、资助建立生物实验室，不断加强美军生物防御研究，并着力扩大美军在这些地区的影响力，并持续推进生物防御研究 [304]。然而，近年来由 DTRA 承担的一些项目屡屡引起国际社会对其生物安全风险的担忧。

一、BTRP 在格鲁吉亚等国引发生物安全争议

2018 年，来自保加利亚的记者 Dilyana Gaytandzhieva 公开质疑 DTRA 利用外交掩护，在格鲁吉亚、乌克兰等前苏联国家开展大量潜在生物武器研究，涉嫌违反《禁止生物武器公约》，同时提供了大量佐证材料 [340]。2018 年 10 月 4 日，俄罗斯国防部召开记者会，公开指控美国利用 BTRP 在格鲁吉亚实施军事生物活动，并通过 BTRP 等项目在俄周边国家（如格鲁吉亚、乌克兰、阿塞拜疆、乌兹别克斯坦等国）不断建设高级别生物安全实验室，展开大量烈性生物威胁病原体研究。俄方指控的主要内容有以下几项 [16, 341]。

（1）由美方在格鲁吉亚首都第比利斯建立的理查德·卢格公共卫生研究中心（简称"卢格实验室"）可能为美军在俄周边建设的多个"生物武器实验室"之一，该实验室自 2011 年以来一直在格鲁吉亚运行，但其背后的实际运作方为美方，截至 2018 年，美方投入经费超过 1.6 亿美元；2018 年，在该实验室附近新建的一座 8 层行政大楼，其中两层完全由美国陆军部队使用，并设立有专门针对感染烈性病原体患者的单独区域；格鲁吉亚人员无法进入该实验室，而在此工作的美方研究人员拥有外交豁免权；该实验室通过外交渠道运输生物材料时，无须向当地监管机构申报。

（2）美国在非洲、拉丁美洲和亚洲的卫生与流行病学监测由民口的美国卫生与公众服务部负责，而在格鲁吉亚的工作则由国防部负责。

（3）格鲁吉亚卫生部和 DTRA、美国陆军华尔特·里德陆军研究所及能源部

核安全局签署了一系列涉及危险生物剂研究的合同，主要涉及炭疽杆菌、布鲁菌、克里米亚-刚果出血热病毒、登革热病毒等。

（4）卢格实验室以普通药物研究之名，从事高毒性化学剂或高致死性生物剂相关研究。

（5）除了在卢格实验室的研究外，美国还利用在乌克兰、阿塞拜疆、乌兹别克斯坦等国资助建立的生物实验室，搜集前苏联国家传染病、菌株库及俄公民生物样本，俄罗斯国防部认为，无论其背后目的何在，均对俄罗斯构成安全威胁。

二、BTRP 主要生物安全风险

（一）生物安全（Biosafety）风险

BTRP 中 CBR 类项目的研究领域主要集中于炭疽、出血热和鼠疫等特别危险病原体（EDPs）上，在相关科研活动中，由于部署于各国的高级别生物安全实验室管理能力、人员科研素质不一，因此存在病原体外泄引发的生物安全风险。美国 BTRP 中 BS&S 类项目的部分研究目的在于将生物威胁剂集中到少数几个实验室中，从而降低当地的生物威胁风险，然而其另一方面又在世界各国持续扩建可以开展烈性病原体研究的生物实验室，这无疑加大了病原体外泄的可能性，类似于美军杜格威试验场于 2004—2015 年无意中向全球 194 个实验室运送未完全灭活的炭疽杆菌事件很有可能发生，因此这些实验室大量存在本身具有一定的潜在生物安全风险[342]。

除了在科研活动中引起病原体外泄到环境中外，部署在这些实验室的研究人员，特别是美军人员的全球流动，也可能引起生物安全隐患。美国已发生多起海外的美军作战人员在部署地感染病毒，返回美国后引起疾病传播的生物安全事件[343]；随着 BTRP 在海外部署的生物实验室越来越多，其开展项目涉及的环境更加复杂，这类风险可能会进一步增加；美方在这些实验室的工作年限通常较短，仅 2～3 年就需要调整岗位，大量从事危险病原体研究的人员频繁流动，可能会给当地国乃至全球生物安全带来不利影响。

（二）生物安保（Biosecurity）风险

BTRP 的主要合作国家为前苏联国家、非洲地区和东南亚国家，部分国家不稳定的政治军事环境，可能会使所在国高级别生物安全实验室相关研究活动存在被恶意利用的风险。此外，相关项目的研究领域主要集中于危险病原体，一些研究不受美国国内相关生物安全法规的约束，存在较高的安全风险。

第五章
启示与思考

本书系统梳理了美国 NIH、BARDA、DARPA 和 DTRA 等机构资助或管理的生物防御相关科研项目，基于情报调研、文献计量和案例研究等方法，分析了上述机构科研项目布局重点与特点，以及部分项目的潜在生物安全风险，以期为我国生物防御科研管理部门和相关科研人员了解美国生物防御研究提供参考，为我国生物防御科技支撑提供借鉴。

第一节　美国生物防御研究主要特点

一、高度重视战略规划，加强生物防御研究

美国高度重视在战略层面系统谋划生物安全与生物防御的发展方向，发布了大量国家层面的战略性文件，明确了生物防御的主要战略目标与发展路径。科技支撑体系是美国生物防御体系的重要组成部分。1994 年国防部启动 CBDP，统筹管理散在于国防部下属各机构的生物防御研究计划，促进美军生物防御能力的提升。2001 年 "9·11" 恐怖袭击事件和 "炭疽邮件" 生物恐怖事件以后，美国启动了 "生物盾牌" "生物监测" 和 "生物传感" 等计划，以持续资助美国各类科研机构积极开展生物防御研究。在主要研究管理机构层面，NIAID 和 BARDA 等民口生物防御科研及管理机构均有明确的生物防御或传染病应对相关的战略规划；DARPA 和 DTRA 等军方生物防御管理机构，在综合性发展战略中，均将生物防御作为其重要内容之一。综合这些机构的生物防御相关经费支持、科研项目

部署，以及研发产品与论文产出等方面看，美国近年来持续加强生物防御研究，不断优化其生物防御科技支撑体系的运行机制，并取得了大量研究成果。

二、项目布局重点突出，需求牵引合理部署

美国生物防御研究既注重对于传统生物战剂的应对研究，也重视大流行性流感及新发突发传染病的应对，并基于国家和军队现实需求，及时调整其生物防御研究布局与发展方向。例如，作为美国民口重要的生物防御资助与研究机构，NIH 生物防御研究项目与新发感染性疾病研究密切相关，除了针对炭疽、天花、鼠疫等潜在生物战剂开展大量研究外，近年来重点部署了大量埃博拉病毒、中东呼吸综合征冠状病毒、基孔肯雅病毒、登革病毒等新发或再发传染病病原体相关科研项目；BARDA 作为美国生物防御相关药品疫苗研发体系的重要组成部分，成立之初主要针对炭疽、天花疫苗药品的研发，但 2009 年 H1N1 流感暴发以后，BARDA 的研究重心转移到大流行性流感的应对上，截至 2021 年 2 月，由 BARDA 资助研发的 57 种医学应对措施产品中，有 28 种与大流行性流感相关。

三、注重核心机构建设，明确部门职能任务

美国生物防御研究通过促进核心机构建设，成立专职机构，明确相关机构的职能任务与战略方向，加强生物防御研究系统化发展。例如，NIH 作为全球最大的生物医学研究机构和美国生物防御相关基础研究的主要机构，是集医学研究、人才培养、项目资助和经费管理为一体的科研机构，其下属的 NIAID 是美国生物防御研究的核心机构之一。2003 年，国防部为了进一步优化 CBDP 科学研究类项目的管理，在 DTRA 成立化生防御联合科技办公室，明确该机构负责国防部下属所有化生防御科研项目的协调与管理，促进国防部化生防御能力的提升；2006 年，为了加强对药物、疫苗和防护装备医学应对措施的研发，美国在 HHS 下属的 ASPR 之下成立了 BARDA。美国生物防御核心机构均有明确的职能任务，如在美国生物防御药物疫苗研发体系中 NIH 和 DTRA 下属的化生防御联合科技

办公室主要负责基础研究与早期研发，BARDA 及陆军的化生防御联合项目执行办公室主要负责产品的高级研发与生产。

四、积极整合各方资源，协调建立长效机制

美国生物防御研究注重整合来自全球的各类型机构与人才资源参与其研究，并通过签订长期合同部署创新性平台、拓宽产品商业化市场等措施积极促进与相关机构长效机制的建立。2001 年以前，美国生物防御科技支撑体系主要由国防部下属的医学研究机构组成，研究重点主要为生物武器防御和生物恐怖防范；2001 年"炭疽邮件"事件及 2009 年 H1N1 流感疫情对美国生物防御体系产生了较大的影响，除了研究布局开始转向新发突发传染病应对以外，还投入大量资金支持地方机构开展生物防御相关研究。例如，NIH 和 DARPA 生物防御科研项目的承担机构既有陆军传染病医学研究所和埃基伍德化生中心等传统国防部下属生物防御研究机构、麻省理工学院和哈佛大学等综合性高校、西奈山伊坎医学院等医学院校、斯克利普斯研究所等地方研究院所，也有辉瑞、Moderna 和阿斯利康等大量国际知名医药企业参与其研究；在长效机制建立方面，BARDA 一方面通过与企业签订研发合同，促进产品的高级研发，另一方面通过"生物盾牌"计划采购产品，拓宽生物防御产品的商业市场，从而从供需两端不断完善生物防御产品研发的长效机制。

五、坚持全谱系科学研究，建设综合防御体系

近年来，全球新发突发传染病多发频发，由此引发的多种生物威胁相互交织，国际生物安全形势不断恶化，对世界各国的生物防御能力提出了更高要求。美国生物防御研究坚持统筹生物武器防御、生物恐怖防范和新发突发传染病应对，注重全谱系生物防御研究，着力建设涵盖预测、预警、预防、诊断与治疗的多层次综合防御体系。例如，NIH 资助的生物防御科研项目涵盖基础研究、新型诊断试剂及药物和疫苗研发，同时资助生物防御基础设施建设；DARPA 生物防御研究注重全链条应对，部署了涵盖预测、预防、诊断和治疗等生物防御研究的主要环

节；DTRA 注重通过 CBDP S&T 类研究，建立涵盖病原体基础研究、风险评估、监测预警、检测诊断、疫苗药物、防护装备、洗消方法研发和作战支持等全谱系、综合、分层的防御体系，并不断推进相关技术的创新性发展。

六、坚持创新驱动发展，提高生物威慑能力

美国生物防御注重通过技术创新提高应对多种生物威胁的能力，并形成技术威慑能力。作为全球科技创新的"风向标"，DARPA 生物防御科研项目注重通过与全球高水平科研院所、大型医药企业和传统军工企业进行深度合作，促进颠覆性技术研发和创新性平台发展，形成对其他国家的技术优势。BARDA 近年来也通过部署一系列创新性项目来持续推进创新性技术和平台的研发，如 BARDA 2012 年在美国建立了 3 个高级研发与制造创新中心，以促进生物防御产品的创新研发与生产；2020 年，BARDA 启动了"BARDA 风投"（BARDA Ventures）项目，旨在通过推动政府部门与风险投资界的合作，开发传统医疗对策研发中未考虑到的创新性方法。

七、注重加强国际合作，放眼全球部署项目

美国注重通过国际科技合作资助全球优势科研机构，以促进其生物防御研究；在项目布局上，注重在全球范围内部署服务于美国需求的生物防御研究项目，建设高级别生物安全实验室等基础设施，加强生物监测与早期预警。例如，NIH 和 DARPA 均资助了国外一些高水平研究院所和跨国企业承担其生物防御科研项目；BARDA 生物防御相关研究资助合同中，有 23% 资助了美国以外的国家或组织；BARDA 布局全球的非临床研究网络由来自美国、英国和荷兰等国的 16 家机构组成，其国际流感疫苗生产能力建设旨在全球多个国家建立流感疫苗生产基地；DTRA 的 BTRP 旨在通过国际合作，在欧洲、非洲、东南亚和非洲等地区建设生物防御研究基础设施，并在全球范围内建立以高等级生物安全实验室为基础的生物监测体系，将生物威胁抵御于美国本土以外，并持续扩大美国在国际生物防御研究领域的影响力。

第二节　美国生物防御部分相关项目存在潜在生物安全风险

生命科学的快速进步，给人类健康和社会发展带来了巨大福祉。生物技术的快速发展，不仅促进了卫生健康领域科学技术的不断进步，还深刻影响着农业、环境、经济和能源等领域的创新发展。但与此同时，近年来，以脊髓灰质炎病毒化学合成、1918 流感病毒重构和 H5N1 流感病毒功能获得性研究为代表的具有潜在生物安全风险研究的开展，增加了国际社会对于生物技术谬用等生物技术安全问题的担忧。此外，随着合成生物学与基因编辑技术的不断发展，病原体合成与修饰的成本不断降低，生物技术谬用带来的生物威胁大大增加。2014 年 10 月，针对流感病毒"功能获得性"（Gain-of-Function，GOF）研究引起的生物安全担忧，白宫科技政策办公室宣布暂停流感、SARS 和 MERS 病毒 GOF 研究的资助。2017 年美国卫生与公众服务部（HHS）取消了该"暂停"，宣布可以在严格监管条件下开展此类研究。

美国虽重视生物安全，但也部署了一些有生物安全争议的项目。例如，DARPA 资助开展的"昆虫联盟"项目，引发了来自法国和德国的多位科学家对该项目涉及的多项技术的潜在生物安全风险的担忧[17]；由 DTRA 资助的 BTRP 项目在前苏联国家的开展，引发了俄罗斯官方对于该项目真实目的的质疑[341]；由 NIH 与 DARPA 共同资助、科罗拉多州立大学承担的关于 MERS 的一些研究引发了人们对于冠状病毒研究生物安全风险的担忧[57]。

第三节　对我国生物防御科技支撑体系建设的启示

当前，人类社会面临的生物安全风险日趋严峻、复杂，生物安全问题已经成为全人类面临的重大生存和发展问题。近年来，全球多地新发突发传染病不断发生，影响范围持续扩大，造成了大量人员病亡和经济损失，严重威胁着人类健康和经济发展。作为发展中国家和人口大国，我国一直以来面临着严峻的生物威胁挑战。进入 21 世纪以来，我国经历了 SARS、H7N9 禽流感和非洲猪瘟等多次突发传染病或动植物疫情。2019 年 12 月以来，新型冠状病毒肺炎疫情暴发对我国和全球社会正常运行都造成了严重影响。习近平总书记强调，要从保护人民健康、保障国家安全、维护国家长治久安的高度，把生物安全纳入国家安全体系，系统规划国家生物安全风险防控和治理体系建设，全面提高国家生物安全治理能力 [8]。强化生物防御科技支撑，是保障生物安全的基础和关键。基于对美国生物防御科研项目的分析，结合我国国情和生物防御研究现状，对我国生物防御科技支撑体系建设提出以下建议。

一、加强生物防御研究顶层设计

我国应加强生物防御研究战略规划与顶层设计，从科技体制机制改革出发，不断优化完善生物防御科技支撑体系，结合我国整体发展战略，积极制定国家中长期生物防御科技发展战略；保持生物防御研究经费投入的持续性和稳定性；同时，应科学规划生物防御各相关领域的经费投入，既保证足够资金支持，也应防止资源浪费。

二、明确生物防御研究重点方向

我国应立足当前，深入分析研判我国生物安全与生物防御研究的基本情况，摸清短板与不足；充分结合我国及全球生物安全面临的现实威胁，明确我国生物防御研究的重点方向，科学构建具有中国特色的生物防御科研项目体系；未雨绸缪，推动颠覆性技术研发，论证部署一批前瞻性科研项目，如烈性病原体基础研究、潜在生物威胁剂疫苗和药物研发、诊断试剂开发与动物模型研究等。

三、促进生物防御研究核心机构建设

我国应在加强现有生物防御研究机构建设的基础上，积极拓展生物防御研究机构类型，整合企业、高校、科研院所资源，充分释放创新活力，实现优势互补，构建生物防御研究协同创新体系；可论证依托国内优势医学或生物学研究机构建立类似 NIH 或 BARDA 机构的可行性；积极推进生物防御研究基础设施建设，保持能够满足国内生物防御需求的生产能力。

四、坚持生物防御研究科技自主创新

我国应坚持生物防御研究科技自主创新，建立长效创新机制，发挥我国举国体制优势，兼顾政府引导和市场激励机制，加快攻克生物防御领域"卡脖子"技术，有效突破技术瓶颈，牢牢把握生物防御科技的主动权；加强生物防御研究创新平台体系发展，注重生物防御领域人才培养，促进生物防御研究的可持续创新。

五、加快生物技术安全风险评估体系建设

我国应统筹加快生物技术发展与安全监管，加强生物技术安全风险评估。综合考虑收益和风险，尽快建立科学、合理的两用生物技术风险评估体系和相应监管政策，完善我国生物技术研发法规体系，促进生物技术和生物经济快速发展，降低生物技术带来的负面效应和潜在生物安全风险。

六、加强生物安全领域研究国际合作

当前，新型冠状病毒肺炎疫情在全球的不断蔓延，显现了在应对重大生物安全事件，特别是新发突发传染病疫情时，没有任何一个国家能独善其身。我国应以"人类命运共同体"思想谋划我国生物安全领域研究，树立"全球生物安全观"理念，前移生物防御关口；提升海外生物监测能力；拓展与国际大型医药企业的合作关系；积极参与国际生物安全事件应对；推动与其他国家在生物威胁应对领域的有效合作，树立负责任大国形象，增强我国在生物安全科技领域的话语权。

参考文献

[1] 陈方，张志强，丁陈君，等.国际生物安全战略态势分析及对我国的建议 [J].中国科学院院刊，2020，35（2）：204-211.

[2] 郑涛，黄培堂，沈倍奋.当前国际生物安全形势与展望 [J].军事医学，2012，36（10）：721-724.

[3] 高一涵，楼铁柱，刘术.当前国际生物安全态势综述 [J].人民军医，2017，60（6）：553-558.

[4] MORENS D M，FAUCI A S. Emerging pandemic diseases：how we got to COVID-19[J]. Cell，2020，182（5）：1077-1092.

[5] 田德桥.生命科学两用性研究关注热点的文献计量分析 [J].生物技术通讯，2016，27（5）：684-687.

[6] 薛杨，俞晗之.前沿生物技术发展的安全威胁：应对与展望 [J].国际安全研究，2020（4）：136-160.

[7] 白春礼.为全面提高国家生物安全治理能力提供有力科技支撑 [J].旗帜，2020（4）：13-15.

[8] 习近平主持召开中央全面深化改革委员会第十二次会议强调：完善重大疫情防控体制机制，健全国家公共卫生应急管理体系 [EB/OL].（2022-02-14）[2020-02-25].http://www.gov.cn/xinwen/2020-02/14/content_5478896. htm.

[9] 郑涛，田德桥，孟庆东，等.以能力建设为中心，加快我国生物安全科技发展 [J].军事医学，2014，38（2）：86-89.

[10] 丁陈君，陈方，张志强.美国生物安全战略与计划体系及其启示与建议 [J].世界科技研究与发展，2020，42（3）：253-264.

[11] 刘长敏，宋明晶.美国生物防御政策与国家安全 [J].国际安全研究，2020，3：96-160.

[12] 田德桥.美国生物防御 [M].北京：中国科学技术出版社，2017.

[13] 田德桥, 朱联辉, 黄培堂, 等. 美国生物防御战略计划分析 [J]. 军事医学, 2012, 36（10）: 772-776.

[14] WATSON C, WATSON M, GASTFRIEND D, et al. Federal funding for health security in FY2019[J]. Health security, 2018, 16（5）: 281-303.

[15] 田德桥, 朱联辉, 王玉民, 等. 美国生物防御能力建设的特点与启示 [J]. 军事医学, 2011, 35（11）: 824-827.

[16] The Russian Defense Ministry held a briefing to analyze the US military biological activities in Georgia[EB/OL].（2018-10-04）[2021-03-11]. https://function.mil.ru/news_page/country/more. htm?id=12198232.

[17] REEVES R G, VOENEKY S, CAETANO-ANOLLES D, et al.Agricultural research, or a new bioweapon system? [J]. Science, 2018, 362（6410）: 35-37.

[18] NIH. Who we are [EB/OL].[2020-02-25].https://www.nih.gov/about-nih/who-we-are.

[19] 田德桥, 朱联辉, 王玉民, 等. 美国生物防御经费投入分析 [J]. 军事医学, 2013, 37（2）: 141-145.

[20] NIAID. Biodefense introduction[EB/OL].[2020-02-25]. https://www.niaid.nih.gov/research/ biodefense-introduction.

[21] 商丽媛. 美国国立卫生研究院（NIH）模式对我国科技创新的启示: 基于巴斯德象限角度 [J]. 天津科技, 2019, 46（5）: 1-3.

[22] NIH.The research, condition, and disease categorization process [EB/OL].[2020-02-25]. https://report.nih.gov/rcdc/index.aspx.

[23] NIH. NIH research portfolio online reporting tool expenditures and results[EB/OL].[2020-02-25]. https://projectreporter.nih.gov/reporter. cfm.

[24] NIH.NIH and the American recovery and reinvestment act [EB/OL].[2020-02-25].https:// recovery.nih.gov.

[25] NIAID.Biodefense strategic plan[EB/OL].[2020-02-25]. https://www.niaid.nih.gov/research / biodefense-strategic-plan.

[26] NIAID.Protecting the public health: the importance of NIH biodefense research infrastructure [EB/OL].（2007-10-04）[2020-02-25]. https://www.niaid.nih. gov/sites/default/files/ auchincloss100407.pdf.

[27] NIAID. Centers of Excellence for Translational Research（CETR）[EB/OL].[2020-02-25]. https://www.niaid.nih.gov/research/centers-excellence-translational-research.

[28] NIH. Vaccine and Treatment Evaluation Units（VTEUs）[EB/OL].[2020-02-25].https://www. niaid.nih.gov/research/vaccine-treatment-evaluation-units.

[29] NIAID. Centers of Excellence for Influenza Research and Surveillance（CEIRS）[EB/OL]. [2020-02-25].https://www.niaid.nih.gov/research/ influenza-research-surveillance.

[30] NIAID.Biodefense and emerging infectious diseases research infrastructure[EB/OL].[2020-02-25].https://www.niaid.nih.gov/ research/biodefense-emerging-infectious-diseases-research-infrastructure.

[31] NIAID.Researching Ebola in Africa[EB/OL].[2020-02-25]. https://www.niaid.nih.gov/diseases-conditions/researching-ebola-africa.

[32] NIH.2012 & 2013 NIH biennial report [EB/OL].[2020-02-25]. https://report.nih.gov/ biennialreport1213/.

[33] NIH.2014 & 2015 NIH biennial report [EB/OL].[2020-02-25]. https://report.nih.gov/ biennialreport1415/.

[34] Health and human services biodefense budget oversight[EB/OL].[2020-02-25].https:// globalbiodefense.com/2018/04/29/health-and-human-services-biodefense-budget-oversight.

[35] 中华人民共和国科学技术部 . 国家发展改革委科技部关于印发高级别生物安全实验室体系建设规划（2016—2025 年）的通知 [EB/OL].（2016-11-30）[2020-02-25]. http://www.most. gov.cn/mostinfo/xinxifenlei/fgzc/gfxwj/gfxwj2016 /201701/t20170111_130416.htm.

[36] WHO.Coronavirus disease（COVID-19）outbreak situation[EB/OL].[2021-05-06].https://www. who.int/emergencies/diseases/novel-coronavirus-2019.

[37] 赵琪，饶子和 . 冠状病毒蛋白结构基因组研究进展 [J]. 生物物理学报，2010，26（1）：14-25.

[38] CUI J，LI F，SHI Z L.Origin and evolution of pathogenic coronaviruses[J]. Nat Rev Microbiol, 2019，17（3）：181-192.

[39] YANG Z Y，KONG W P，HUANG Y，et al. A DNA vaccine induces SARS coronavirus neutralization and protective immunity in mice[J]. Nature，2004，428（6982）：561-564.

[40] GAO W，TAMIN A，SOLOFF A，et al. Effects of a SARS-associated coronavirus vaccine in monkeys[J].lancet，2003，362（9399）：1895-1896.

参考文献

[41] BUKREYEV A, LAMIRANDE E W, BUCHHOLZ U J, et al. Mucosal immunisation of African green monkeys (cercopithecus aethiops) with an attenuated parainfluenza virus expressing the SARS coronavirus spike protein for the prevention of SARS[J]. Lancet, 2004, 363 (9427): 2122-2127.

[42] GRAHAM R L, BECKER M M, ECKERLE L D, et al. A live, impaired-fidelity coronavirus vaccine protects in an aged, immunocompromised mouse model of lethal disease[J]. Nat Med, 2012, 18 (12): 1820-1826.

[43] LI W, MOORE M J, VASILIEVA N, et al. Angiotensin-converting enzyme 2 is a functional receptor for the SARS coronavirus[J]. Nature, 2003, 426 (6965): 450-454.

[44] LI W, WONG S-K, LI F, et al. Animal origins of the severe acute respiratory syndrome coronavirus: insight from ACE2-S-protein interactions[J]. J Virol, 2006, 80 (9): 4211-4219.

[45] RATIA K, SAIKATENDU K S, SANTARSIERO B D, et al. Severe acute respiratory syndrome coronavirus papain-like protease: structure of a viral deubiquitinating enzyme[J]. Proceedings of the national academy of sciences, 2006, 103 (15): 5717-5722.

[46] LETKO M, MIAZGOWICZ K, MCMINN R, et al. Adaptive evolution of MERS-CoV to species variation in DPP4[J]. Cell Rep, 2018, 24 (7): 1730-1737.

[47] DYALL J, COLEMAN C M, HART B J, et al. Repurposing of clinically developed drugs for treatment of Middle East respiratory syndrome coronavirus infection[J]. Antimicrob agents chemother, 2014, 58 (8): 4885-4893.

[48] DE WIT E, FELDMANN F, CRONIN J, et al. Prophylactic and therapeutic remdesivir (GS-5734) treatment in the rhesus macaque model of MERS-CoV infection[J]. Proc Natl Acad Sci USA, 2020, 117 (12): 6771-6776.

[49] MENACHERY V D, YOUNT B L, Jr, DEBBINK K, et al. A SARS-like cluster of circulating bat coronaviruses shows potential for human emergence[J]. Nat Med, 2015, 21 (12): 1508-1513.

[50] NIH. Notice of Special Interest (NOSI) regarding the Availability of Urgent Competitive Revisions for Research on the 2019 Novel Coronavirus (2019-nCoV)[EB/OL]. (2020-03-31) [2020-04-23]. https://grants.nih.gov/grants/guide/notice-files/NOT-AI-20-030.html.

[51] NIAID. NIAID strategic plan details COVID-19 research priorities[EB/OL]. (2020-04-22) [2020-04-23].https://www.niaid.nih.gov/news-events/niaid-strategic-plan-details-covid-19-research-priorities.

[52] National institutes of health would see 7% cut in 2021 under White House plan[EB/OL]. (2020-02-10)[2020-04-23]. https://www.sciencemag.org/news/2020/02/ national-institutes-health-would-see-7-cut-2021-under-white-house-plan.

[53] NIAID. NIAID Emerging infectious diseases/ pathogens[EB/OL].[2020-04-23]. https://www. niaid.nih.gov/research/emerging-infectious-diseases-pathogens.

[54] NIH. Statement on funding pause on certain types of gain-of-function research[EB/OL]. (2014-10-16)[2020-04-23]. https://www.nih.gov/about-nih/who-we-are/nih-director/statements/ statement-funding-pause-certain-types-gain-function-research.

[55] CASADEVALL A, IMPERIALE M J. Risks and benefits of gain-of-function experiments with pathogens of pandemic potential, such as influenza virus: a call for a science-based discussion[J].Mbio, 2014, 5 (4): e01730-14.

[56] SHEAHAN T P, BARIC R S. Is regulation preventing the development of therapeutics that may prevent future coronavirus pandemics?[J].Future virology, 2018, 13 (3): 143-146.

[57] Bats, gene editing and bioweapons: recent DARPA experiments raise concerns amid coronavirus outbreak[EB/OL]. (2020-01-30)[2020-04-23]. https:// www.activistpost.com/2020/01/bats-gene-editing-and-bioweapons-recent-darpa-experiments-raise-concerns-amid-coronavirus-outbreak.html.

[58] 王盼盼, 田德桥. DARPA 昆虫盟友项目生物安全问题争议 [J]. 军事医学, 2019, 43 (7): 488-493.

[59] 仇玮祎, 余云舟, 孙志伟, 等. 美国生物防御对策研究与国家战略储备药物分析 [J]. 军事医学, 2012, 36 (10): 777-781.

[60] LARSEN J C, DISBROW G L. Project bioshield and the biomedical advanced research development authority: a ten year progress report on meeting U.S. preparedness objectives for threat agents[J]. Clin Infect Dis, 2017, 64 (10): 1430-1434.

[61] 109th Congress. Public law 109–417[EB/OL]. (2006-12-19)[2021-01-16]. https:// www. govinfo.gov/content/pkg/PLAW-109publ417/pdf/PLAW-109publ417.pdf.

[62] BARDA. BARDA Strategic plan 2011 — 2016[EB/OL]. (2011-10-04)[2021-03-16]. https:// www.phe.gov/about/barda/Pages/2011barda-stratplan.aspx.

[63] BARDA. Project maps[EB/OL].[2021-02-08]. https://www. medicalcountermeasures.gov/ ProjectMaps/Who.aspx.

[64] HHS. HHS FY 2020 budget in brief [EB/OL]. （2019-10-05）[2021-01-16]. https://www.hhs. gov/about/budget/fy2020/index.html.

[65] ASPR. ASPR budget and funding[EB/OL].[2021-01-16]. https:// www.phe.gov/about/aspr/Pages/ Budget.aspx.

[66] ASPR. U.S. department of health and human services office of the assistant secretary for preparedness and response strategic plan for 2020—2023[EB/OL].[2021-01-16].https://www. phe.gov/about/aspr/Documents /2020-ASPR-Strategic-Plan-508.pdf.

[67] JENNIFER K J M, ADAM W, ALLISON V. The U.S. response to Ebola: status of the FY2015 emergency Ebola appropriation [EB/OL]. （2015-12-11）[2021-01-16].https://www.kff. org/global-health-policy/issue-brief/the-u-s-response-to-ebola-status-of-the-fy2015-emergency- ebola-appropriation/.

[68] GAO.Zika supplemental funding: status of HHS agencies' obligations, disbursements, and the activities funded [EB/OL]. （2018-05-14）[2021-01-16]. https://www.gao.gov/assets/ 700/691740.pdf.

[69] HHS. DHHS Fiscal Year 2021 public health and social services Emergency Fund[EB/OL].[2021- 01-16]. https://www.hhs.gov/sites/default/files/fy-2021-phssef-cj.pdf.

[70] BARDA. Chemical, Biological, Radiological, and Nuclear（CBRN）medical countermeasures [EB/OL].[2021-01-16].https://www.medicalcountermeasures.gov/barda/cbrn-home/.

[71] BARDA. Anthrax antitoxins[EB/OL].[2021-01-16].https://www.phe.gov/about/barda/ anthrax/ Pages/antitoxins.aspx.

[72] BARDA. Anthrax vaccines[EB/OL].[2021-01-16].https://www.phe.gov/about/barda/ anthrax/ Pages/vaccines.aspx.

[73] BARDA. Smallpox vaccine countermeasures[EB/OL].[2021-01-16].https://www. medicalcountermeasures. gov/BARDA/documents/Day1_MMer chlinsky-SmallpoxVaccinesProgram-508.pdf.

[74] Chimerix awarded BARDA contract for advanced development of CMX001 as medical countermeasure against smallpox[EB/OL]. （2011-02-16）[2021-01-16].https://ir.chimerix. com/index.php/news-releases/news-release-details/chimerix-awarded-barda-contract-advanced- development-cmx001.

[75] SIGA technologies awarded U.S. government contract valued at up to $2.8 billion[EB/OL].

（2011-05-13）[2021-01-16]. https://investor.siga.com/news-releases/news-release-details/siga-technologies-awarded-us-government-contract-valued-28.

[76] FDA approves first antitoxin to neutralize all 7 botulism serotypes[EB/OL]. （2013-03-25）[2021-01-16].https://globalbiodefense.com /2013/03/25/fda-approves-first-antitoxin-to-neutralize-all-7-botulism-serotypes/.

[77] HHS awards 12M to BioCryst for small molecule Ebola drug[EB/OL]. （2015-03-31）[2021-01-16].https://globalbiodefense.com/2015/03/31/hhs-awards-12m-to-biocryst-for-small-molecule-ebola-drug/.

[78] MCCARTHY M. US signs contract with ZMapp maker to accelerate development of the Ebola drug[J]. BMJ, 2014, 349: g5488.

[79] Regeneron announces agreement with BARDA for the development of new antibody treatment for Ebola [EB/OL]. （2015-09-21）[2021-01-16]. https://investor.regeneron.com/news-releases/news-release-details/regeneron-announces-agreement-barda-development-new-antibody/.

[80] BARDA backs OraSure's immunoassay diagnostic for Ebola[EB/OL]. （2015-06-15）[2021-01-16].https://globalbiodefense.com/2015/06/15/barda-backs-orasures-immunoassay-diagnostic-for-ebola/.

[81] BARDA. FDA approvals, licensures & clearances for BARDA supported products[EB/OL]. [2021-01-16]. https://www.medicalcountermeasures.gov/barda/fdaapprovals/.

[82] Current USG investments in Zika virus medical countermeasures [EB/OL].[2021-01-16]. http://www.floridahealth.gov/provider-and-partner-resources/research/Zika%20Medical%20Product%20Development%20Efforts%20across%20USG_101816for%20posting.pdf.

[83] BARDA. Diagnostics and biodosimetry[EB/OL].[2021-01-16]. https://www.medicalcountermeasures.gov/barda/cbrn/diagnostics-and-biodosimetry.aspx.

[84] New blood test for anthrax to speed post-exposure treatment[EB/OL].（2013-10-22）[2021-01-16]. https://globalbiodefense.com/ 2013/10/22/new-blood-test-for-anthrax-to-speed-post-exposure-treatment/.

[85] BARDA awards $51.9 million contract to DNAe to develop semiconductor DNA sequencing platform for rapid diagnosis of antimicrobial resistant infections and influenza[EB/OL].[2021-01-16]. https://www.dnae.com/assets/dnae-barda-funding_30sep16_dnae_v5-clean.pdf.

[86] First light biosciences awarded anthrax diagnostic contract[EB/OL]. （2015-09-23）[2021-01-16]. https://cbrnecentral.com/first-light-biosciences-anthrax-diagnostic-hhs/4289/.

[87] BARDA backs SRI international's biodosimetry system[EB/OL]. （2015-06-30）[2021-01-13]. https://globalbiodefense.com/2015/06/30/barda-backs-sri-internationals-biodosimetry-system/.

[88] BARDA awards 2.5M contract to advance anthrax diagnostic [EB/OL]. （2016-05-09）[2021-01-16]. https://globalbiodefense.com/2016/05/09/hhs-awards-2-5m-sri-international-anthrax-diagnostic/.

[89] Tangen biosciences' anthrax diagnostic awarded 3.2M BARDA contract[EB/OL]. （2017-11-27）[2021-01-13].https://globalbiodefense.com/2017/11/ 27/tangen-biosciences-anthrax-diagnostic-awarded-3-2m-barda-contract/.

[90] BARDA backs SeLux diagnostics' test to rapidly identify bacterial infections[EB/OL].（2018-09-27）[2021-01-13].https://globalbiodefense.com/ 2018/09/27/barda-selux-diagnostics-ast-amr/.

[91] LARSEN C H J T. The role of the Biomedical Advanced Research and Development Authority （BARDA）in promoting innovation in antibacterial product development [EB/OL]. （2017-08-02）[2021-01-13]. http://resistancecontrol.info/2017/ the-role-of-the-biomedical-advanced-research-and-development-authority-barda-in-promoting-innovation-in-antibacterial-product-development/.

[92] BARDA. Broad spectrum antimicrobials [EB/OL].[2021-01-13].https://www.medicalcountermeasures. gov/barda/cbrn/broad-spectrum antimicrobials/.

[93] Achaogen wins $64M BARDA contract to develop antibiotic for biothreats[EB/OL].（2010-08-31）[2021-01-12].https://www.genengnews.com/ topics/drug-discovery/achaogen-wins-64m-barda-contract-to-develop-antibiotic-for-biothreats/.

[94] GSK awarded contract by BARDA to support research on potential novel antibiotic[EB/OL]. （2011-09-06）[2021-01-12].https://www.gsk.com/en-gb/media/press-releases/gsk-awarded-contract-by-barda-to-support-research-on-potential-novel-antibiotic/.

[95] $67.2M next-generation antibiotic contract awarded[EB/OL]. （2012-01-30）[2021-01-15]. https://globalbiodefense.com/2012/01/30/67-2m-next-generation-antibiotic-contract-awarded/.

[96] SINHA G. BARDA to pick and choose next-generation antibiotics[J]. Nature biotechnology, 2013, 31（8）: 665.

[97] Basilea awarded contract by BARDA of up to USD 89 million for the development of its

novel antibiotic BAL30072[EB/OL]. （2013-06-25）[2021-01-11]. http://hugin.info/134390/R/1711719/567944.pdf.

[98] BARDA awards contract worth up to $90 million to the medicines company/rempex for development of gram-negative antibiotic[EB/OL]. （2014-02-06）[2021-01-11]. https://www.fiercebiotech.com/biotech/barda-awards-contract-worth-up-to-90-million-to-medicines-company-rempex-for-development-of.

[99] HHS enters into strategic alliance to accelerate new antibiotic development[EB/OL]. （2015-09-16）[2021-01-12]. https://www.hhs.gov/about/news/ 2015/09/16/hhs-enters-strategic-alliance-accelerate-new-antibiotic-development.html.

[100] BARDA awards contract to Basilea for broad-spectrum antibiotic [EB/OL]. （2016-04-22）[2021-01-08]. https://globalbiodefense.com/2016/04/22/barda-awards-contract-basilea-broad-spectrum-antibiotic/.

[101] Achaogen gets federal funding for biowarfare agent therapeutic development[EB/OL]. （2017-10-09）[2021-01-08]. https://globalbiodefense.com/2017/10/09/achaogen-gets-federal-funding-for-biowarfare-agent-therapeutic-development/.

[102] Summit awarded BARDA contract worth up to $62 million to support the development of ridinilazole for the treatment of C. difficile infection[EB/OL]. （2017-09-11）[2021-01-11]. https://www.globenewswire.com/news-release/2017/09/11/1117377/0/en/Summit-Awarded-BARDA-Contract-Worth-Up-to-62-Million-to-Support-the-Development-of-Ridinilazole-for-the-Treatment-of-C-difficile-Infection.html.

[103] Collaboration among BARDA，DTRA，USAMRIID and Spero to advance SPR994[EB/OL]. （2018-07-16）[2021-01-06]. https://globalbiodefense.com/2018/07/16/collaboration-among-barda-dtra-usamriid-and-spero-to-advance-spr994/.

[104] BARDA backs antibody therapy against MERS virus[EB/OL]. （2016-08-22）[2021-01-06]. https://globalbiodefense.com/2016/08/22/antibody-therapy-mers-virus-wins- federal-backing/.

[105] SAB biotherapeutics announces contract with BARDA to advance first MERSTreatment[EB/OL]. （2016-08-24）[2021-01-06]. https://www.sabbiotherapeutics. com/2016/08/24/sab-biotherapeutics-announces-contract-with-barda-to-advance-first-mers-treatment/.

[106] STRAUSS S. BARDA funds vaccine makers aiming to phase out eggs[J]. Nature

biotechnology, 2010, 28（12）: 1227-1228.

[107] ASPR. The public health emergency medical countermeasures enterprise review[EB/OL]. （2018-01-26）[2021-01-06]. https://www.phe.gov/Preparedness/mcm/enterprisereview/Pages/default.aspx.

[108] BARDA. Core services [EB/OL].[2021-01-06]. https://www.medicalcountermeasures.gov/ barda/core-services/.

[109] FDA. Animal rule information[EB/OL].[2021-01-06]. https://www.fda.gov/drugs/nda-and-bla-approvals/animal-rule-approvals.

[110] BARDA. Project maps[EB/OL].[2021-01-06]. https://www.medicalcountermeasures.gov/projectmaps/domestic.aspx.

[111] BARDA. Nonclinical development network [EB/OL].[2021-02-17]. https://www.medicalcountermeasures.gov/barda/core-services/animal-studies-program.aspx.

[112] BARDA. Department of health and human services' centers for innovation in advanced development and manufacturing[EB/OL].[2021-01-06].https://www.medicalcountermeasures.gov/barda/core-services/ciadm.aspx.

[113] GAO. National preparedness: HHS has funded flexible manufacturing activities for medical countermeasures, but it is too soon to assess their effect [EB/OL].（2014-03-31）[2021-01-06]. https://www.gao.gov/products/GAO-14-329.

[114] Acquisitions Management, Contracts & Grants（AMCG）. Centers for innovation in advanced development and manufacturing[EB/OL].[2021-01-16]. https://beta.sam.gov/opp/c5d067dd2f61 68a501125250a1026cbc/view.

[115] Acquisitions Management, Contracts & Grants（AMCG）. Fill and finish manufacturing network[EB/OL].[2021-01-16]. https://beta.sam.gov /opp/ 963f3f4540be8579b1459446b9de4 3d4/view.

[116] Acquisitions Management, Contracts & Grants（AMCG）. Respiratory illness live virus fill / finish services[EB/OL].[2021-01-16]. https://beta.sam.gov /opp/6304c58af2a6e0ec97bf5eec733 8c630/view.

[117] BARDA. BARDA awards medical countermeasures clinical studies network[EB/OL].（2020-10-19）[2021-01-06]. https://www.medicalcountermeas ures.gov/newsroom/2020/csn/.

[118] Rho One of Five U.S. Companies selected by HHS for clinical studies network[EB/OL].（2014-03-26）[2021-01-06].https://www.clinicalresearchnewsonline.com/news/2014/03/26/rho-one-of-five-u-s-companies-selected-by-hhs-for-clinical-studies-network.

[119] BARDA awards medical countermeasure clinical studies network contracts[EB/OL].（2014-03-26）[2021-01-06].https://globalbiodefense.com/2014/03/26/barda-awards-medical-countermeasure-clinical-studies-network-contracts/.

[120] SAMAI M，SEWARD J F，GOLDSTEIN S T，et al. The Sierra Leone trial to introduce a vaccine against Ebola：an evaluation of rVSVΔG-ZEBOV-GP vaccine tolerability and safety during the West Africa Ebola outbreak[J]. J Infect Dis，2018，217（Suppl_1）：S6-S15.

[121] OSHANSKY C M，ZHOU J，GAO Y，et al. Safety and immunogenicity of influenza A（H5N1）vaccine stored up to twelve years in the National Pre-Pandemic Influenza Vaccine Stockpile（NPIVS）[J]. Vaccine，2019，37（3）：435-443.

[122] BARDA Statistical and Data Coordinating Center（SDCC）medical countermeasures clinical studies network[EB/OL].[2021-01-06].https://beta.sam.gov/opp/fc9067382d914f54805138f3b4b92a90/ view.

[123] Acquisitions Management，Contracts & Grants（AMCG）. Clinical studies network Biological Specimen and Investigational Product（BSIP）storage facility[EB/OL].[2021-01-06].https://beta.sam.gov/opp/8d88575310a 244919fe6360250d60a79/view.

[124] Acquisitions Management，Contracts & Grants（AMCG）. BARDA clinical studies network – Clinical Trial Planning & Execution（CTPE）_Icon government and Public Health Solutions，Inc.[EB/OL].[2021-01-06]. https://beta.sam.gov /opp/ba17a2f055e647e19655bea6e3e32a12/view.

[125] Acquisitions Management，Contracts & Grants（AMCG）. BARDA clinical studies network – Clinical Trial Planning & Execution（CTPE）_ Technical Resources International，Inc. [EB/OL].[2021-01-06]. https://beta.sam.gov/opp/ d032f6a8af87402aacd6754d424d30d7/view.

[126] Acquisitions Management，Contracts & Grants（AMCG）. BARDA clinical studies network– Clinical Trial Planning & Execution（CTPE）_ Pharmaceutical Research Associates，Inc.[EB/OL].[2021-01-06].https://beta.sam.gov/opp/ 162ad9ffb2 a24af0a6213ca6b6e9bcd5/view.

[127] Acquisitions Management，Contracts & Grants（AMCG）. BARDA clinical studies network – Clinical Trial Planning & Execution（CTPE）_ Pharm-Olam，LLc. [EB/OL].[2021-01-06].

https://beta.sam.gov/opp/c2ee599fce8d418a92edb51d1 eb26f2a/view.

[128] BARDA. Influenza vaccine development programs [EB/OL].[2021-01-06].https://www. medicalcountermeasures.gov/barda/influenza-and-emerging-infectious-diseases//influenza-vaccine-development-programs/.

[129] BARDA. Pandemic influenza vaccine stockpile program[EB/OL].[2021-01-16].https://www. medicalcountermeasures.gov/barda/influenza-and-emerging-infectious-diseases/pandemic-influenza-vaccine-stockpile-program/.

[130] Becton dickinson awarded contract for influenza diagnostic development[EB/OL].（2013-03-30）[2021-01-05].https://globalbiodefense.com/2013/03/30/becton-dickinson-awarded-contract-for-influenza-diagnostic-development/.

[131] BARDA funds InDevR，Alere influenza diagnostics[EB/OL].（2014-10-01）[2021-01-05]. https://globalbiodefense.com/2014/10/01/barda-funds-indevr-alere-influenza-diagnostics/.

[132] ASPR. ResPECT data anaysis[EB/OL].[2021-01-05]. https://www.federalgrants.com/ResPECT-Data-Anaysis-57048.html.

[133] Aardvark medical announces BARDA exercise of contract option 1 valued at $2.8M[EB/OL].（2020-11-20）[2021-01-16]. https://www.pr.com/press-release/825763.

[134] HHS. At-home influenza tests take leap forward[EB/OL].（2018-07-11）[2021-01-05]. https://www.hhs.gov/about/news/2018/07/11/at-home-influenza-tests-take-leap-forward.html.

[135] BARDA. Influenza therapeutics program [EB/OL].[2021-01-05].https://www. medicalcountermeasures.gov/barda/influenza-and-emerging-infectious-diseases/influenza-therapeutics-program/.

[136] SCHNIRRING L. HHS awards $102 million for new flu drug[EB/OL].（2007-01-05）[2021-01-05].https://www.cidrap.umn.edu/news-perspective/2007/01/hhs-awards-102-million-new-flu-drug.

[137] BARDA influenza drug awardee Biota relocating to U.S.[EB/OL].（2012-04-24）[2021-01-05]. https://globalbiodefense.com/2012/04/24/barda-influenza-drug-awardee-biota-relocating-to-u-s/.

[138] ASPR. Indefinite delivery contract HHSO100201200011C[EB/OL].（2013-04-02）[2021-01-05]. https://govtribe.com/award/federal-idv-award/indefinite-delivery-contract-hhso100201200011c.

[139] Romark laboratories awarded contract for late-stage development of new influenza drug[EB/

OL].（2013-02-28）[2021-01-05].https://www. Pharmaceutical online.com/doc/romark-laboratories-contract-development-influenza-drug-0001.

[140] HHS sponsors development of drug for hospitalized influenza patients[EB/OL].（2015-09-28）[2021-01-05].https://www.hhs.gov/about/news/ 2015/09/28/hhs-sponsors-development-of-drug-for-hospitalized-influenza-patients.html.

[141] Office H P. HHS advances development of novel drug to treat influenza[EB/OL].（2015-09-29）[2021-01-05].https://www.hhs.gov/about/news/ 2015/09/29/hhs-advances-development-novel-drug-treat-influenza.html.

[142] JARVIS L M. Genentech gets $62 million in BARDA funding for flu, mustard agent treatments[EB/OL].（2018-10-07）[2021-01-05]. https://cen.acs.org/ pharmaceuticals/Genentech-62-million-BARDA-funding/96/i40.

[143] BARDA. Influenza vaccine manufacturing infrastructure [EB/OL].[2021-01-05].https://www. medicalcountermeasures.gov/barda/influenza-and-emerging-infectious-diseases/influenza-vaccine-manufacturing-infrastructure/.

[144] TARBET E B, DORWARD J T, DAY C W, et al. Vaccine production training to develop the workforce of foreign institutions supported by the BARDA influenza vaccine capacity building program[J]. Vaccine, 2013, 31（12）: 1646-1649.

[145] BARDA. International influenza vaccine manufacturing capacity building program[EB/OL].[2021-02-17].https://www.medicalcountermeasures. gov/barda/influenza-and-emerging-infectious-diseases/international-influenza-vaccine-manufacturing-capacity-building-program/.

[146] Philips respironics to assist US government in development of ventilation solutions for disaster preparedness[EB/OL].（2014-10-01）[2021-01-11]. https://www.usa.philips.com/a-w/about/news/archive/standard/news/press/ 2014/20141001-Philips-Ventilation-Solutions-for-Disaster-Preparedness.html.

[147] U.S. backs high-speed manufacturing of masks for pandemics[EB/OL].（2015-12-10）[2021-01-11]. https://globalbiodefense.com/2015/12/10/u-s-backs-high-speed-manufacturing-of-masks-for-pandemics/.

[148] BARDA applied research associates team up to develop reusable respirator for public health emergencies[EB/OL].（2017-10-04）[2021-01-11]. https://homelandprepnews.com/stories/24531-

barda-applied-research-associates-team-develop-reusable-respirator-public-health-emergencies/.

[149] 温珂，王灏晨，林则夫．美国发展医疗战略储备体系的历程及启示 [J]. 全球科技经济瞭望，2020，35（9）：19-28.

[150] 田德桥．美国生物防御药品疫苗研发机制与项目资助情况分析 [J]. 生物技术通讯，2016，27（4）：535-541.

[151] OUTTERSON K，REX J H，JINKS T，et al. Accelerating global innovation to address antibacterial resistance：introducing CARB-X[J]. Nature reviews drug discovery，2016，15（9）：589-590.

[152] BARDA. DRIVe accelerator network[EB/OL].[2021-01-11]. https://drive.hhs.gov/accelerators.html.

[153] JLABS. The blue knight story[EB/OL]. [2021-01-11]. https://jlabs.jnjinnovation.com/blue-knight.

[154] BARDA. BARDA ventures [EB/OL].[2021-01-11]. https://drive.hhs.gov/ventures.html.

[155] The Trump administration's failures in contract management and inept negotiation by senior White House officials denied Americans ventilators during the coronavirus pandemic and squandered up to $504 million in taxpayer funds [EB/OL]. （2020-07-31）[2021-01-16]. https://oversight.house. gov/sites/ democrats.oversight.house.gov/files/Economic%20and%20Consumer%20Policy%20 Subcommittee%20Staff%20Report%20on%20Ventilators%20Contract.pdf.

[156] 郭红，潘云涛，马峥，等．国家自然科学基金资助产出论文计量分析 [J]. 科技导报，2011，29（27）：61-66.

[157] 陈小莉，韩涛，王溯．DARPA 科研项目产出文献计量分析 [J]. 科技导报，2018，36（4）：44-50.

[158] DURIEUX V，GEVENOIS P A. Bibliometric indicators：quality measurements of scientific publication[J]. Radiology，2010，255（2）：342-351.

[159] 魏韧，郭世杰，樊潇潇，等．基于文献计量的天文学科发展态势分析 [J]. 世界科技研究与发展，2021，43（2）：12.

[160] 左丽华．词频分析及常用工具比较研究 [J]. 图书馆学刊，2016，38（6）：38-41.

[161] 田德桥，王华．基于词频分析的美英生物安全战略比较 [J]. 军事医学，2019，43（7）：481-487.

[162] BARDA. BID2020 BARDA overview[EB/OL].[2021-02-02]. https://www. medicalcountermeasures.gov/media/37558/bid2020_barda_ overview.pdf.

[163] 宋蔷，毛秀秀，辛泽西，等．美国卫生与公众服务部应急准备与反应助理部长办公室职

能特点及启示 [J]. 军事医学，2020，44（6）：460-464.

[164] PERDUE M L，BRIGHT R A. United States of America Department of Health and Human Services support for advancing influenza vaccine manufacturing in the developing world[J]. Vaccine，2011，29（Supp-s1）：A48-A50.

[165] DARPA. DARPA is born[EB/OL].[2020-11-28]. https://www.darpa.mil/about-us/timeline/dod-establishes-arpa.

[166] DARPA. About DARPA[EB/OL].[2020-11-28]. https://www.darpa.mil/about-us/about-darpa.

[167] DARPA. A selected history of DARPA innovation[EB/OL].[2020-11-29]. https://www.darpa.mil/Timeline /index.

[168] CRS. DARPA's pandemic-related programs[EB/OL].（2020-06-30）[2020-11-28]. https://crsreports.congress.gov/product/pdf/IN/IN11446.

[169] 田德桥 . 美国 DARPA 感染性疾病应对科研项目部署情况分析 [J]. 军事医学，2016，40（10）：790-792.

[170] RAJESH U. Synthetic biology is the core science for future defence technology，according to DARPA[EB/OL].（2021-07-28）[2022-06-05]. https://idstch.com/technology/biosciences/synthetic-biology-is-the-core-science-for-future-defencetechnology-according-to-darpa/.

[171] WOLFSON B. DARPA and the future of synthetic biology[EB/OL].（2017-12-06）[2020-11-29]. https://www.oreilly.com/content/darpa-and-the-future-of-synthetic-biology/.

[172] MIRANDA R A，CASEBEER W D，HEIN A M，et al. DARPA-funded efforts in the development of novel brain-computer interface technologies[J]. J Neurosci Methods，2015，244：52-67.

[173] 安妮·雅各布森 . 五角大楼之脑：美国国防部高级研究计划局不为人知的历史 [M]. 李文捷，郭颖，译 . 北京：中信出版集团，2017：254-258.

[174] CHENEY D. Annual report to the president and the congress[EB/OL].[2020-11-25]. https://history.defense.gov/Portals/70/Documents/ annual_reports/1992_DoD_AR.pdf?ver=2014-06-24-152154-673.

[175] MARSHALL E. Bracing for a biological nightmare[J]. Science，1997，275（5301）：745.

[176] STEPHENSON J. Pentagon-funded research takes aim at agents of biological warfare[J]. JAMA，1997，278（5）：373-375.

[177] DARPA. DARPA fact file-A compendium of DARPA programs[EB/OL].[2020-11-25].https://www.hsdl.org/?view&did=2175.

[178] MARSHALL E. Too radical for NIH? Try DARPA[J]. Science, 1997, 275（5301）：744-746.

[179] DARPA. Strategic plan（2003）[EB/OL].[2020-11-28]. https://www.hsdl.org/?view&did=2175.

[180] DARPA. Strategic plan（2007）[EB/OL].[2020-11-25]. https://www.hsdl.org/?view&did=769871.

[181] DARPA. Breakthrough technologies for national security[EB/OL].[2020-11-28]. https://www.hsdl.org/?view&did=763726.

[182] DARPA. Creating technology breakthroughs and new capabilities for national security[EB/OL].[2020-11-30]. https://www.darpa.mil/attach ments/DARPA-2019-framework.pdf.

[183] FERNANDEZ F. Subcommittee on Emerging Threats and Capabilities, Armed Services Committee, U.S. Senate（2020）[EB/OL].[2020-12-01]. https://www.darpa.mil/attachments/TestimonyArchived（March%2021%202000）.pdf.

[184] Department of Defense FY 2001 budget estimates：research, development, test and evaluation, defense-wide _volume 1 - defense advanced research projects agency[EB/OL].[2020-11-30].https://comptroller.defense.gov/Portals/45/Documents/ defbudget/fy2001/bud get_justification/pdfs/03_RDT_and_E/fy01pb_darpa.pdf.

[185] FERNANDEZ F. Subcommittee on Emerging Threats and Capabilities, Armed Services Committee, U.S. Senate Statement by Frank Fernandez[EB/OL].[2020-12-01].https://www.darpa.mil/attachments/TestimonyArchived（April%2020%201999）.pdf.

[186] DARPA fact file：a compendium of DARPA programs（2002）[EB/OL].[2020-12-31]. https://www.hsdl.org/?view&did=2175.

[187] Subcommittee on Terrorism, Unconventional Threats and Capabilities, House Armed Services Committee, U.S. House of Representatives（2003）[EB/OL].[2020-12-31].https://www.darpa.mil/attachments/ TestimonyArchived（March%2019%202003）.pdf.

[188] DARPA. TIGER pathogen detection sensor[EB/OL].[2020-12-31].http://www.darpa.mil/ SPO/SPO_handouts/TIGER.pdf.

[189] Spectral sensing of bio-aerosols program[EB/OL].[2020-12-31]. https://beta.sam.gov/opp/0ff31bf04958e9e9379c9bc9592886ab/view.

[190] DARPA. Handheld Isothermal Silver Standard Sensor（HISSS）[EB/OL].[2020-12-31]. http://

www.darpa.mil/sto/chembio/hisss.html.

[191] BRYDEN W A. Immune building overview[EB/OL].[2020-12-22].http://www.darpa.mil/STO/chembio/pdf/IB.pdf.

[192] DARPA. Rapid vaccine assessment[EB/OL].[2020-12-22]. http://www.darpa.mil/dso/thrust/biosci/ETC/index.html.

[193] Accelerated Manufacturing of Pharmaceuticals（AMP）[EB/OL].[2020-12-22].https://beta.sam.gov/opp/be83951ae201d2640b1928d64d7ca2a1/ view.

[194] DARPA. Self decontaminating surfaces[EB/OL].[2020-12-22].http://www.darpa.mil/dso/ thrust/biosci/selfdecon.htm.

[195] DARPA. Chlorine dioxide for BW decontamination of buildings [EB/OL].[2020-12-25].https://web.archive.org/web/20030412075528/ http://www.darpa.mil/SPO/SPO_handouts/ClO2.pdf.

[196] H1N1 Acceleration（Blue Angel）[EB/OL].[2020-12-25].http://www.darpa.mil/ Our_Work/DSO/Programs/H1N1_Acceleration_（BLUE_ANGEL）.aspx.

[197] PHD. Predicting Health and Disease（PHD）[EB/OL].[2020-12-31]. http://www.csl.sri.com/projects/PHD/.

[198] DARPA effort speeds bio-threat response[EB/OL].[2020-12-30]. https://www.army.mil/article/47617/darpa_effort_speeds_bio_threat_response.

[199] DARPA's Blue Angel – Pentagon prepares millions of vaccines against future global flu[EB/OL].[2020-12-28]. https://www.globalresearch.ca/ darpa-s-blue-angel-pentagon-prepares-millions-of-vaccines-against-future-global-flu/32141.

[200] DARPA's Blue Angel makes 10 million strides in the race to contain a hypothetical pandemic[EB/OL].[2020-12-28]. https://www.ineffablei sland.com/2012/07/darpas-blue-angel-makes-10-million.html.

[201] 7-Day Biodefense[EB/OL].[2020-12-28]. https://beta.sam. gov/opp/239a034b3e8326a0e969532e6b67588d/view.

[202] DARPA. Autonomous Diagnostics to Enable Prevention and Therapeutics（ADEPT）[EB/OL].[2020-12-28].https://www.darpa.mil/program/ autonomous-diagnostics-to-enable-prevention-and-therapeutics.

[203] Microphysiological Systems（MPS）[EB/OL].[2020-12-28]. https://www.darpa.mil/program/

microphysiological-systems.

[204] Pathogen predators（archived）[EB/OL].[2020-12-29]. https://www.darpa.mil/program/pathogen-predators.

[205] Technologies for Host Resilience（THoR）[EB/OL].[2020-12-25]. https://beta.sam.gov/opp/5cf5ebae89ad5108a54d21a5a82a7172/view.

[206] Insect Allies[EB/OL].[2020-12-25]. https://www.darpa.mil/ program/insect-allies.

[207] Safe genes[EB/OL].[2020-12-25]. https://beta.sam.gov/ opp/1f54e69797b94552e7a951551d16a91f/view.

[208] DARPA. ReVector[EB/OL].[2020-12-25]. https://www. darpa.mil/program/ReVector.

[209] 房彤宇，刘术，柳卸林 . 国际生物防御科技前沿特点与我国未来发展思考 [J]. 军事医学，2018，42（2）：81-85.

[210] 田德桥，叶玲玲，李晓倩，等 . 美国生物监测预警科研部署情况分析及启示 [J]. 生物技术通讯，2015，26（6）：840-845.

[211] Threat Agent Cloud Tactical Intercept & Countermeasure（TACTIC）[EB/OL].[2020-12-25]. http://www.darpa.mil/sto/chembio/tactic.html.

[212] Bolstering the front line of biological warfare response[EB/OL].[2020-12-25]. https://www.darpa.mil/news-events/2013-02-12#edn1.

[213] PALS turns to marine organisms to help monitor strategic waters[EB/OL].[2020-12-25]. https://www.darpa.mil/news-events/2018-02-02.

[214] Nature's silent sentinels could help detect security threats[EB/OL].[2020-12-25].https://www.darpa.mil/news-events/2017-11-17.

[215] DARPA. Fact File：compendium of DARPA programs[EB/OL].[2020-12-28]. https://www.hsdl.org/?view&did=440746.

[216] INTERfering and Co-Evolving Prevention and Therapy（INTERCEPT）[EB/OL].[2020-12-25]. https://beta.sam.gov/opp/ 109a03c1950a386c6ba8ef34f21226c8/view.

[217] Advanced Portal Security（APS）[EB/OL].[2020-12-25]. http://www.darpa.mil/spo/programs/aps.htm.

[218] Building Protection Toolkit（BPTK）[EB/OL].[2020-12-25]. http://www.darpa.mil/SPO/programs/bptk.htm.

[219] Sensors for Immune Buildings（SIB）[EB/OL].[2020-12-25].http://www.darpa.mil/SPO/programs/sib.htm.

[220] Controlling cellular machinery-vaccines[EB/OL].[2020-12-28]. https://beta.sam.gov/opp/0ffa06be0581b30a7286ac4f2313510d/view.

[221] In cell art，Sanofi Pasteur and CureVac launch $33.1 million R&D consortium[EB/OL].（2011-11-16）[2020-12-28]. https://www.1888pressrelease.com/ in-cell-art-sanofi-pasteur-and-curevac-launch-33-1-million-pr-350438.html.

[222] Controlling cellular machinery-diagnostics and therapeutics[EB/OL].[2020-12-25]. https://beta.sam.gov/opp/404049b9e228814effc90f6a8832 6d82/view.

[223] Douglas densmore boston university news[EB/OL].[2020-12-25]. http://people.bu.edu/dougd/news.html.

[224] SHI J，KUNDRAT L，PISHESHA N，et al. Engineered red blood cells as carriers for systemic delivery of a wide array of functional probes[J]. Proceedings of the National Academy of Sciences of the United States of America，2014，111（28）：10131-10136.

[225] Autonomous Diagnostics to Enable Prevention and Therapeutics：Diagnostics on Demand – Point of Care（ADEPT：DxOD -POC）[EB/OL].[2020-12-28]. https://beta.sam.gov/opp/6b0f8da0b935f12a18f6ccc4b068c841/view.

[226] LAM B，DAS J，HOLMES R D，et al. Solution-based circuits enable rapid and multiplexed pathogen detection[J]. Nature communications，2013，4（1）：2001.

[227] Autonomous Diagnostics to Enable Prevention and Therapeutics：Diagnostics on Demand – Limited Resource Settings（ADEPT：DxOD - LRS）[EB/OL].[2020-12-28].https://beta.sam.gov/opp/fd117aebd9a 14028c26fdfb3f85190b2/view.

[228] DARPA increases funding to Caltech for diagnostics on demand[EB/OL].（2013-03-15）[2020-12-28].https://globalbiodefense.com/2013/03/15/notable-contracts-darpa-increases-funding-to-caltech-for-diagnostics-on-demand/.

[229] Caltech engineers build smart petri dish[EB/OL].[2020-12-28].https://www.cce.caltech.edu/news-and-events/news/caltech-engineers-build-smart-petri-dish-1725.

[230] Autonomous Diagnostics to Enable Prevention and Therapeutics：Prophylactic Options to Environmental and Contagious Threats（ADEPT-PROTECT）[EB/OL].[2021-12-26].https://

beta.sam.gov/opp/ e7b0ecea7edd24e6a066300e74cd13db/view.

[231] Ichor awarded DARPA ADEPT: PROTECT Contract[EB/OL]. （2014-11-18）[2020-12-21]. https://globalbiodefense.com/2014/11/18/ichor-awarded-darpa-adept-protect-contract/.

[232] DARPA awards Moderna Therapeutics a grant for up to $25 million to develop messenger RNA therapeutics[EB/OL]. （2013-10-02）[2020-12-28]. https://investors.modernatx.com/news-releases/ news-release-details/2013/darpa-awards-moderna-therapeutics-grant-25-million-develop/.

[233] Rapid threat assessment could mitigate danger from chemical and biological warfare[EB/OL]. [2020-12-28]. https://www.darpa.mil/news-events/2013-05-08.

[234] Prometheus[EB/OL].[2020-12-26]. https://beta.sam.gov/opp/219eabbc4ab26c9919af393833c df544/view.

[235] Pandemic Prevention Platform（P3）[EB/OL].[2020-12-28]. https://beta.sam.gov/opp/f7946e4f d3f29bc3fe07278b3ef56e8e/view.

[236] Nucleic Acids On-Demand World-Wide（NOW）[EB/OL].[2020-12-28].https://beta.sam.gov/ opp/012d635117004012a37295c2b10ff78f/ view.

[237] Detect It with Gene Editing Technologies（DIGET）[EB/OL].[2020-12-28].https://beta.sam. gov/opp/780b45c920434d998dea9fc268a47b77/ view.

[238] DARPA. Personalized Protective Biosystem（PPB）[EB/OL].[2020-12-26].https://beta.sam. gov/opp/bf8d6be48dae4b5bb6b37fae714e5977/ view.

[239] Col Pro 2002 Conference DARPA's immune building program[EB/OL].[2020-12-26].http:// www.darpa.mil/spo/programs/IB_Presentations/ 021029_AA_ ColPro_2002.pdf.

[240] SIGMA + Sensors Proposers Day[EB/OL].[2020-12-28]. https://beta.sam.gov/opp/171d8be690 0a6df2cd1d0b2501608c78/view.

[241] DARPA，DHS SIGMA sensors successfully field tested at indianapolis 500[EB/OL]. （2019-07-02）[2020-12-26].https://globalbiodefense.com/2019/07/02/ darpa-dhs-sigma-sensors-successfully-field-tested-at-indianapolis-500/.

[242] DARPA. DARPA's SIGMA program transitions to protect major U.S. metropolitan region[EB/ OL].[2020-12-28].https://www.darpa.mil/ news-events/2020-09-04.

[243] Moderna announces positive phase 1 results for the first systemic messenger RNA therapeutic encoding a secreted protein（mRNA-1944）[EB/OL]. （2019-09-12）[2020-12-28].https://

www.businesswire.com /news/home/20190912005422/en/Moderna-Announces-Positive-Phase-1-Results-Systemic.

[244] JAGGER B W, DOWD K A, CHEN R E, et al. Protective efficacy of nucleic acid vaccines against transmission of Zika virus during pregnancy in mice[J]. The journal of infectious diseases, 2019, 220（10）: 1577-1588.

[245] Moderna to present data from two of its prophylactic mRNA vaccines at IDWeek 2019[EB/OL]. （2019-10-02）[2020-12-28]. https://www.businesswire.com /news/home/20191002005234/en/ Moderna-to-Present-Data-From-Two-of-Its-Prophylactic-mRNA-Vaccines-at-IDWeek-2019.

[246] COVID-19 vaccine（mRNA-1273）[EB/OL].[2020-12-28]. https://www.modernatx.com/sites/ default/files/content_documents/mRNA-1273-Update-11-16-20-Final.pdf.

[247] DARPA awards Moderna up to $56 million to enable small-scale, rapid mobile manufacturing of nucleic acid vaccines and therapeutics[EB/OL].[2020-12-28].https://modernatx.gcs-web. com/news-releases/news-release-details/darpa-awards-moderna-56-million-enable-small-scale-rapid-mobile.

[248] Department of Defense Fiscal Year（FY）2018 budget estimates [EB/OL].[2020-12-28]. https://www.darpa.mil/attachments/DARPA_ FY18_Presidents_Budget_Request.pdf.

[249] Department of Defense Fiscal Year（FY）2019 budget estimates[EB/OL]. [2020-12-28].https:// www.darpa.mil/attachments/DARPAFY19 PresidentsBudgetRequest.pdf.

[250] DARPA. Reorganization and Plasticity to Accelerate Injury Recovery（REPAIR）（archived） [EB/OL].[2020-11-26].https://www.darpa.mil/ program/reorganization-and-plasticity-to-accelerate-injury-recovery.

[251] DARPA. Living foundries[EB/OL].[2020-11-26]. https://www.darpa.mil/program/living-foundries.

[252] DARPA. Fundamental laws of biology[EB/OL].[2020-11-26]. http://www.darpa.mil/dso/thrusts/ math/funmath/fundamental/index.htm.

[253] DARPA. Electrical prescriptions（electrx）[EB/OL].[2020-12-01]. https://www.darpa.mil/ program/electrical-prescriptions.

[254] SI T, ZHAO H. A brief overview of synthetic biology research programs and roadmap studies in the United States[J]. Synth Syst Biotechnol, 2016, 1（4）: 258-264.

[255] MERVIS J. What makes DARPA tick?[J]. Science，2016，351（6273）：549-553.

[256] HIGHNAM P. DARPA VPR-VCR Summit 2020 PPT[EB/OL]. （2020-08-25）[2021-01-06]. https://www.wtamu.edu/_files/docs/research/Sponsored-Research-Services/DARPA%20VPR-VCR%20Summit%2025%20August% 202020.pptx.pdf.

[257] ROUNDTABLE N R C U C S. Reducing the time from basic research to innovation in the chemical sciences：a workshop report to the chemical sciences roundtable [M]. Washington：National Academies Press，2003.

[258] Gene drive files expose leading role of US military in gene drive development[EB/OL]. （2017-12-01）[2020-12-28]. http://genedrivefiles.synbiowatch. org/2017/12/01/us-military-gene-drive-development.

[259] Broad Agency Announcement Insect Allies，Biological Technologies Office，HR001117S0002，1 November 2016[EB/OL].[2019-07-20]. https://www.fbo.gov/utils/view?id=40638c9e7d45ed83 10f9d4f4671b4a7b.

[260] DARPA enlists insects to protect agricultural food supply[EB/OL].[2019-07-20]. https://www. darpa.mil/news-events/2016-10-19.

[261] BTI receives DARPA' Insect Allies' award[EB/OL]. （2017-07-27）[2019-07-20]. https://www. eurekalert.org/pub_releases/2017-07/bti-brd072717.php.

[262] Briefing prepared for Insect Allies proposers day. November 18，2016[EB/OL].[2019-07-20]. https://www.darpa.mil/attachments/ IA%20Proposers%20Day.pdf.

[263] EIGENBRODE S D，DAVIS T S，ADAMS J R，et al. Host-adapted aphid populations differ in their migratory patterns and capacity to colonize crops[J]. The journal of applies ecology，2016，53（5）：1382-1390.

[264] HAJERI S，KILLINY N，EL-MOHTAR C，et al. Citrus tristeza virus-based RNAi in citrus plants induces gene silencing in Diaphorina citri，a phloem-sap sucking insect vector of citrus greening disease（Huanglongbing）[J]. J Biotechnol，2014，176：42-49.

[265] MAGGIO I，HOLKERS M，LIU J，et al. Adenoviral vector delivery of RNA-guided CRISPR/Cas9 nuclease complexes induces targeted mutagenesis in a diverse array of human cells[J]. Sci Rep，2014，4：5105.

[266] SU Q，PAN H，LIU B，et al. Insect symbiont facilitates vector acquisition, retention, and

transmission of plant virus[J]. Sci Rep, 2013, 3: 1367.

[267] HEDGES L M, BROWNLIE J C, O'NEILL S L, et al. Wolbachia and virus protection in insects[J]. Science, 2008, 322 (5902): 702.

[268] INGWELL L, EIGENBRODE S, BOSQUE-PÉREZ N. Plant viruses alter insect behavior to enhance their spread[J]. Sci Rep, 2012, 2: 578.

[269] HANDLER A M. Enhancing the stability and ecological safety of mass-reared transgenic strains for field release by redundant conditional lethality systems[J]. Insect Sci, 2016, 23 (2): 225-234.

[270] Ohio State scientists to make plant virus system "turn on its head" with insect research[EB/OL]. (2017-12-20)[2019-07-20]. https://www.thelantern.com/2017/12/ ohio-state-scientists-to-make-plant-virus-system-turn-on-its-head-with-insect-research/.

[271] Penn State team receives $7M award to enlist insects as allies for food security[EB/OL]. (2017-11-20)[2019-07-20]. https://news.psu.edu/story/495037/2017/11/20/research/penn-state-team-receives-7m-award-enlist-insects-allies-food.

[272] Polston lab "Recruits" insects as allies for plants in food security project[EB/OL]. (2018-10-02)[2019-07-20]. http://southeastagnet.com/2018/10/02/ polston-lab-recruits-insects-allies-plants-food-security-project/.

[273] UT Austin and Texas A&M scientists seek to turn plant pests into plant doctors[EB/OL].(2017-10-03) [2019-07-20]. https://news.utexas.edu/2017/10/03/turning-plant-pests-into-plant-doctors/.

[274] BOCK R. The give-and-take of DNA: horizontal gene transfer in plants[J]. Trends in plant science, 2010, 15 (1): 11-22.

[275] KEELING P J, PALMER J D. Horizontal gene transfer in eukaryotic evolution[J]. Nature reviews genetics, 2008, 9: 605.

[276] Agricultural research, or a new bioweapon system?HEGAAs&DARPA [EB/OL].[2019-07-20]. http://web.evolbio.mpg.de/HEGAAs/journalist-faqs.html.

[277] SIMON S, OTTO M, ENGELHARD M. Scan the horizon for unprecedented risks[J]. Science, 2018, 362 (6418): 1007-1008.

[278] Scathing report accuses the pentagon of developing an agricultural bioweapon[EB/OL]. (2018-10-04)[2019-07-20]. https://gizmodo.com/scathing-report-accuses-the-pentagon-of-developing-an-a-1829525862.

[279] Insect Allies: how the enemies of corn may someday save it[EB/OL]. (2017-10-17) [2019-07-20]. https://cals.ncsu.edu/news/insect-allies-how-the-enemies-of-corn-may-someday-save-it/.

[280] MUELLER S. Are market GM plants an unrecognized platform for bioterrorism and biocrime?[J]. Frontiers in bioengineering and biotechnology, 2019, 7: 14.

[281] Crop-protecting insects could be turned into bioweapons, critics warn[EB/OL]. (2018-10-04) [2019-07-20]. https://www.sciencemag.org/news/2018/10/ crop-protecting-insects-could-be-turned-bioweapons-critics-warn.

[282] CODY W B, SCHOLTHOF H B. Plant virus vectors 3.0: transitioning into synthetic genomics[J]. Annu Rev Phytopathol, 2019, 57: 211-230.

[283] OLENA A. Questions raised about DARPA-funded crop program[EB/OL]. (2018-10-04) [2019-07-20]. https://www.the-scientist.com/news-opinion/questions-raised-about-darpa-funded-crop-program-64898.

[284] HU J, LI S, LI Z, et al. A barley stripe mosaic virus-based guide RNA delivery system for targeted mutagenesis in wheat and maize[C]. Molecular plant pathology, 2019.

[285] ALI Z, ABUL-FARAJ A, LI L, et al. Efficient virus-mediated genome editing in plants using the CRISPR/Cas9 system[J]. Mol Plant, 2015, 8 (8): 1288-1291.

[286] K M, N S, H B, et al. A launch vector for the production of vaccine antigens in plants[J]. Influenza and other respiratory viruses, 2007, 1 (1): 19-25.

[287] SUTHERLAND W J, BROAD S, BUTCHART S H M, et al. A horizon scan of emerging issues for global conservation in 2019[J]. Trends in ecology & evolution, 2019, 34 (1): 83-94.

[288] U.S. military is studying an insect army to defend crops. Scientists fear a bioweapon [EB/OL].[2019-07-20]. https://www.chicagotribune.com/news/environment/ct-pentagon-insects-biowarfare-20181004-story.html.

[289] WINTLE B C, BOEHM C R, RHODES C, et al. A transatlantic perspective on 20 emerging issues in biological engineering[J]. eLife, 2017, 6: e30247.

[290] DARPA. Building the safe genes toolkit[EB/OL].[2020-12-26]. https://www.darpa.mil/news-events/2017-07-19.

[291] KYROU K, HAMMOND A M, GALIZI R, et al. A CRISPR–Cas9 gene drive targeting doublesex causes complete population suppression in caged Anopheles gambiae mosquitoes[J].

Nature biotechnology, 2018, 36（11）: 1062-1066.

[292] Preventing Emerging Pathogenic Threats（PREEMPT）Proposers Day（archived）[EB/OL]. [2020-12-26].https://www.darpa.mil/news-events/ preventing-emerging-pathogenic-threats-proposers-day.

[293] DARPA. A new layer of medical preparedness to combat emerging infectious disease[EB/OL]. [2019-12-29]. https://www.darpa.mil/news-events/2019-02-19.

[294] 乔纳森·B.塔克.创新、两用性与生物安全：管理新兴生物和化学技术风险 [M].田德桥, 译.北京：科学技术文献出版社，2020：82，92，119，170.

[295] JACKSON R J，RAMSAY A J，CHRISTENSEN C D，et al. Expression of mouse interleukin-4 by a recombinant ectromelia virus suppresses cytolytic lymphocyte responses and overcomes genetic resistance to mousepox[J]. J Virol，2001，75（3）: 1205-1210.

[296] CELLO J，PAUL A V，WIMMER E. Chemical synthesis of poliovirus cDNA: generation of infectious virus in the absence of natural template[J]. Science，2002，297（5583）: 1016-1018.

[297] TAUBENBERGER J K，REID A H，LOURENS R M，et al. Characterization of the 1918 influenza virus polymerase genes[J]. Nature，2005，437（7060）: 889-893.

[298] IMAI M，WATANABE T，HATTA M，et al. Experimental adaptation of an influenza H5 HA confers respiratory droplet transmission to a reassortant H5 HA/H1N1 virus in ferrets[J]. Nature，2012，486（7403）: 420-428.

[299] NOYCE R S，LEDERMAN S，EVANS D H. Construction of an infectious horsepox virus vaccine from chemically synthesized DNA fragments[J]. PLoS One，2018，13（1）: e0188453.

[300] Assistant secretary of defense for nuclear，chemical & biological defense programs [EB/OL]. [2021-03-08]. https:// en.wikipedia.org/wiki/Assistant_Secretary_of_Defense_for_Nuclear,_ Chemical_%26_Biological_Defense_Programs.

[301] DTRA. The history of the defense threat reduction agency[EB/OL].（2019-03）[2021-03-08]. https://www.dtra.mil/About/DTRA-History/.

[302] EANES J. Organization and management of the department of defense[EB/OL].（2019-03） [2021-03-08]. https://fas.org/irp/agency/dod/org-man.pdf.

[303] GAO. Weapons of mass destruction: defense threat reduction agency addresses broad range of

threats，but performance reporting can be improved [EB/OL]．（2004-02-13）[2021-03-08]．https://www.gao.gov/products/GAO-04-330.

[304] THOMAS R，CULLISON J S M. The U.S. Department of Defense's role in health security-current capabilities and recommendations for the future [EB/OL].[2021-03-05]. https://www.csis.org/analysis/us-department-defenses-role-health-security.

[305] DTRA. DTRA locations around the world[EB/OL].[2021-03-08]. https:// www.dtra.mil/About/DTRA-Locations/.

[306] DTRA. Who we are [EB/OL].[2021-03-08]. https://www.dtra.mil/ WhoWeAre/.

[307] DTRA. DTRA Strategic Plan FY 2018－2022[EB/OL].[2021-03-08].https://www.dtra.mil/Portals/61/Documents/STRAT%20Plan%202018-2022%2 004022 019.pdf.

[308] DTRA. Mission directorates[EB/OL].[2021-03-08]. https://www.dtra.mil/ MissionDirectorates/.

[309] DTRA. Cooperative threat reduction directorate[EB/OL].[2021-03-08].https://www.dtra.mil/Mission/Mission-Directorates/Cooperative-Threat-Reduction/#.

[310] CONGRESSIONAL RESEARCH SERVICE. The evolution of cooperative threat reduction：issues for congress[EB/OL].（2015-11-23）[2022-06-05].https://crsreport.congress.gov/product/pdf/r/r43143.

[311] DTRA. The history of Cooperative Threat Reduction（CTR）[EB/OL].[2021-03-08].https://www.dtra.mil/Portals/61/Documents/Histor y%20of%20CTR.pdf.

[312] 全克林.美国的"合作降低威胁"项目评析 [J].美国研究，2008，2：77-95.

[313] BERNSTEIN P I，WOOD J D. The origins of Nunn-Lugar and cooperative threat reduction[EB/OL].（2010-04）[2021-03-06].https://ndupress.ndu.edu/Portals/ 68/Documents/casestudies/CSWMD_CaseStudy-3.pdf.

[314] National Academies of Sciences，Engineering，and Medicine. A strategic vision for biological threat reduction：the U.S. Department of Defense and Beyond[M]. Washington，D.C.：The National Academies Press，2020.

[315] National Academy of Saences，Institute of Medicine，and National Research Council. Controlling dangerous pathogens a blueprint for U.S.-Russian cooperation：a report to the cooperative threat reduction program of the U.S. Department of Defense[M]. Washington，D.C.：The National Academies Press，1997.

[316] COUNCIL N R. The biological threat reduction program of the department of defense: from foreign assistance to sustainable partnerships[M]. Washington, D.C.: The National Academies Press, 2007.

[317] DTRA. Cooperative biological engagement program FY 2015 annual accomplishments[EB/OL]. [2021-03-08].https://www.dtra.mil/Portals/ 61/Documents/Missions/CBEP%20FY15%20 Annual%20Accomplishments.pdf.

[318] ROOS J, CHUE C, DIEULIIS D, et al. The Department of Defense chemical and biological defense program: an enabler of the third offset strategy[J]. Health Secur, 2017, 15 (2): 207-214.

[319] COUNCIL N R. Determining core capabilities in chemical and biological defense science and technology[M]. Washington, D.C.: The National Academies Press, 2012.

[320] CBDP enterprise strategy[EB/OL]. [2021-03-08]. https://www.jpeocbrnd.osd.mil/docs/default-source/default-document-library/ cbdp_enterprise_strategy_ 2020.pdf.

[321] DoD Directive 5160.05E: roles and responsibilities associated with the Chemical and Biological Defense Program (CBDP)[EB/OL].[2021-03-08]. https://www.esd.whs.mil/ Portals/54/Documents/DD/issuances/dodd/516005E.PDF.

[322] GAO. Biological Defense: DOD has strengthened coordination on medical countermeasures but can improve its process for threat prioritization[EB/OL]. (2014-05-15)[2022-06-05].https:// gao.gov/assets/gao-14-442.pdf.

[323] HASSELL C. Chemical and biological defense program[EB/OL]. (2017-08)[2021-03-08]. https://www.ndia.org/-/media/sites/ndia/meetings-and-events/2017/august/7300---cbrn/hassell.ashx.

[324] DOD. Department of Defense Fiscal Year (FY) 2021 budget estimates chemical and biological defense program [EB/OL]. (2020-02)[2021-03-08]. https://comptroller.defense.gov/Portals/45/ Documents/defbudget/fy2021/budget_justification/pdfs/03_RDT_and_E/RDTE_Vol4_CBDP_ RDTE_PB21_Justification_Book.pdf.

[325] DTRA. Inherently disruptive: DTRA-JSTO on the front lines of chemical and biological defense [EB/OL].[2021-03-08]. https://www.dtra.mil/ Portals/61/Documents/CB/DTRA-JSTO_ E-book_PDF.pdf.

[326] DTRA. DTRA CB: safeguarding national biodefense[EB/OL]. (2019-06-13)[2021-03-08].https://stenterprise.org/wp-content/uploads/sites/12/formidable/ 21/Day1-Morning-RmC-

Biodefense-Schoske_comp.pptx.

[327] DTRA-CB. Humanoid cells testing[EB/OL]. (2020-04-27)[2021-03-06]. https://www. dvidshub.net/news/368549/humanoid-cells-testing.

[328] DTRA-CB. Acquisition opportunities at the Joint Science and Technology Office for Chemical and Biological Defense (JSTO-CBD)[EB/OL].[2021-03-06]. https://techparks.arizona.edu/ sites/default/files/2019%20DoD_JSTO-CBD_SBIR-STTR%20Presentation_.pdf.

[329] SRUGO I, KLEIN A, STEIN M, et al. Validation of a novel assay to distinguish bacterial and viral infections[J]. Pediatrics, 2017, 140 (4): e20163453.

[330] DTRA-CB. Heads or tails: many illnesses have the same symptoms; diagnostic tools can beat the guessing game [EB/OL]. (2020-10-06)[2021-03-08]. https://www.dvidshub.net/news/380358/ heads-tails-many-illnesses-have-same-symptoms-diagnostic-tools-can-beat-guessing-game.

[331] CHIKRisk: mapping the next chikungunya outbreak[EB/OL]. (2020-04-27)[2021-03-01]. https://globalbiodefense.com/2020/04/27/chikrisk-mapping-the-next-chikungunya-outbreak/.

[332] DTRA-CB. Be prepared: machine learning is equipping us for the unknown[EB/OL]. (2021-01-12)[2021-03-07]. https://www.dvidshub.net/news/ 386801/prepared-machine-learning-equipping-us-unknown?/ebook2020.

[333] DTRA-CB. Keeping your cool: the personal thermal management system[EB/OL]. (2019-12-13)[2021-03-02]. https://www.dvidshub.net/news/355591/keeping-your-cool-personal-thermal-management-system.

[334] DTRA-CB. It's gettin' hot and humid in here[EB/OL]. (2019-06-04)[2021-03-02]. https:// www.dvidshub.net/news/325341/its-gettin-hot-and-humid-here.

[335] DTRA-CB. Warfighters test drive tomorrow's technology[EB/OL].(2018-12-17)[2021-03-06]. https://www.dvidshub.net/news/303868/warfighters-test-drive-tomorrows-technology.

[336] YEH K, FAIR J, CUI H, et al. Achieving health security and threat reduction through sharing sequence data[J]. Trop Med Infect Dis, 2019, 4 (2): 78.

[337] STANDLEY C J, SORRELL E M, KORNBLET S, et al. Implementation of the international health regulations (2005) through cooperative bioengagement[J]. Front public health, 2015, 3: 231.

[338] KATZ R L, LÓPEZ L M, ANNELLI J F, et al. U.S. government engagement in support of

global disease surveillance[J]. BMC public health, 2010, 10（Suppl 1）: S13.

[339] BARTHOLOMEW J C, PEARSON A D, STENSETH N C, et al. Building infectious disease research programs to promote security and enhance collaborations with countries of the former Soviet Union[J]. Front public health, 2015, 3: 271.

[340] GAYTANDZHIEVA D. The pentagon bio-weapons[EB/OL].（2018-04-29）[2021-03-10]. http://dilyana.bg/the-pentagon-bio-weapons/.

[341] 俄罗斯卫星通讯社. 俄国防部: 美国极有可能借研究之名扩大军事生物科技潜力 [EB/ OL].（2018-10-04）[2024-03-14]. https://sputniknews.cn/20181004/1026505640.html.

[342] GAO. Biological select agents and toxins: actions needed to improve management of DOD's biosafety and biosecurity program[EB/OL].（2018-09-20）[2022-06-05]. https://gao.gov/assets/ gao-18-422.pdf.

[343] ZEMKE J N, SANCHEZ J L, PANG J, et al. The double-edged sword of military response to societal disruptions: a systematic review of the evidence for military personnel as pathogen transmitters[J]. J Infect Dis, 2019, 220（12）: 1873-1884.

附录 A　NIH 2009—2018 财年生物防御科研项目（经费数前 100 位）

序号	项目名称	起始年度	承担机构	经费投入／万美元
1	NIAID CCMF（Clinical Manufacturing Facility）Allocation	—	NIAID	58 449
2	Integrated Research Facility at Fort Detrick	—	NIAID	34 170
3	Comparative Medicine Infectious Diseases- Bethesda	—	NIAID	27 772
4	NIAID（VRC）CCMF Allocation	—	NIAID	17 111
5	ICMOB - Clinical Support Services	—	NIAID	16 392
6	Establishment of a Vaccine Pilot Plant	—	NIAID	15 793
7	Laboratory Support Services	—	NIAID J. Craig Venter Institute University of Maryland Baltimore	15 569
8	Genomic Sequen Cing Center for Infectious Diseases	2009	Broad Institute, Inc. Massachusetts Institute of Technology	14 036
9	Microbiology and Infectious Diseases Biological Resource Repository（MID-BRR）	2010	American Type Culture Collection	11 532
10	Infectious Diseases Research Technologies Core - Bethesda	—	NIAID	11 137

续表

序号	项目名称	起始年度	承担机构	经费投入/万美元
11	Activation, Maintenance and Certification of Infectious Diseases Labs	—	NIAID	9408
12	DMID Clinical Research Operations and Management Support	2010	Technical Resources International, Inc.	8652
13	Development/Production of Universal Influenza Vaccines	—	NIAID	8348
14	Centers of Excellence for Influenza Research and Surveillance (CEIRS)	2014	St. Jude Children's Research Hospital	8123
15	DMID Clinical Research Operations and Management Support	2010	Technical Resources International, Inc.	8051
16	Regulatory Support Services	—	NIAID	7861
17	Ebola Virus and Other Emerging & Re-Emerging Infectious Diseases	2015	Leidos Biomedical Research, Inc.	7018
18	Development of Technologies to Facilitate the Use of and Response to Vaccines	2010	Emergent Product Development Gaithersburg Inviragen, Inc. Paxvax, Inc.	6833
19	Development of Human Anti-Influenza Monoclonal Antibodies for Treatment of Flu	2009	Janessen Vaccines and Prevention, Bv	6258
20	Veterinary Services Core for Infectious Diseases Research- RML	—	NIAID	5733
21	Animal Medicine Infrastructure Support - Animal Care	—	NIAID	5640
22	Regulatory Support Services	—	NIAID	5549
23	Antibacterial Resistance Leadership Group (ARLG)	2013	Duke University	5429

续表

序号	项目名称	起始年度	承担机构	经费投入/万美元
24	Operation of Government-Owned Contractor-Operated（GOCO）R&D Facilities	2015	Leidos Biomedical Research，Inc.	4910
25	Infectious Diseases Research Technologies Core - RML	—	NIAID	4792
26	Center of Excellence for Influenza Research and Surveillance	2007	St. Jude Children's Research Hospital	4744
27	Structural Genomics Centers for Infectious Diseases	2010	Seattle Biomedical Research Institute	4371
28	Bioinformatics Resource Centers for Infectious Diseases	2014	University of Pennsylvania	4283
29	Centers of Excellence for Influenza Research and Surveillance（CEIRS）	2014	Icahn School of Medicine at Mount Sinai	4211
30	Rapid Development of a Vaccine for Zika Virus	—	NIAID	3968
31	Monoclonal Antibody-Based Therapeutics for Botulism	2008	Xoma Corporation	3883
32	Medical Countermeasures Against Radiological Threats：Product Development Support	2005	University of Maryland Baltimore	3723
33	Statistical and Data Coordinating Center for Clinical Research in Infectious Diseases（SDCC）	2015	Emmes Corporation	3708
34	Development of Medical Countermeasures for Biodefense and Emerging Diseases	2013	BioCryst Pharmaceuticals，Inc.	3661
35	Clinical Agent and Specimen Repository	2008	Fisher Bioservices，Inc.	3550
36	Structural Genomics Centers for Infectious Diseases	2007	Northwestern University	3473
37	Bioinformatics Approach to Influenza A/H1N1 Vaccine Immune Profiling	2010	Mayo Clinic Rochester	3381

续表

序号	项目名称	起始年度	承担机构	经费投入/万美元
38	Establishment and Operation of a Vaccine Pilot Plant	—	NIAID	3369
39	Bioinformatics Resource Center	2009	Virginia Polytechnic Inst. and State Univ.	3358
40	Statistical and Data Coordinating Center	2008	Emmes Corporation	3263
41	The Infectious Diseases Clinical Research Program（IDCRP）	—	NIAID	3240
42	Radiation Nuclear Countermeasures Product Development Support Services Contract	2010	University of Maryland Baltimore	3196
43	Atopic Dermatitis Research Network	2010	National Jewish Health	3186
44	Biodefense/Emerging Infection Vaccine Studies	—	NIAID	3122
45	Optimizing Lead Therapeutic Compounds Against Infectious Diseases	2015	Crestone, Inc. Emory University Kineta, Inc. Achaogen, Inc. Agile Sciences, Inc. Spero Therapeutics, Inc. Southwest Research Institute	3057
46	Systems Approach to Immunity and Inflammation	2007	Scripps Research Institute	2955
47	Clinical Studies of Vaccines for Pandemic Influenza	—	NIAID	2910
48	Pathogen Functional Genomics Resource Center	2001	J. Craig Venter Institute	2830
49	Development of Therapeutic Medical Countermeasures	2013	Venatorx Pharmaceuticals, Inc.	2823
50	Molecular Analysis of Leukocyte Activation by Chemoattractants	—	NIAID	2715

续表

序号	项目名称	起始年度	承担机构	经费投入/万美元
51	Broad Spectrum Monoclonal Antibody-Based Therapeutic for Botulism	2011	Xoma Corporation	2701
52	Task 4: The Interventional Agent Development Services Program	2011	SRI International	2668
53	Viral Hemorrhagic Fevers: Disease Modeling and Transmission	—	NIAID	2615
54	Development of Anthrax Vaccine formulation	2014	Emergent Product Development Gaithersburg	2596
55	Clinical Trials of Biodefense Vaccines（Dengue）	—	NIAID	2502
56	Advanced Development of Multivalent Filovirus Vaccines	2008	Janessen Vaccines and Prevention，Bv	2489
57	DCR Extramural Severable Funding of Core Clinical Research Infrastructure in Support of Ebola and Other Eid Research	2008	Leidos Biomedical Research，Inc.	2483
58	Development of Therapeutics for Biodefense	2011	Enanta Pharmaceuticals，Inc.	2353
59	Respiratory Viruses Research	2015	Leidos Biomedical Research，Inc.	2331
60	Development of Therapeutics for Biodefense and Emerging Infectious Diseases	2016	Venatorx Pharmaceuticals，Inc.	2308
61	Infectious Diseases and Allergy Scientific Education and Outreach	—	NIAID	2305
62	Centers of Excellence for Influenza Research and Surveillance（CEIRS）	2014	Emory University	2272
63	Emerging/Re-Emerging and Related Respiratory Diseases NIAID/DCR	2008	Leidos Biomedical Research，Inc.	2256
64	Advanced Development of an Ebola Vaccine	2008	Janessen Vaccines and Prevention，Bv	2255

续表

序号	项目名称	起始年度	承担机构	经费投入/万美元
65	Ebola Virus and Other Infectious Diseases in DRC and Other Countries in Africa	2018	Leidos Biomedical Research, Inc.	2247
66	TB Clinical Diagnostics Research Consortium	2009	Johns Hopkins University	2200
67	Phase I Clinical Trial Unit for Therapeutics Against Infectious Diseases	2008	Clinical Research Management, Inc. DynPort Vaccine Company LLC.	2159
68	Interagency Agreement between the NIAID and the Uniformed Services University	—	NIAID	2140
69	Development of Ricin Vaccine Formulation	2014	Soligenix, Inc.	2122
70	Adjuvant Discovery for Vaccines Against West Nile Virus and Influenza	2014	University of California, San Diego Duke University	2110
71	Development of DAS 181 (Fludase) as a Broad Spectrum Therapeutic Agent	2006	Nexbio, Inc.	2000
72	Targeted Clinical Trials for Antimicrobial Resistance	2009	Duke University	1961
73	Asthma and Allergic Diseases Group	—	Rho Federal Systems Division, Inc.	1934
74	Influenza and Emerging Infectious Diseases	—	NIAID	1929
75	Development of Novel Tetracycline Countermeasures for Respiratory Disease	2011	Cubrc, Inc.	1913
76	Microbicide Trials Network	2006	Magee-Women's Res Inst and Foundation	1913
77	Development of Immunology and Immunization Strategies that Induce Broadly Pro	2016	Scripps Research Institute	1872
78	Bioinformatics Integration Support Contract (BISC) for Biodefense	2012	Northrop Grumman Information Technology	1839

续表

序号	项目名称	起始年度	承担机构	经费投入/万美元
79	Centers of Excellence for Influenza Research and Surveillance（CEIRS）	2014	University of Rochester	1831
80	Multiscale Analysis of Immune Responses	—	NIAID	1800
81	Bioinformatics Resource Centers	2004	University of Notre Dame Tasc, Inc. Logicon, Inc.	1797
82	Facility Maintenance and Operation Core - Galveston National Laboratory BSL 4 Operations	—	Univ of Texas Med Br Galveston	1794
83	Ebola Vaccine Development	—	NIAID	1787
84	The Viral Bioinformatics Resource Center	2015	NIAID	1777
85	Infectious Disease Clinical Research Program	—	Northrop Grumman Systems	1774
86	Centers of Excellence for Influenza Research and Surveillance（CEIRS）	2014	Johns Hopkins University	1768
87	Modeling Immunity for Biodefense：Influenza Virus	2010	Icahn School of Medicine at Mount Sinai	1722
88	Development of Medical Countermeasures Against Radiation Injury	—	NIAID	1696
89	Influenza Vaccine Development	—	NIAID	1684
90	Targeted Clinical Trials for Antimicrobial Resistance	2009	Children's Hospital of Philadelphia	1665
91	Facility Maintenance	2011	Univ of Texas Med Br Galveston	1638
92	Noroviruses and Epidemic Gastroenteritis	—	NIAID	1635

续表

序号	项目名称	起始年度	承担机构	经费投入 / 万美元
93	Genes and Gene Products as Immunoadjuvants	—	NIAID	1628
94	Roles of Protective or Pathogenic B Cell Epitopes in Human Lassa Fever	2009	Tulane University of Louisiana	1622
95	Vaccine and Treatment Evaluation Units	2012	Cincinnati Childrens Hosp Med Ctr	1616
96	Immune Function and Biodefense in Children, Elderly, and the Immunocrompromised	2005	University of Rochester Versiti Wisconsin, Inc. Oregon Health & Science University Oklahoma Medical Research Foundation Wistar Institute Icahn School of Medicine at Mount Sinai	1600
97	Immune Epitope Database: Infectious Diseases	2011	La Jolla Inst for Allergy & Immunology	1580
98	Regulatory Affairs Support	2008	Science Applications International Corp Leidos Inc.	1563
99	Development of Mutivalent Filovirus（Ebola and Marburg）Vaccines	2008	Integrated Biotherapeutics, Inc.	1539
100	Development of Anthrax Vaccine Formulations	2014	Pharmathene, Inc.	1530

注：

1. 以上为 NIH 2009—2018 财年资助生物防御科研项目中经费数排序前 100 位的项目，项目列表按经费数由高到低列出；

2. 表中部分项目 NIH 未公布起始年度；

3. 表中部分项目由多家承担机构承担，已在承担机构项目栏显示；

4. 表中经费投入数据为 2009—2018 财年项目的合计投入经费。

附录 B　NIH 冠状病毒相关科研项目（经费数前 50 位）

序号	项目名称	起始年度	承担机构	经费投入 /万美元
1	PPG: SARS-CoV-Host Cell Interactions and Vaccine Development	2011	University of Iowa	1178
2	Development of a SARS Coronavirus Vaccine	2004	Novartis Vaccines and Diagnostics, Inc.	1043
3	Developing Vaccine Candidates for the SARS Coronavirus	2005	University of North Carolina Chapel Hill	916
4	SARS Coronavirus: Inhibition of Entry	2004	University of Colorado Denver	903
5	Novel Protease Inhibitors as SARS Therapeutics	2005	University of Illinois	768
6	Pathogenesis and Countermeasures of Poxviruses, Hemorrhagic Fever Viruses, MERS	—	NIAID	726
7	PPG: Host Virus Interactions in HCoV-SARS Infections	2016	University of Iowa	724
8	Mechanisms of Viral Proteases in Coronavirus Replication and Pathogenesis	2010	Loyola University Chicago	679
9	RBD Recombinant Protein-Based SARS Vaccine for Biodefense	2012	Baylor College of Medicine	606
10	Development of Proteosome-Adjuvanted Nasal SARS Vaccines	2004	ID Biomedical Corporation of Washington	560
11	Broad Spectrum Neutralizing Human Abs to SARS and Related Coronaviruses	2010	Dana-Farber Cancer Inst	542
12	Task 19/D21 Nhp for SARS Coronavirus Vaccine and Drug Testing	—	Lovelace Biomedical and Environmental Research Institute	506

续表

序号	项目名称	起始年度	承担机构	经费投入/万美元
13	Development of Alphavirus Replicon Vaccine Against SARS	2004	Alphavax Human Vaccines, Inc.	484
14	Molecular Biology of Coronavirus - Induced Demyelination	1987	University of Pennsylvania	447
15	Coronavirus Receptor Interactions	1995	University of Colorado Denver	439
16	Cathepsin L Inhibitors as Pan-Coronavirus Therapeutics	2015	Phelix Therapeutics, LLC.	438
17	Task 15/C30: Small Animal Models for SARS	—	Southern Research Institute	433
18	Differentiation of Common Respiratory Viruses and SARS	2005	Biofire Defense, LLC.	428
19	Polymerase Proteins in Coronavirus Replication	1999	Vanderbilt University	422
20	Determinants of Coronavirus Fidelity in Replication and Pathogenesis	2013	Vanderbilt University Medical Center	393
21	Coronavirus Vaccine Development	—	NIAID	384
22	Murine Coronavirus RNA Synthesis	1990	University of Southern California	382
23	Broad-Spectrum Antiviral GS-5734 to Treat MERS-CoV and Related Emerging CoV	2017	Univ of North Carolina Chapel Hill	379
24	Understanding the Risk of Bat Coronavirus Emergence	2014	Ecohealth Alliance, Inc.	375
25	Developing Recombinant Coronavirus Vaccines for SARS	2004	Univ of Arkansas for Med Scis	370
26	Mechanisms of MERS-CoV Entry, Cross-species Transmission and Pathogenesis	2015	Univ of North Carolina Chapel Hill	368

续表

序号	项目名称	起始年度	承担机构	经费投入/万美元
27	Human Antibodies and Targeted Vaccines Against SARS-CoV	2004	Dana-Farber Cancer Inst	365
28	The Cell Biology of Coronavirus Infection	2003	Vanderbilt University	349
29	Molecular Studies of Coronavirus Replication	1990	University of Texas at Austin	345
30	Vaccines, Immunoprophylaxis, and Immunotherapy for SARS	—	NIAID	340
31	Genetic Analysis of Molecular Interactions in Coronavirus Replication	2010	Wadsworth Center	313
32	BD ProbeTec ET for Diagnosis of Influenza and SARS	2004	BD Diagnostics	303
33	Mechanisms of Murine Coronavirus Neurovirulence	1998	Scripps Research Institute	283
34	Molecular Dissection of the Coronavirus Spike	1993	Loyola University Chicago	279
35	Enhancing Potency of the MERS Vaccine by a Novel ASP-1+Alum Adjuvant Combination	2016	New York Blood Center	250
36	Macaque Model and Gene Expression Profiling of SARS	2005	University of Washington	250
37	A Novel Model for the Study of Lung Pathogenesis of SARS	2005	Aaron Diamond Aids Research Center	250
38	Structure, Function and Antigenicity of Coronavirus Spike Proteins	2017	Dartmouth College	249
39	Rational Design and Evaluation of Novel mRNA Vaccines Against MERS-CoV	2018	New York Blood Center	248
40	SARS-CoV Pathogenic Mechanisms in Senescent Mice	2018	Univ of North Carolina Chapel Hill	245

续表

序号	项目名称	起始年度	承担机构	经费投入/万美元
41	Mechanisms of Coronavirus RNA Amplification	1996	University of Tennessee Knoxville	232
42	Role of the Epithelial Growth Factor Receptor in SARS Coronavirus Pathogenesis	2011	University of Maryland Baltimore	226
43	SARS Coronavirus Virulence Factors and Lung Pathogenesis	2006	University of Cincinnati	226
44	Human T-Cell Epitopes in SARS	2005	Scripps Research Institute	212
45	New Paradigm for Host and Viral Gene Regulation by MERS Coronavirus Nsp1	2015	Univ of Texas Med Br Galveston	212
46	Genetic Analysis of Coronavirus Assembly Interactions	2005	Wadsworth Center	212
47	Modeling Viral Entry and its Inhibition Using SARS-CoV	2007	Vitalant	203
48	Analysis of Coronavirus-Host Cell Interactions	2012	Univ of Texas Med Br Galveston	198
49	Virus-Like Particle Vaccine for SARS-CoV	2006	Johns Hopkins University	195
50	Porcine Respiratory Coronavirus as a SARS Model	2004	Ohio State University	190

注：

1. 以上为 NIH 1985 财年以来资助冠状病毒相关科研项目中经费数排序前 50 位的项目，项目列表按经费数由高到低列出；

2. 表中部分项目 NIH 未公布起始年度。

附录 C　BARDA 生物防御科研项目资助合同列表

项目类别	项目领域	项目名称	承担机构	合同时间	国家或州（美国）	城市
CBRN	Anthrax Therapeutics	Anthrax Immune Globulin Intravenous- AIG	Cangene	Sep-2005	Canada	Winnipeg
CBRN	Anthrax Therapeutics	Monoclonal Antibody - Abthrax	Human Genome Sciences	Sep-2005	MD	Rockville
CBRN	Anthrax Therapeutics	Monoclonal Antibody	Elusys	Dec-2009	NJ	Pine Brook
CBRN	Anthrax Therapeutics	Stability Studies	Cangene	Apr-2011	Canada	Winnipeg
CBRN	Anthrax Therapeutics	Palatability Studies	Northland Labs	Jul-2011	IL	Northbrook
CBRN	Anthrax Therapeutics	Monoclonal Antibody	Elusys	Sep-2011	NJ	Pine Brook
CBRN	Anthrax Therapeutics	Anthrax Antitoxin Replenishment	Cangene	Sep-2013	Canada	Winnipeg
CBRN	Anthrax Therapeutics	Anthrax Antitoxin Replenishment	Pharmathene	Sep-2013	MD	Annapolis
CBRN	Anthrax Therapeutics	Anthrax Antitoxin Replenishment	Emergent	Sep-2013	MI	Lansing
CBRN	Anthrax Therapeutics	Anthrax Antitoxin Replenishment	Elusys	Sep-2013	NJ	Pine Brook
CBRN	Anthrax Therapeutics	Anthrax Antitoxin Replenishment	GlaxoSmithKline	Sep-2013	PA	Collegeville

续表

项目类别	项目领域	项目名称	承担机构	合同时间	国家或州（美国）	城市
CBRN	Anthrax Therapeutics	Phase IV PMC and Clinical Study of AVA and Raxibacumab	GlaxoSmithKline	Mar-2016	PA	Philadelphia
CBRN	Anthrax Therapeutics	Monoclonal Antibody - ETI-204 IM	Elusys	Sep-2017	NJ	Pine Brook
CBRN	Anthrax Vaccines	rPA	VaxGen	Dec-2006	CA	Brisbane
CBRN	Anthrax Vaccines	AVA（Anthrax Vaccine Absorbed）PEP	Emergent	Sep-2007	MI	Lansing
CBRN	Anthrax Vaccines	AVA Vaccine Expanded Mfg. Capacity	Emergent	Jul-2010	MI	Lansing
CBRN	Anthrax Vaccines	rPA -（Recombinant Protective Antigen）	Emergent	Sep-2010	MD	Gaithersburg
CBRN	Anthrax Vaccines	Adeno Based rPA Vaccine	Vaxin	Sep-2011	MD	Gaithersburg
CBRN	Anthrax Vaccines	Continued Development of Anthrax Vaccine	Emergent	Mar-2015	MD	Gaithersburg
CBRN	Anthrax Vaccines	rPA Enhanced Expression	Pfenex	Aug-2015	CA	San Diego
CBRN	Anthrax Vaccines	Enhanced Anthrax Vaccine	Emergent	Sep-2016	MI	Lansing
CBRN	Anthrax Vaccines	Support Manufacturing for Clinical Trial	Altimmune	Sep-2017	MD	Gaithersburg

续表

项目类别	项目领域	项目名称	承担机构	合同时间	国家或州（美国）	城市
CBRN	Anthrax Vaccines	Vaccine Study in Elderly Population	Rho Federal Systems Division	Sep-2017	NC	Chapel Hill
CBRN	BioThreat Diagnostic MCM	Development of FDA-Cleared BW Agent Diagnostic Assays for Fast Dx with Stabilized Reagents	MRI Global	Aug-2013	FL	Palm Bay
CBRN	BioThreat Diagnostic MCM	Development of FDA-Cleared BW Agent Diagnostic Assays for Fast Dx with Stabilized Reagents	MRI Global	Aug-2013	MO	Kansas City
CBRN	BioThreat Diagnostic MCM	Development of New BioDiagnostic	NanoMR	Sep-2014	NM	Albuquerque
CBRN	BioThreat Diagnostic MCM	Biomarker Characterization and Confirmation for Rapid Clinical Diagnosis of the Select BioThreat Agents: Burkholderia Pseudomallei, Burkholderia Mallei, and Yersinia Pestis	SRI International	Sep-2015	CA	Menlo Park
CBRN	BioThreat Diagnostic MCM	Anthrax Detection and MDR Anthrax Instrument and Assays	First Light BioSciences	Sep-2015	MA	Bedford
CBRN	BioThreat Diagnostic MCM	Development of an Anthrax Point of Care Diagnostic Assay System	SRI International	Jun-2016	CA	Menlo Park
CBRN	BioThreat Diagnostic MCM	BioThreat DX - Anthrax POC	Tangen	Sep-2017	CT	Branford
CBRN	BioThreat Diagnostic MCM	AST Diagnostic for Bacterial Pathogens	SeLux Diagnostics	Sep-2018	MA	Charlestown

续表

项目类别	项目领域	项目名称	承担机构	合同时间	国家或州（美国）	城市
CBRN	BioThreat Diagnostics MCM	Development, Validation and FDA Clearance for a Simplified Next Generation Nucleotide Sequencing Platform and Relevant Analysis Tooks for the Use in a CLIA Regulated Lab	DNAe	Aug-2016	United Kingdom	London
CBRN	Botulism	Botulinum Antitoxin（BAT）Therapeutic	Cangene	May-2006	Canada	Winnipeg
CBRN	Botulism	Maintenance of Hyper-Immune Horse Herd	Auburn University	Jun-2015	AL	Auburn
CBRN	Broad Spectrum Antimicrobial	Plazomicin	Achaogen	Aug-2010	CA	South San Francisco
CBRN	Broad Spectrum Antimicrobial	Label Comprehension Study	SNBL Clinical Pharmacology Center	Jul-2011	MD	Baltimore
CBRN	Broad Spectrum Antimicrobial	Product Development	GlaxoSmithKline	Sep-2011	PA	Collegeville
CBRN	Broad Spectrum Antimicrobial	AD Tetracycline Derivative	CUBRC/Tetraphase	Jan-2012	NY	Buffalo
CBRN	Broad Spectrum Antimicrobial	4th Generation Macrolide	Cempra	May-2013	NC	Chapel Hill
CBRN	Broad Spectrum Antimicrobial	Portfolio Partnership	GlaxoSmithKline	May-2013	PA	Collegeville

续表

项目类别	项目领域	项目名称	承担机构	合同时间	国家或州（美国）	城市
CBRN	Broad Spectrum Antimicrobial	Next Generation Beta-Lactam	Basilea	Jun-2013	Switzerland	Basel
CBRN	Broad Spectrum Antimicrobial	Development of Carbavance - Next Generation Carbapenem/Beta-Lactamase Inhibitor Combination	Rempex Pharmaceuticals	Feb-2014	CA	San Diego
CBRN	Broad Spectrum Antimicrobial	Portfolio Partnership of Innovative Treatments for Multidrug Resistant Infections	AstraZeneca	Sep-2015	DE	Wilmington
CBRN	Broad Spectrum Antimicrobial	Portfolio Partnership of Innovative Treatments for Multidrug Resistant Infections	AstraZeneca	Sep-2015	United Kingdom	London
CBRN	Broad Spectrum Antimicrobial	Development of Ceftobiprole	Basilea	Apr-2016	Switzerland	Basel
CBRN	Broad Spectrum Antimicrobial	Achaogen C-Scape	Achaogen	Sep-2017	CA	South San Francisco
CBRN	Broad Spectrum Antimicrobial	New Antimicrobial	Summit	Sep-2017	United Kingdom	Oxfordshire
CBRN	Broad Spectrum Antimicrobial	New Antimicrobial	Summit	Sep-2017	United Kingdom	Oxfordshire
CBRN	Broad Spectrum Antimicrobial	SPR994 Abx	Spero	Jul-2018	MA	Cambridge
CBRN	Combating Antibiotic Resistant Bacteria	CARB Accelerator	Boston University	Jul-2016	MA	Boston

续表

项目类别	项目领域	项目名称	承担机构	合同时间	国家或州（美国）	城市
CBRN	Combating Antibiotic Resistant Bacteria	AMR Diagnostic Prize in Collaboration with NIAID	NIH-NIAID	Jul-2016	MD	Bethesda
CBRN	Combating Antibiotic Resistant Bacteria	OTA for Antimicrobials	Medicines Company	Sep-2016	NJ	Parsippany
CBRN	Combating Antibiotic Resistant Bacteria	OTA for Antimicrobials and Diagnostics	Hoffman-LaRoche	Sep-2016	Switzerland	Basel
CBRN	Ebola Therapeutics	Expanded Access Protocol in US and West Africa	Mapp Biopharmaceutical	Jun-2016	CA	San Diego
CBRN	Ebola Therapeutics	Ebola Therapeutic Candidate	Mapp Biopharmaceutical	Sep-2017	CA	San Diego
CBRN	Ebola Vaccines	Support of One Vaccine Candidate	Janssen	Sep-2017	NJ	Raritan
CBRN	Ebola Vaccines	Licensure and Provision of V920	Merck	Sep-2017	NJ	Whitehouse Station
CBRN	Immunotherapeutics	Advanced Development of SAB-301	SAB Biotherapeutics	Jul-2016	SD	Sioux Falls
CBRN	Immunotherapeutics	Advanced Development of REGN 3048/3051	Regeneron	Aug-2016	NC	Tarrytown
CBRN	Immunotherapeutics	OTA to Support Portfolio of Products	Regeneron	Sep-2017	NY	Tarrytown
CBRN	Immunotherapeutics	Therapeutic Candidate for PBS	Regeneron	Sep-2017	NY	Tarrytown
CBRN	Innovation	rPA Vaccine Development	Pfenex	Jul-2010	CA	San Diego

续表

项目类别	项目领域	项目名称	承担机构	合同时间	国家或州（美国）	城市
CBRN	Innovation	In Vitro Immunity Assay Development - SST Innovation	VaxDesign Corporation	Jul-2010	FL	Orlando
CBRN	Innovation	Advanced Development of Novel Adjuvant Formulations for Optimized Influenza Vaccine Potency - SST Innovation	Infectious Disease Research Institute	Jul-2010	WA	Seattle
CBRN	Innovation	Technologies to Improve Stability of Pre-Pandemic Vaccines for H5N1Influenza - SST Innovation	PATH	Jul-2010	WA	Seattle
CBRN	Innovation	Vaccine Development and Manufacture - SST Innovation	Novartis	Sep-2010	MA	Cambridge
CBRN	Innovation	Vaccine Development and Manufacture - SST Innovation	Rapid Micro Biosystems	Sep-2010	MA	Bedford
CBRN	Innovation	Rapid Screening Platform-Mass Tag PCR	Northrop Grumman	Sep-2010	MD	Baltimore
CBRN	Innovation	Multiplex Flu Immunity Assay	MesoScale Diagnostics	Sep-2011	MD	Gaithersburg
CBRN	Innovation	Host-Directed Attenuator of Cytokine Storm	Atox Bio	Sep-2014	Israel	Ness Ziona
CBRN	Smallpox MCM	MVA (Modified Vaccinia Ankara) Smallpox Vaccine (Imvamune)	Bavarian Nordic	Jun-2007	Denmark	Kvistgaard
CBRN	Smallpox MCM	PEP Indication and New i.v. Formulation	SIGA	Sep-2008	OR	Corvallis

续表

项目类别	项目领域	项目名称	承担机构	合同时间	国家或州（美国）	城市
CBRN	Smallpox MCM	MVA Smallpox Vaccine Enhancement	Bavarian Nordic	Nov-2009	Denmark	Kvistgaard
CBRN	Smallpox MCM	Animal Studies - Vaccine Research	Kaketsuken	Dec-2010	Japan	Kunamoto
CBRN	Smallpox MCM	Smallpox Antiviral Drug Development	Chimerix	Feb-2011	NC	Durham
CBRN	Smallpox MCM	Smallpox Antiviral Project Bioshield Procurement	SIGA	May-2011	OR	Corvallis
CBRN	Viral Hemorrhagic Fever	Advanced Development and Manufacturing of ZMapp Monoclonal Antibody Therapy for Ebola Virus Infections	Mapp Biopharmaceutical	Sep-2014	CA	San Diego
CBRN	Viral Hemorrhagic Fever	GMP Manufacturing of Vectored Ebola-Zaire Vaccine	Profectus BioSciences	Oct-2014	NY	Tarrytown
CBRN	Viral Hemorrhagic Fever	Manufacturing of an rVSV Vectored Ebola-Zaire Vaccine	BioProtection Systems Corporation	Dec-2014	IA	Ames
CBRN	Viral Hemorrhagic Fever	Process Improvement and Scale-up of Ebola Vaccine Manufacturing	GlaxoSmithKline	Dec-2014	PA	Philadelphia
CBRN	Viral Hemorrhagic Fever	Nicotiana Benthamiana Expression System	Medicago	Feb-2015	Canada	Quebec
CBRN	Viral Hemorrhagic Fever	Tobacco-Based mAb Production and Testing	Fraunhofer USA	Feb-2015	DE	Newark

续表

项目类别	项目领域	项目名称	承担机构	合同时间	国家或州（美国）	城市
CBRN	Viral Hemorrhagic Fever	Nicotiana Benthamiana Expression System	Medicago	Feb-2015	NC	Durham
CBRN	Viral Hemorrhagic Fever	Development of Ebola Therapeutic Candidate	BioCryst	Mar-2015	NC	Durham
CBRN	Viral Hemorrhagic Fever	OraQuick Ebola Rapid Antigen Test	OraSure Technologies	Jun-2015	PA	Bethlehem
CBRN	Viral Hemorrhagic Fever	Development of Prophylactic Monovalent Ebola Vaccine	Crucell Holland B.V.	Sep-2015	Netherlands	Leiden
CBRN	Viral Hemorrhagic Fever	Development of Prophylactic Monovalent Ebola Vaccine	Crucell Holland B.V.	Sep-2015	Netherlands	Leiden
CBRN	Viral Hemorrhagic Fever	Manufacturing of Novel Ebola Therapeutics and IND Enabling Studies	Regeneron	Sep-2015	NY	Tarrytown
CBRN	Zika Blood Products/ Plasma Donation Screening	Zika Virus Blood Screening Assay	Hologic	Aug-2016	CA	San Diego
CBRN	Zika Blood Supply	Blood Supply for Puerto Rico	American Red Cross	Mar-2016	DC	Washington
CBRN	Zika Blood Supply	Blood Supply for Puerto Rico	Blood Centers of America	Mar-2016	RI	West Warwick
CBRN	Zika Rapid Diagnostics	Zika Elisa	InBios	Jul-2016	WA	Seattle

续表

项目类别	项目领域	项目名称	承担机构	合同时间	国家或州（美国）	城市
CBRN	Zika Rapid Diagnostics	Development of LIAISON Zika Virus Assays	DiaSorin	Aug-2016	MN	Stillwater
CBRN	Zika Rapid Diagnostics	Detection of Zika Antibody Response in Patients	ChemBio	Aug-2016	NY	Medford
CBRN	Zika Rapid Diagnostics	Zika Lateral Flow	Orasure	Aug-2016	PA	Bethlehem
CBRN	Zika Rapid Diagnostics	Development of Laboratory Zika Diagnostics	Siemens	Apr-2017	NY	Tarrytown
CBRN	Zika Vaccine Development and Manufacturing	Whole Inactivated Zika Virus Vaccine	Takeda	Sep-2016	IL	Deerfield
CBRN	Zika Vaccine Development and Manufacturing	Whole Inactivated Zika Virus Vaccine	Takeda	Sep-2016	Japan	Osaka
CBRN	Zika Vaccine Development and Manufacturing	Advanced Development of mRNA-1325	Moderna	Sep-2016	MA	Cambridge
CBRN	Zika Vaccine Development and Manufacturing	Whole Inactivated Zika Virus Vaccine	Sanofi Pasteur	Sep-2016	PA	Swiftwater

续表

项目类别	项目领域	项目名称	承担机构	合同时间	国家或州（美国）	城市
Core Service	Center for Innovation in Adv Development & Manufacturing	Centers to Provide Advanced Development and Manufacturing Capabilities as Core Services for MCMs to Address National Security and to Augment Public Health Needs	Emergent Manufacturing Operations Baltimore LLC	Jun-2012	MD	Baltimore
Core Service	Center for Innovation in Adv Development & Manufacturing	Centers to Provide Advanced Development and Manufacturing Capabilities as Core Services for MCMs to Address National Security and to Augment Public Health Needs	Novartis	Jun-2012	NC	Holly Springs
Core Service	Center for Innovation in Adv Development & Manufacturing	Centers for Innovation in Advanced Development and Manufacturing	Texas A&M University System	Jun-2012	TX	College Station
Core Service	Clinical Studies Network	Clinical Research Organization Services to Conduct Clinical Studies	Technical Resources International	Mar-2014	MD	Bethesda
Core Service	Clinical Studies Network	Clinical Research Organization Services to Conduct Clinical Studies	Emmes Corporation	Mar-2014	MD	Rockville
Core Service	Clinical Studies Network	Clinical Research Organization Services to Conduct Clinical Studies	Pharmaceutical Product Development	Mar-2014	NC	Wilmington

续表

项目类别	项目领域	项目名称	承担机构	合同时间	国家或州（美国）	城市
Core Service	Clinical Studies Network	Clinical Research Organization Services to Conduct Clinical Studies	Rho Federal Systems Division	Mar-2014	NC	Chapel Hill
Core Service	Clinical Studies Network	Clinical Research Organization Services to Conduct Clinical Studies	Clinical Research Management	Mar-2014	OH	Hinckley
Core Service	Fill-Finish Manufacturing Network	Part of a Network of Existing Facilities that are Pre-qualified and Under Contract to Fill and Finish Vaccine for U.S. Government-contracted Vaccine Manufacturers in a Public Health Emergency	Nanotherapeutics	Sep-2013	FL	Alachua
Core Service	Fill-Finish Manufacturing Network	Part of a Network of Existing Facilities that are Pre-qualified and Under Contract to Fill and Finish Vaccine for U.S. Government-contracted Vaccine Manufacturers in a Public Health Emergency	Cook Pharmaceuticals	Sep-2013	IN	Bloomington
Core Service	Fill-Finish Manufacturing Network	Part of a Network of Existing Facilities that are Pre-qualified and Under Contract to Fill and Finish Vaccine for U.S. Government-contracted Vaccine Manufacturers in a Public Health Emergency	Par Sterile Products	Sep-2013	MI	Rochester

续表

项目类别	项目领域	项目名称	承担机构	合同时间	国家或州（美国）	城市
Core Service	Fill-Finish Manufacturing Network	Part of a Network of Existing Facilities that are Pre-qualified and Under Contract to Fill and Finish Vaccine for U.S. Government-contracted Vaccine Manufacturers in a Public Health Emergency	Patheon Manufacturing Service	Sep-2013	NC	Greenville
Core Service	Fill-Finish Manufacturing Network	Part of a Network of Existing Facilities that are Pre-qualified and Under Contract to Fill and Finish Vaccine for U.S. Government-contracted Vaccine Manufacturers in a Public Health Emergency	Par Sterile Products	Sep-2013	NJ	Parsippany
Core Service	Fill-Finish Manufacturing Network	Part of a Network of Existing Facilities that are Pre-qualified and Under Contract to Fill and Finish Vaccine for U.S. Government-contracted Vaccine Manufacturers in a Public Health Emergency	ABL, Inc.	Sep-2016	MD	Rockville
Core Service	Fill-Finish Manufacturing Network	Part of a Network of Existing Facilities that are Pre-qualified and Under Contract to Fill and Finish Vaccine for U.S. Government-contracted Vaccine Manufacturers in a Public Health Emergency	IDT Biologika	Sep-2016	MD	Rockville

续表

项目 类别	项目领域	项目名称	承担机构	合同 时间	国家或州 （美国）	城市
Core Service	Non-Clinical Studies Network	Various Animal Models	Southern Research Institute	May-2011	AL	Birmingham
Core Service	Non-Clinical Studies Network	Various Animal Models	SRI International	May-2011	CA	Menlo Park
Core Service	Non-Clinical Studies Network	Various Animal Models	IIT Research Institute	May-2011	IL	Chicago
Core Service	Non-Clinical Studies Network	Various Animal Models	University of Illinois at Chicago	May-2011	IL	Chicago
Core Service	Non-Clinical Studies Network	Various Animal Models	BioQual	May-2011	MD	Rockville
Core Service	Non-Clinical Studies Network	Various Animal Models	MRI Global	May-2011	MO	Kansas City
Core Service	Non-Clinical Studies Network	Various Animal Models	Lovelace Biomedical and Environmental Research Institute	May-2011	NM	Albuquerque
Core Service	Non-Clinical Studies Network	Various Animal Models	Battelle Memorial Institute	May-2011	OH	Columbus
Core Service	Non-Clinical Studies Network	Various Animal Models	University of Texas Medical Branch	May-2011	TX	Galveston
Core Service	Non-Clinical Studies Network	Various Animal Models	Defense Science and Technology Laboratory（DSTL）	May-2011	United Kingdom	Porton Down

续表

项目类别	项目领域	项目名称	承担机构	合同时间	国家或州（美国）	城市
Core Service	Non-Clinical Studies Network	Various Animal Models	Health Protection Agency	May-2011	United Kingdom	Porton Down
Core Service	Non-Clinical Studies Network	Various Animal Models	Battelle Pacific Northwest Division	May-2011	WA	Richland
Core Service	Non-Clinical Studies Network	Chem Animal Model IDIQ	MRI Global	Sep-2015	MO	Kansas City
Core Service	Non-Clinical Studies Network	Chem Animal Model IDIQ	Netherlands Organisation for Applied Scientific Research	Sep-2015	Netherlands	The Hague
Core Service	Non-Clinical Studies Network	Chem Animal Model IDIQ	Lovelace Biomedical and Environmental Research Institute	Sep-2015	NM	Albuquerque
Core Service	Non-Clinical Studies Network	Chem Animal Model IDIQ	Battelle Memorial Institute	Sep-2015	OH	Columbus
Core Service	Non-Clinical Studies Network	IDIQ Analytical Services（AS）	Southern Research Institute	Mar-2017	AL	Birmingham
Core Service	Non-Clinical Studies Network	IDIQ Animal Model Testing（AMT）	Southern Research Institute	Mar-2017	AL	Birmingham
Core Service	Non-Clinical Studies Network	IDIQ Analytical Services（AS）	SRI International	Mar-2017	CA	Menlo Park
Core Service	Non-Clinical Studies Network	IDIQ Toxicology Services（Tox）	SRI International	Mar-2017	CA	Menlo Park

续表

项目类别	项目领域	项目名称	承担机构	合同时间	国家或州（美国）	城市
Core Service	Non-Clinical Studies Network	IDIQ Analytical Services（AS）	IIT Research Institute	Mar-2017	IL	Chicago
Core Service	Non-Clinical Studies Network	IDIQ Animal Model Testing（AMT）	IIT Research Institute	Mar-2017	IL	Chicago
Core Service	Non-Clinical Studies Network	IDIQ Toxicology Services（Tox）	IIT Research Institute	Mar-2017	IL	Chicago
Core Service	Non-Clinical Studies Network	IDIQ Animal Model Testing（AMT）	MRI Global	Mar-2017	MO	Kansas City
Core Service	Non-Clinical Studies Network	IDIQ Analytical Services（AS）	Lovelace Biomedical and Environmental Research Institute	Mar-2017	NM	Albuquerque
Core Service	Non-Clinical Studies Network	IDIQ Animal Model Testing（AMT）	Lovelace Biomedical and Environmental Research Institute	Mar-2017	NM	Albuquerque
Core Service	Non-Clinical Studies Network	IDIQ Toxicology Services（Tox）	Lovelace Biomedical and Environmental Research Institute	Mar-2017	NM	Albuquerque
Core Service	Non-Clinical Studies Network	IDIQ Animal Model Testing（AMT）	Battelle Memorial Institute	Mar-2017	OH	Columbus
Core Service	Non-Clinical Studies Network	IDIQ Toxicology Services（Tox）	Battelle Memorial Institute	Mar-2017	OH	Columbus
Core Service	Non-Clinical Studies Network	IDIQ Animal Model Testing（AMT）	Public Health England	Mar-2017	United Kingdom	Salisbury

续表

项目 类别	项目领域	项目名称	承担机构	合同 时间	国家或州 （美国）	城市
Core Service	Non-Clinical Studies Network	IDIQ Toxicology Services (Tox)	Lovelace Biomedical and Environmental Research Institute	Sep-2017	NM	Albuquerque
Core Service	Non-Clinical Studies Network	Task Order to Define the Natural History of Zaire Ebolavirus in Ferrets	Battelle Memorial Institute	Sep-2017	OH	Columbus
Pandemic Influenza	Chemical MCM	Genentech OTA for PI and Chemical	Genentech	Sep-2018	CA	San Francisco
Pandemic Influenza	Diagnostics	Reusable N95	Applied Research Associates	Sep-2017	FL	Panama City
Pandemic Influenza	Diagnostics	Aardvark Influenza Sampling Device	Aardvark	Sep-2018	CA	Ross
Pandemic Influenza	Diagnostics	Pharmacy Based Diagnostic	Quidel	Sep-2018	CA	San Diego
Pandemic Influenza	Influenza Antivirals	State AV Drugs with Subsidies-Relenza	GlaxoSmithKline	Jun-2006	NC	Zebulon
Pandemic Influenza	Influenza Antivirals	State AV Drugs with Subsidies-Tamiflu	Roche	Jun-2006	NJ	Nutley
Pandemic Influenza	Influenza Antivirals	Adv. Development of Peramivir for Complicated Cases of Influenza	BioCryst	Jan-2007	NC	Durham
Pandemic Influenza	Influenza Antivirals	Stockpile Acquisition-Federal Pan Flu Stockpile - Relenza	GlaxoSmithKline	May-2009	NC	Zebulon

续表

项目 类别	项目领域	项目名称	承担机构	合同 时间	国家或州 （美国）	城市
Pandemic Influenza	Influenza Antivirals	Stockpile Acquisition - Relenza SNS to Address Possible Emergence of Tamiflu Resistant H1N1 Strains	GlaxoSmithKline	Sep-2009	NC	Zebulon
Pandemic Influenza	Influenza Antivirals	StockPandemic Influenzale Acquisition - Tamiflu for SNS - Additional PEDs Coverage due to Higher Rate of HosPandemic Influenzatalization in PEDs	Roche	Sep-2009	NJ	Nutley
Pandemic Influenza	Influenza Antivirals	Treatment of Hospitalized Patients: Unapproved Drugs Used Under EUA	BioCryst	Nov-2009	NC	Durham
Pandemic Influenza	Influenza Antivirals	IV Relenza, Contract Never Executed Since IV Relenza Not Issued EUA During Declared Public Health Emergency	GlaxoSmithKline	Nov-2009	NC	Zebulon
Pandemic Influenza	Influenza Antivirals	StockPandemic Influenzale Acquisition - Purchase of Antivirals for Critical Workforce	Roche	Nov-2009	NJ	Nutley
Pandemic Influenza	Influenza Antivirals	Adv. Development of a Long-acting Neuraminidase Inhibitor, Laninamivir	Biota	Jul-2011	Australia	Melbourne
Pandemic Influenza	Influenza Antivirals	Therapeutic for Influenza A & B Infections	Ansun	Sep-2012	CA	San Diego

续表

项目类别	项目领域	项目名称	承担机构	合同时间	国家或州（美国）	城市
Pandemic Influenza	Influenza Antivirals	Advanced Development of Nitazonanide	Romark Laboratories	Feb-2013	FL	Tampa
Pandemic Influenza	Influenza Antivirals	Continuous Manufacturing Supporting Immunotherapeutics	Janssen	Jul-2015	NJ	Raritan
Pandemic Influenza	Influenza Antivirals	Advanced Development of VIS410	Visterra	Sep-2015	MA	Cambridge
Pandemic Influenza	Influenza Diagnostics	Lab Services to Assess Analytical Variability of FDA-Cleared Rapid Influenza Diagnostic Test Kits	MRI Global	Sep-2010	MO	Kansas City
Pandemic Influenza	Influenza Diagnostics	Lab Services to Assess Analytical Variability of FDA-Cleared Rapid Influenza Diagnostic Test Kits	Lovelace Biomedical and Environmental Research Institute	Sep-2010	NM	Albuquerque
Pandemic Influenza	Influenza Diagnostics	Lab Services to Assess Analytical Variability of FDA-Cleared Rapid Influenza Diagnostic Test Kits	Battelle Memorial Institute	Sep-2010	OH	Columbus
Pandemic Influenza	Influenza Diagnostics	Lab Services to Assess Analytical Variability of FDA-Cleared Rapid Influenza Diagnostic Test Kits	American Type Culture Collection	Sep-2010	VA	Manassas
Pandemic Influenza	Influenza Diagnostics	Lab Services to Assess Analytical Variability of FDA-Cleared Rapid Influenza Diagnostic Test Kits	Medical College of Wisconsin	Sep-2010	WI	Milwaukee

续表

项目类别	项目领域	项目名称	承担机构	合同时间	国家或州（美国）	城市
Pandemic Influenza	Influenza Diagnostics	Grant: Infectious Diseases Surveillance Network	Johns Hopkins University, Bloomberg School of Public Health	Dec-2012	MD	Baltimore
Pandemic Influenza	Influenza Diagnostics	Point of Care（POC）Test	Becton Dickinson	Mar-2013	CA	Redlands
Pandemic Influenza	Influenza Diagnostics	Point of Care（POC）Test	Becton Dickinson	Mar-2013	CT	Canaan
Pandemic Influenza	Influenza Diagnostics	Point of Care（POC）Test	Becton Dickinson	Mar-2013	IN	Plainfield
Pandemic Influenza	Influenza Diagnostics	Point of Care（POC）Test	Becton Dickinson	Mar-2013	NE	Holdrege
Pandemic Influenza	Influenza Diagnostics	Point of Care（POC）Test	Becton Dickinson	Mar-2013	NJ	Franklin Lakes
Pandemic Influenza	Influenza Diagnostics	Point of Care（POC）Test	Becton Dickinson	Mar-2013	NJ	Swedesboro
Pandemic Influenza	Influenza Diagnostics	Development of a Rapid Flu A/B Diagnostic Test	InDevR	Sep-2014	CO	Boulder
Pandemic Influenza	Influenza Diagnostics	Point of Care Rapid Molecular-based Diagnostic Assay	Alere	Sep-2014	MA	Waltham
Pandemic Influenza	Influenza Diagnostics	Influenza Sequencing Platform	InDevR	Sep-2015	CO	Boulder

续表

项目类别	项目领域	项目名称	承担机构	合同时间	国家或州（美国）	城市
Pandemic Influenza	Influenza Diagnostics	ResPECT Study	Johns Hopkins University, Bloomberg School of Public Health	Jul-2016	MD	Baltimore
Pandemic Influenza	Influenza Diagnostics	Next Generation Sequencing Platform	DNAe	Sep-2016	United Kingdom	London
Pandemic Influenza	Influenza Therapeutics	OTA to Support Portfolio of Products	Janssen	Sep-2017	NJ	Raritan
Pandemic Influenza	Influenza Vaccine International Capacity Building	BARDA/WHO Cooperative Agreement Grantee	Instituto Butantan	Sep-2006	Brasil	Sao Paulo
Pandemic Influenza	Influenza Vaccine International Capacity Building	BARDA/WHO Cooperative Agreement Grantee	BCHT	Sep-2006	China	Jilin
Pandemic Influenza	Influenza Vaccine International Capacity Building	BARDA/WHO Cooperative Agreement Grantee	VACSERA	Sep-2006	Egypt	Cairo
Pandemic Influenza	Influenza Vaccine International Capacity Building	BARDA/WHO Licensed Pandemic Vaccine for Human Use	Serum Institute of India	Sep-2006	India	Pune
Pandemic Influenza	Influenza Vaccine International Capacity Building	International Influenza Vaccine Support	BioFarma	Sep-2006	Indonesia	Bandung

续表

项目类别	项目领域	项目名称	承担机构	合同时间	国家或州（美国）	城市
Pandemic Influenza	Influenza Vaccine International Capacity Building	BARDA/WHO Cooperative Agreement Grantee	RIBSP	Sep-2006	Kazakhstan	Almaty
Pandemic Influenza	Influenza Vaccine International Capacity Building	BARDA/WHO Cooperative Agreement Grantee	Acerca de Birmex	Sep-2006	Mexico	Cuautitlan Izcalli
Pandemic Influenza	Influenza Vaccine International Capacity Building	International Influenza Vaccine Support	National Institute for Public Health and the Environment (RIVM)	Sep-2006	Netherlands	Bilthoven
Pandemic Influenza	Influenza Vaccine International Capacity Building	BARDA/WHO Licensed Pandemic Vaccine for Human Use	Cantacuzino Institute	Sep-2006	Romania	Bucharest
Pandemic Influenza	Influenza Vaccine International Capacity Building	International Influenza Vaccine Support	Institute of Experimental Medicine	Sep-2006	Russia	St. Petersburg
Pandemic Influenza	Influenza Vaccine International Capacity Building	BARDA/WHO Cooperative Agreement Grantee	Torlak Institute	Sep-2006	Serbia	Belgrade
Pandemic Influenza	Influenza Vaccine International Capacity Building	BARDA/WHO Cooperative Agreement Grantee	The Biovac Institute	Sep-2006	South Africa	Cape Town

续表

项目类别	项目领域	项目名称	承担机构	合同时间	国家或州（美国）	城市
Pandemic Influenza	Influenza Vaccine International Capacity Building	BARDA/WHO Licensed Pandemic Vaccine for Human Use	Green Cross	Sep-2006	South Korea	Seoul
Pandemic Influenza	Influenza Vaccine International Capacity Building	Grant: Development of International Flu Vaccine Capacity	World Health Organization (WHO)	Sep-2006	Switzerland	Geneva
Pandemic Influenza	Influenza Vaccine International Capacity Building	BARDA/WHO Licensed Pandemic Vaccine for Human Use	GPO	Sep-2006	Thailand	Bangkok
Pandemic Influenza	Influenza Vaccine International Capacity Building	International Influenza Vaccine Support	Centers for Disease Control and Prevention	Sep-2006	GA	Atlanta
Pandemic Influenza	Influenza Vaccine International Capacity Building	International Influenza Vaccine Support	IVAC	Sep-2006	Vietnam	Nha Trang
Pandemic Influenza	Influenza Vaccine International Capacity Building	International Influenza Vaccine Support	VABIOTECH	Sep-2006	Vietnam	Hanoi
Pandemic Influenza	Influenza Vaccine International Capacity Building	Grant: Development of International Flu Vaccine Capacity	World Health Organization (WHO)	Sep-2008	Switzerland	Geneva

续表

项目 类别	项目领域	项目名称	承担机构	合同 时间	国家或州 （美国）	城市
Pandemic Influenza	Influenza Vaccine International Capacity Building	Grant: Development of International Flu Vaccine Capacity	World Health Organization（WHO）	Sep-2009	Switzerland	Geneva
Pandemic Influenza	Influenza Vaccine International Capacity Building	International Influenza Vaccine Support	PATH	Sep-2009	WA	Seattle
Pandemic Influenza	Influenza Vaccine International Capacity Building	International Influenza Vaccine Support	University of Lausanne, Switzerland	Sep-2010	Switzerland	Lausanne
Pandemic Influenza	Influenza Vaccine International Capacity Building	Grant: Development of International Flu Vaccine Capacity	World Health Organization（WHO）	Sep-2010	Switzerland	Geneva
Pandemic Influenza	Influenza Vaccine International Capacity Building	International Influenza Vaccine Support	Infectious Disease Research Institute	Sep-2010	WA	Seattle
Pandemic Influenza	Influenza Vaccine International Capacity Building	International Influenza Vaccine Support	NC State Biomanufacturing Training and Education Center	Sep-2010	NC	Raleigh
Pandemic Influenza	Influenza Vaccine International Capacity Building	International Influenza Vaccine Support	Utah State University Vaccine Biomanufacturing Training Program	Sep-2010	UT	Logan

项目 类别	项目领域	项目名称	承担机构	合同 时间	国家或州 （美国）	城市
Pandemic Influenza	Influenza Vaccine International Capacity Building	Grant: Development of International Flu Vaccine Capacity	World Health Organization（WHO）	Sep-2011	Switzerland	Geneva
Pandemic Influenza	Influenza Vaccine International Capacity Building	Grant: Development of International Flu Vaccine Capacity	World Health Organization（WHO）	Jul-2013	Switzerland	Geneva
Pandemic Influenza	Influenza Vaccine International Capacity Building	Adjuvant Program for In-Country Partners	Infectious Disease Research Institute	Sep-2014	WA	Seattle
Pandemic Influenza	Influenza Vaccines	H5N1 Bulk Vaccine Stockpiling	Novartis	Sep-2005	MA	Cambridge
Pandemic Influenza	Influenza Vaccines	H5N1 Bulk Vaccine Stockpiling	Novartis	Sep-2005	United Kingdom	Liverpool
Pandemic Influenza	Influenza Vaccines	Advanced Development of Cell- Based Seasonal and Pandemic Vaccine（150M Doses in 6 Months）	Novartis	Apr-2006	NC	Holly Springs
Pandemic Influenza	Influenza Vaccines	Advanced Development of Cell- Based Seasonal and Pandemic Vaccine（150M Doses in 6 Months）	DVC-Baxter/DynPort	May-2006	Austria	Orth an der Donau

续表

项目类别	项目领域	项目名称	承担机构	合同时间	国家或州（美国）	城市
Pandemic Influenza	Influenza Vaccines	Advanced Development of Cell-Based Seasonal and Pandemic Vaccine（150M Doses in 6 Months）	GlaxoSmithKline	May-2006	Belgium	Genval
Pandemic Influenza	Influenza Vaccines	Advanced Development of Cell-Based LAIV Pandemic Vaccine（150M Doses in 6 Months）	MedImmune（AstraZeneca）	May-2006	CA	Mountain View
Pandemic Influenza	Influenza Vaccines	Advanced Development of Cell-Based LAIV Pandemic Vaccine（150M Doses in 6 Months）	MedImmune（AstraZeneca）	May-2006	CA	Santa Clara
Pandemic Influenza	Influenza Vaccines	Advanced Development of Cell-Based Seasonal and Pandemic Vaccine（150M Doses in 6 Months）	DVC-Baxter/DynPort	May-2006	Czech Republic	Bohumil
Pandemic Influenza	Influenza Vaccines	Advanced Development of Cell-Based Seasonal and Pandemic Vaccine（150M Doses in 6 Months）	DVC-Baxter/DynPort	May-2006	MD	Frederick
Pandemic Influenza	Influenza Vaccines	Advanced Development of Cell-Based LAIV Pandemic Vaccine（150M Doses in 6 Months）	MedImmune（AstraZeneca）	May-2006	MD	Gaithersburg

续表

项目类别	项目领域	项目名称	承担机构	合同时间	国家或州（美国）	城市
Pandemic Influenza	Influenza Vaccines	Advanced Development of Cell-Based Seasonal and Pandemic Vaccine（150M Doses in 6 Months）	Solvay	May-2006	Netherlands	Weesp
Pandemic Influenza	Influenza Vaccines	Advanced Development of Cell-Based Seasonal and Pandemic Vaccine（150M Doses in 6 Months）	GlaxoSmithKline	May-2006	PA	Philadelphia
Pandemic Influenza	Influenza Vaccines	Stockpile Acquisition H5N1 Bulk Vaccine	Sanofi Pasteur	Aug-2006	PA	Swiftwater
Pandemic Influenza	Influenza Vaccines	Stockpile Acquisition H5N1 Bulk Vaccine	Novartis	Nov-2006	MA	Cambridge
Pandemic Influenza	Influenza Vaccines	Stockpile Acquisition H5N1 Bulk Vaccine	Sanofi Pasteur	Nov-2006	PA	Swiftwater
Pandemic Influenza	Influenza Vaccines	Stockpile Acquisition H5N1 Bulk Vaccine	Novartis	Nov-2006	United Kingdom	Liverpool
Pandemic Influenza	Influenza Vaccines	Advanced Development of Viable Antigen-Sparing Influenza Vaccine Approaches to Extend Stockpile	GlaxoSmithKline	Jan-2007	Belgium	Genval
Pandemic Influenza	Influenza Vaccines	Advanced Development of Viable Antigen-Sparing Approaches to Extend Stockpile	Intercell - IOMAI	Jan-2007	MD	Gaithersburg

续表

项目类别	项目领域	项目名称	承担机构	合同时间	国家或州（美国）	城市
Pandemic Influenza	Influenza Vaccines	Advanced Development of Viable Antigen-Sparing Approaches to Extend Stockpile	Novartis	Jan-2007	NC	Holly Springs
Pandemic Influenza	Influenza Vaccines	Advanced Development of Viable Antigen-Sparing Influenza Vaccine Approaches to Extend StockPandemic Influenzale	GlaxoSmithKline	Jan-2007	PA	Philadelphia
Pandemic Influenza	Influenza Vaccines	Advanced Development Antigen-Sparing Influenza Vaccine - Mix N Match Mouse Immunogenicity Study	Southern Research Institute	Jul-2008	AL	Birmingham
Pandemic Influenza	Influenza Vaccines	Advanced Development Antigen-Sparing Influenza Vaccine - Mix N Match Rabbit Toxicology Study	Southern Research Institute	Jul-2008	AL	Birmingham
Pandemic Influenza	Influenza Vaccines	Advanced Development Antigen-Sparing Influenza Vaccine - Mix N Match Rabbit Toxicology Study	SRI International	Jul-2008	CA	Menlo Park
Pandemic Influenza	Influenza Vaccines	Advanced Development Antigen-Sparing Influenza Vaccine - Mix N Match Mouse Immunogenicity Study	IIT Research Institute	Jul-2008	IL	Chicago
Pandemic Influenza	Influenza Vaccines	Advanced Development Antigen-Sparing Influenza Vaccine - Mix N Match Rabbit Toxicology Study	IIT Research Institute	Jul-2008	IL	Chicago

续表

项目类别	项目领域	项目名称	承担机构	合同时间	国家或州（美国）	城市
Pandemic Influenza	Influenza Vaccines	Advanced Development Antigen-Sparing Influenza Vaccine - Mix N Match Mouse Immunogenicity Study	University of Illinois at Chicago	Jul-2008	IL	Chicago
Pandemic Influenza	Influenza Vaccines	Advanced Development Antigen-Sparing Influenza Vaccine - Mix N Match Mouse Immunogenicity Study	MRI Global	Jul-2008	MO	Kansas City
Pandemic Influenza	Influenza Vaccines	Advanced Development Antigen-Sparing Influenza Vaccine - Mix N Match Rabbit Toxicology Study	MRI Global	Jul-2008	MO	Kansas City
Pandemic Influenza	Influenza Vaccines	Advanced Development Antigen-Sparing Influenza Vaccine - Mix N Match Mouse Immunogenicity Study	Lovelace Biomedical and Environmental Research Institute	Jul-2008	NM	Albuquerque
Pandemic Influenza	Influenza Vaccines	Advanced Development Antigen-Sparing Influenza Vaccine - Mix N Match Rabbit Toxicology Study	Lovelace Biomedical and Environmental Research Institute	Jul-2008	NM	Albuquerque
Pandemic Influenza	Influenza Vaccines	Stockpile Acquisition H5N1 Bulk Vaccine	GlaxoSmithKline	Sep-2008	Canada	St. Foy
Pandemic Influenza	Influenza Vaccines	Stockpile Acquisition H5N1 Bulk Vaccine	GlaxoSmithKline	Sep-2008	Canada	St. Foy
Pandemic Influenza	Influenza Vaccines	Adjuvant Purchase & Stockpile	Novartis	Sep-2008	Germany	Marburg

续表

项目类别	项目领域	项目名称	承担机构	合同时间	国家或州（美国）	城市
Pandemic Influenza	Influenza Vaccines	Adjuvant Purchase & Stockpile	Novartis	Sep-2008	KY	Louisville
Pandemic Influenza	Influenza Vaccines	Adjuvant Purchase & Stockpile	Novartis	Sep-2008	MA	Cambridge
Pandemic Influenza	Influenza Vaccines	Novel H1N1 Vaccine	Novartis	Sep-2008	MA	Cambridge
Pandemic Influenza	Influenza Vaccines	Stockpile Acquisition H5N1 Vaccine	Novartis	Sep-2008	MA	Cambridge
Pandemic Influenza	Influenza Vaccines	Stockpile Acquisition H5N1 Bulk Vaccine	GlaxoSmithKline	Sep-2008	PA	Marietta
Pandemic Influenza	Influenza Vaccines	Stockpile Acquisition H5N1 Bulk Vaccine	GlaxoSmithKline	Sep-2008	PA	Marietta
Pandemic Influenza	Influenza Vaccines	Novel H1N1 Vaccine	Sanofi Pasteur	Sep-2008	PA	Swiftwater
Pandemic Influenza	Influenza Vaccines	Novel H1N1 Vaccine	Novartis	Sep-2008	United Kingdom	Liverpool
Pandemic Influenza	Influenza Vaccines	Stockpile Acquisition H5N1 Vaccine	Novartis	Sep-2008	United Kingdom	Liverpool
Pandemic Influenza	Influenza Vaccines	Novel H1N1 Vaccine	CSL Biotherapies	May-2009	Australia	Victoria
Pandemic Influenza	Influenza Vaccines	Adjuvant Purchase & Stockpile	GlaxoSmithKline	May-2009	Belgium	Rixensart

续表

项目类别	项目领域	项目名称	承担机构	合同时间	国家或州（美国）	城市
Pandemic Influenza	Influenza Vaccines	Novel H1N1 Vaccine	CSL Biotherapies	May-2009	Germany	Marburg
Pandemic Influenza	Influenza Vaccines	Novel H1N1 Vaccine	CSL Biotherapies	May-2009	IL	Kankakee
Pandemic Influenza	Influenza Vaccines	Novel H1N1 Vaccine（Live Attenuated Influenza Vaccine）	MedImmune（AstraZeneca）	May-2009	KY	Louisville
Pandemic Influenza	Influenza Vaccines	Novel H1N1 Vaccine	MedImmune（AstraZeneca）	May-2009	MD	Gaithersburg
Pandemic Influenza	Influenza Vaccines	Novel H1N1 Vaccine	CSL Biotherapies	May-2009	PA	King of Prussia
Pandemic Influenza	Influenza Vaccines	Adjuvant Purchase & Stockpile	GlaxoSmithKline	May-2009	PA	Marietta
Pandemic Influenza	Influenza Vaccines	Novel H1N1 Vaccine	MedImmune（AstraZeneca）	May-2009	PA	Philadelphia
Pandemic Influenza	Influenza Vaccines	Novel H1N1 Vaccine	MedImmune（AstraZeneca）	May-2009	PA	Bensalem
Pandemic Influenza	Influenza Vaccines	Novel H1N1 Vaccine	MedImmune（AstraZeneca）	May-2009	United Kingdom	Liverpool
Pandemic Influenza	Influenza Vaccines	Advanced Development of Recombinant Baculovirus-Based HA Influenza Vaccine	Protein Sciences Corporation	Jun-2009	CT	Meriden
Pandemic Influenza	Influenza Vaccines	Purchase of Ancillaries for H1N1 Outbreak	Becton Dickinson	Aug-2009	CA	Redlands

续表

项目 类别	项目领域	项目名称	承担机构	合同 时间	国家或州 (美国)	城市
Pandemic Influenza	Influenza Vaccines	Purchase of Ancillaries for H1N1 Outbreak	Becton Dickinson	Aug-2009	CT	Canaan
Pandemic Influenza	Influenza Vaccines	Purchase of Ancillaries for H1N1 Outbreak	Becton Dickinson	Aug-2009	IN	Plainfield
Pandemic Influenza	Influenza Vaccines	Purchase of Ancillaries for H1N1 Outbreak	Becton Dickinson	Aug-2009	NE	Holdrege
Pandemic Influenza	Influenza Vaccines	Purchase of Ancillaries for H1N1 Outbreak	Becton Dickinson	Aug-2009	NJ	Swedesboro
Pandemic Influenza	Influenza Vaccines	Purchase of Ancillaries for H1N1 Outbreak	Becton Dickinson	Aug-2009	NJ	Franklin Lakes
Pandemic Influenza	Influenza Vaccines	Purchase of Ancillaries for H1N1 Outbreak	Smiths Medical	Aug-2009	OH	Dublin
Pandemic Influenza	Influenza Vaccines	Purchase of Ancillaries for H1N1 Outbreak	Retractable Technologies	Aug-2009	TX	Little Elm
Pandemic Influenza	Influenza Vaccines	Kitting of Ancillary Supplies Only for H1N1, Create Ancillary Support Kits	Owens & Minor	Sep-2009	FL	Orlando
Pandemic Influenza	Influenza Vaccines	Purchase of Ancillaries for H1N1 Outbreak	Covidien	Sep-2009	MA	Mansfield
Pandemic Influenza	Influenza Vaccines	Kitting of Ancillary Supplies Only for H1N1, Create Ancillary Support Kits	Owens & Minor	Sep-2009	MD	Hanover
Pandemic Influenza	Influenza Vaccines	Novel H1N1 Vaccine	Sanofi Pasteur	Sep-2009	PA	Swiftwater

续表

项目类别	项目领域	项目名称	承担机构	合同时间	国家或州（美国）	城市
Pandemic Influenza	Influenza Vaccines	Kitting of Ancillary Supplies Only for H1N1，Create Ancillary Support Kits	Owens & Minor	Sep-2009	VA	Mechanicsville
Pandemic Influenza	Influenza Vaccines	Stockpile Acquisition H5N1 Bulk Vaccine	Sanofi Pasteur	Oct-2009	PA	Swiftwater
Pandemic Influenza	Influenza Vaccines	VAMPSS - Prospective Surveillance of Pregnant Women Exposed to 2009 A/H1N1 or Season Vaccines，Antiviral of Infected with Influenza	OTIS & UC-SD	Feb-2010	CA	La Jolla
Pandemic Influenza	Influenza Vaccines	VAMPSS - Administrative Support to Vaccines & Medications in Pregnancy Surveillance System Consortium & Advisory Committee	American Academy of AAI	Feb-2010	WI	Milwaukee
Pandemic Influenza	Influenza Vaccines	VAMPSS - Retrospective Case Control Safety Surveillance Study of Influenza in Pregnant Women and Their Infants	Trustees of Boston University/Slone EPI	Jul-2010	MA	Boston
Pandemic Influenza	Influenza Vaccines	Advanced Development of Recombinant Baculovirus-Based Influenza Vaccine	Novavax	Feb-2011	MD	Rockville

续表

项目 类别	项目领域	项目名称	承担机构	合同 时间	国家或州 （美国）	城市
Pandemic Influenza	Influenza Vaccines	Advanced Development of Recombinant E.coli Flagellin-HA Chimeric Fusion Protein Influenza Vaccine	VaxInnate	Feb-2011	NJ	Cranbury
Pandemic Influenza	Influenza Vaccines	Stockpile Acquisition Storage and Stability Monitoring of H5N1 Bulk Vaccines and Final Containers	Sanofi Pasteur	Apr-2011	PA	Swiftwater
Pandemic Influenza	Influenza Vaccines	Stockpile - Prepandemic Vaccine Production Testing & Storage	Novartis	Aug-2012	Germany	Marburg
Pandemic Influenza	Influenza Vaccines	Stockpile - Prepandemic Vaccine Production Testing & Storage	Novartis	Aug-2012	KY	Louisville
Pandemic Influenza	Influenza Vaccines	Stockpile - Prepandemic Vaccine Production Testing & Storage	Novartis	Aug-2012	NC	Holly Springs
Pandemic Influenza	Influenza Vaccines	Stockpile - Prepandemic Vaccine Production Testing & Storage	Sanofi Pasteur	Aug-2012	PA	Swiftwater
Pandemic Influenza	Influenza Vaccines	Stockpile - Prepandemic Vaccine Production Testing & Storage	CSL Biotherapies	Sep-2012	Australia	Victoria
Pandemic Influenza	Influenza Vaccines	Stockpile - Prepandemic Vaccine Production Testing & Storage	GlaxoSmithKline	Sep-2012	Belgium	Rixensart
Pandemic Influenza	Influenza Vaccines	Stockpile - Prepandemic Vaccine Production Testing & Storage	GlaxoSmithKline	Sep-2012	Canada	St. Foy
Pandemic Influenza	Influenza Vaccines	Stockpile - Prepandemic Vaccine Production Testing & Storage	CSL Biotherapies	Sep-2012	Germany	Marburg

项目类别	项目领域	项目名称	承担机构	合同时间	国家或州（美国）	城市
Pandemic Influenza	Influenza Vaccines	Stockpile - Prepandemic Vaccine Production Testing & Storage	CSL Biotherapies	Sep-2012	IL	Kankakee
Pandemic Influenza	Influenza Vaccines	Stockpile - Prepandemic Vaccine Production Testing & Storage	MedImmune (AstraZeneca)	Sep-2012	KY	Louisville
Pandemic Influenza	Influenza Vaccines	Stockpile - Prepandemic Vaccine Production Testing & Storage	MedImmune (AstraZeneca)	Sep-2012	MD	Gaithersburg
Pandemic Influenza	Influenza Vaccines	Stockpile - Prepandemic Vaccine Production Testing & Storage	CSL Biotherapies	Sep-2012	PA	King of Prussia
Pandemic Influenza	Influenza Vaccines	Stockpile - Prepandemic Vaccine Production Testing & Storage	GlaxoSmithKline	Sep-2012	PA	Marietta
Pandemic Influenza	Influenza Vaccines	Stockpile - Prepandemic Vaccine Production Testing & Storage	MedImmune (AstraZeneca)	Sep-2012	PA	Philadelphia
Pandemic Influenza	Influenza Vaccines	Stockpile - Prepandemic Vaccine Production Testing & Storage	MedImmune (AstraZeneca)	Sep-2012	PA	Bensalem
Pandemic Influenza	Influenza Vaccines	Stockpile - Prepandemic Vaccine Production Testing & Storage	MedImmune (AstraZeneca)	Sep-2012	United Kingdom	Liverpool
Pandemic Influenza	Influenza Vaccines	Improving Vaccine Seed Candidates and Potency Testing	National Institute for Biological Standards and Control	Feb-2013	United Kingdom	Hertfordshire
Pandemic Influenza	Influenza Vaccines	Influenza Immunization with Jet Injector	PharmaJet	May-2013	CO	Golden
Pandemic Influenza	Influenza Vaccines	High Yield (High Growth) Reassortant Seed Influenza Viruses	New York Medical College	May-2014	NY	New York

续表

项目类别	项目领域	项目名称	承担机构	合同时间	国家或州（美国）	城市
Pandemic Influenza	Influenza Vaccines	Egg Supply Contract	Sanofi Pasteur	Sep-2014	PA	Swiftwater
Pandemic Influenza	Influenza Vaccines	Influenza Vaccine Antigen-Sparing Project	Sanofi Pasteur	Sep-2014	PA	Swiftwater
Pandemic Influenza	Influenza Vaccines	Advanced Development of Cell-Based Influenza Vaccines	GlaxoSmithKline	May-2015	PA	Philadelphia
Pandemic Influenza	Influenza Vaccines	Shelf Life Extension Study of AS03 Stored in Bags	GlaxoSmithKline	Sep-2015	Belgium	Rixensart
Pandemic Influenza	Influenza Vaccines	Shelf Life Extension Study of AS03 Stored in Bags	GlaxoSmithKline	Sep-2015	Canada	St. Foy
Pandemic Influenza	Influenza Vaccines	Shelf Life Extension Study of AS03 Stored in Bags	GlaxoSmithKline	Sep-2015	PA	Marietta
Pandemic Influenza	Influenza Vaccines	Physical Chemistry Testing of H7N9 Vaccine	GlaxoSmithKline	Apr-2016	Belgium	Genval
Pandemic Influenza	Influenza Vaccines	Physical Chemistry Testing of H7N9 Vaccine	GlaxoSmithKline	Apr-2016	PA	Philadelphia
Pandemic Influenza	Influenza Vaccines	New Stockpile/Storage Contract	GlaxoSmithKline	Sep-2016	Belgium	Genval
Pandemic Influenza	Influenza Vaccines	New Stockpile/Storage Contract	Protein Sciences Corporation	Sep-2016	CT	Meriden
Pandemic Influenza	Influenza Vaccines	New Stockpile/Storage Contract	MedImmune（AstraZeneca）	Sep-2016	KY	Louisville

续表

项目 类别	项目领域	项目名称	承担机构	合同 时间	国家或州 （美国）	城市
Pandemic Influenza	Influenza Vaccines	New Stockpile/Storage Contract	MedImmune （AstraZeneca）	Sep-2016	MD	Gaithersburg
Pandemic Influenza	Influenza Vaccines	New Stockpile/Storage Contract	GlaxoSmithKline	Sep-2016	PA	Philadelphia
Pandemic Influenza	Influenza Vaccines	New Stockpile/Storage Contract	MedImmune （AstraZeneca）	Sep-2016	PA	Philadelphia
Pandemic Influenza	Influenza Vaccines	New Stockpile/Storage Contract	MedImmune （AstraZeneca）	Sep-2016	PA	Bensalem
Pandemic Influenza	Influenza Vaccines	New Stockpile/Storage Contract	Sanofi Pasteur	Sep-2016	PA	Swiftwater
Pandemic Influenza	Influenza Vaccines	New Stockpile/Storage Contract	MedImmune （AstraZeneca）	Sep-2016	United Kingdom	Liverpool
Pandemic Influenza	Infrastructure	Retrofitting Existing Facilities - Increase U.S. Influenza Vaccine Manufacturing Surge Capacity	MedImmune （AstraZeneca）	Jun-2007	CA	Santa Clara
Pandemic Influenza	Infrastructure	Retrofitting Existing Facilities - Increase U.S. Influenza Vaccine Manufacturing Surge Capacity	MedImmune （AstraZeneca）	Jun-2007	MD	Gaithersburg
Pandemic Influenza	Infrastructure	Retrofitting Existing Facilities - Increase U.S. Influenza Vaccine Manufacturing Surge Capacity	MedImmune （AstraZeneca）	Jun-2007	PA	Bensalem

续表

项目 类别	项目领域	项目名称	承担机构	合同 时间	国家或州 （美国）	城市
Pandemic Influenza	Infrastructure	Retrofitting Existing Facilities - Increase U.S. Influenza Vaccine Manufacturing Surge Capacity	MedImmune （AstraZeneca）	Jun-2007	PA	Philadelphia
Pandemic Influenza	Infrastructure	Building New Facilities - Increase U.S. Influenza Vaccine Manufacturing Surge Capacity	Novartis	Jan-2009	NC	Holly Springs
Pandemic Influenza	Infrastructure	Pandemic Supply Chain - Secure Year-Round Supply of Embryonated Eggs for Influenza Vaccine	Sanofi Pasteur	Sep-2010	PA	Swiftwater
Pandemic Influenza	Infrastructure	Retrofitting Existing Facilities - Increase U.S. Influenza Vaccine Manufacturing Surge Capacity	Sanofi Pasteur	Feb-2012	PA	Swiftwater
Pandemic Influenza	Innovation	Integrated Sample-Prep and Real- Time PCR Molecular Diagnostic System for A + B Influenza	3M	Sep-2010	MN	Minneapolis
Pandemic Influenza	Innovation	In-home DX Platform	Cue	Jun-2018	CA	San Diego
Pandemic Influenza	Innovation	In-home DX Platform	Diassess	Jul-2018	CA	Emeryville
Pandemic Influenza	Respirators & Ventilators	Next Generation Portable Ventilators	Covidien	Sep-2010	CA	Costa Mesa

续表

项目类别	项目领域	项目名称	承担机构	合同时间	国家或州（美国）	城市
Pandemic Influenza	Respirators & Ventilators	Development of Next Generation Portable Ventilator	Philips Healthcare	Sep-2014	PA	Murrysville
Pandemic Influenza	Respirators & Ventilators	Surge Production Capacity of Respirators	Halyard Health	Dec-2015	GA	Alpharetta
Pandemic Influenza	Universal Influenza Vaccines	Advanced Development of a Room Temperature, Stable, Oral Recombinant Influenza Vaccine	Vaxart	Sep-2015	CA	San Francisco
Pandemic Influenza	Universal Influenza Vaccines	Optimization of Pre-Pandemic H5N1 Vaccine Stockpile	University of Cambridge	Sep-2015	United Kingdom	Cambridge

注：

1. 本表为 2005—2018 年 BARDA 生物防御相关科研项目合同列表；

2. 本表按项目类别和项目领域的首字母升序排序；

3. 部分资助合同的经费信息可以通过公开网络渠道查询到，在正文相应部分已有标注；

4. 表中州、国家及城市的信息为承担机构所在地。

附录 D   DARPA 2000 年以来主要生物防御科研项目简介

目　　录

1 生物战剂检测传感器集成与建模（2000 年）

1.1 项目背景 [1,2]

DARPA 认为，生物战（Biological Warfare，BW）是指将病原体或毒素用于军事目的，在同等重量条件下，与化学战剂相比，生物战剂危害更大，覆盖范围更广。

当前的生物武器防御（Biological Warfare Defense，BWD）传感器主要是为军队研发的，但常规传感器非常依赖操作人员的能力，为了更好地提高生物战剂检测传感器的性能，亟须开发一种工程化的方法。

1.2 项目介绍 [1-3]

根据"生物战剂检测传感器集成与建模"（Sensor Integration and Modeling for Biological Agent Detection，SIMBAD）项目，DARPA 计划开发用于生化武器检测的性能良好的传感器系统。DARPA 希望这些传感器可以应用成熟的现有或新兴生化武器传感器技术，或者根据需要开发新的技术。DARPA 认为，该传感器系统可以整合环境监测和威胁感知自动决策系统。

该项目的关键部分包括：① 开发基于传感器组件和传感器系统的模型；② 创新战剂检测方法；③ 建立用于生化传感器开发的严格的系统工程学方法。该项目包括但不限于以下技术：① 飞行时间质谱仪；② 基于抗体的传感器；③ 基于 PCR 的 DNA 分析传感器；④ 生物芯片传感器；⑤ 用于生物制剂检测的生物荧光雷达；⑥ 微型机械气溶胶收集器；⑦ 传感器网络架构。

DARPA 计划通过组建多学科团队实现项目目标，这些学科有生物学、化学、医学、数学、物理学、流体动力学、计算科学和工程学等。

1.3 项目目标 [3]

生物战剂传感器系统是主要目标，化学战剂传感器系统是次要目标。SIMBAD 项目的最终产品是一个或多个能够在指定时间内应对特定威胁的集成、特性良好的传感器系统。

[参考文献]

[1] Sensor Integration and Modeling for Biological Agent Detection（SIMBAD）[EB/OL].[2020-12-25]. /http://www.darpa. mil/spo/Solicitations/BAA00-17/index.htm.

[2] SIMBAD overview[EB/OL].[2020-12-25]. http://www.darpa.mil/spo/Solicitations/BAA00-17/SIMBAD_Alving.pdf.

[3] Sensors integration and modeling for biological agent detection[EB/OL].[2020-12-25]. http://www.darpa.mil/spo/Solicitations/BAA00-17/SIMBAD_DARPA.pdf.

2　建筑物防护（2001 年）

2.1　项目背景[1]

DARPA 认为，人们越来越担心受到化学或生物武器的袭击。随着制造这类武器的技术在世界范围内日益普及，以及恐怖分子对使用这些武器越来越感兴趣，建筑物越来越成为化学和生物战剂攻击的潜在目标。迄今为止，美国国防部在化学和生物防御领域的大部分资金都与保护战场上的军事人员有关。用于应对战场威胁的许多技术不适用于建筑物保护。例如，适用于对坦克进行洗消的方法并不适用于建筑物洗消。另外，利用现有建筑基础设施保护人员免受此类攻击是可能的，因为化学或生物武器的袭击一般不会破坏建筑物的基础设施。

2.2　项目介绍[2,3]

DARPA "建筑物防护"（Immune Building）项目旨在通过增强建筑物基础设施以降低生物武器攻击效力，提高建筑物对化学和生物战剂气溶胶或颗粒物攻击的抵御能力。"建筑物防护"项目的重点是应对化学和生物战剂的建筑物内部释放。

2.3　项目目标

该项目有三个目标：① 在遭受袭击时保护建筑物内的人员；② 在遭受袭击后尽快恢复建筑物的功能；③ 保存证据以供反击。

2.4 技术领域[4]

"建筑物防护"项目包含 4 个技术领域,分别为集成系统试验(Integrated System Experimentation)、技术开发(Technology Development)、全范围演示(Full-Scale Demonstration)、建筑物保护工具箱(Toolkit)。

2.4.1 集成系统试验

该技术领域致力于在全尺寸搭建的试验平台上设计、开发、实施、测试、优化和研究整个系统架构。该技术领域研究将在能源部下属的内华达试验场和阿拉巴马州的陆军麦克莱伦堡陆军基地进行测试。

2.4.2 技术开发

该技术领域专注于开发系统所需的组件和技术,以提高系统的性能。这些组件和技术包括但不限于新型过滤方法、空气处理技术、中和及洗消技术。

2.4.3 全范围演示

该技术领域专注于在一个作战军事基地中安装和演示保护系统。美国密苏里州的伦纳德·伍德堡陆军训练基地是"建筑物防护"项目的示范基地。

2.4.4 建筑物保护工具箱

该技术领域将开发和验证基于软件的工具,以评估建筑物的脆弱性,并比较保护措施的成本和有效性。

2.5 部署情况

2.5.1 项目阶段安排[5]

"建筑物防护"项目启动于 2001 年,2006 年结束。该项目包括三个阶段:第一阶段主要进行建模研究及技术开发;第二阶段在内华达试验场和麦克莱伦堡陆军基地进行全范围测试;第三阶段在密苏里州的伦纳德·伍德堡陆军训练基地进一步测试。

2.5.2　经费投入与承担机构

"建筑物防护"项目经费投入机构和承担机构较多。经费投入机构主要有 DARPA、美国海军水面作战中心印第安分部（NSWC-IH）、美国海军水面作战中心达尔格伦分部、国防威胁降低局（DTRA）等。承担机构有巴特尔纪念研究所、桑迪亚国家实验室等。

2.6　项目进展

该项目启动于 2001 年，项目开展的各年度均取得阶段性进展[6, 7]。2001 年，DARPA 启动了一系列技术开发工作；2002 年，2 个研究团队建立了 2 个全范围的测试平台并进行了测试，其中一个位于阿拉巴马州的麦克莱伦堡陆军基地，另一个位于能源部下属的内华达试验场[4]。2004 年，巴特尔纪念研究所获得了 DARPA 2000 万美元资助，用于"建筑物防护"项目第三阶段在伦纳德·伍德堡陆军训练基地的现场测试[8]。

[参考文献]

[1] Immune building[EB/OL].[2020-12-25]. http://www.darpa.mil/sto/chembio/ib.html.

[2] Integrated system experimentation for immune buildings[EB/OL].[2020-12-25]. http://www.darpa.mil/ spo/Solicitations/BAA00_006/frames_page.htm.

[3] Technology Development for Immune Buildings（TD）[EB/OL].[2020-12-25]. http://www.darpa.mil/ spo/Solicitations/BAA00_005/frames_page.htm.

[4] ALVING A E. Col Pro 2002 conference DARPA's immune building program [EB/OL].[2020-12-25]. http://www.darpa.mil/spo/programs/IB_Presentations/021029_AA_ ColPro_2002.pdf.

[5] BRYDEN W A. Immune building program[EB/OL].[2020-12-25]. http://www.darpa.mil/STO/ chembio/pdf/IB.pdf.

[6] Compendium of DARPA programs[EB/OL].[2020-12-25]. https://www.hsdl.org/?view& did=440746.

[7] DARPA fact file：a compendium of DARPA programs[EB/OL].[2020-12-25]. https://www.hsdl.

org/?view&did=2175.

[8] Battelle gets $20 million to build protection DEMO[EB/OL].（2004-06-23）[2020-12-25]. https://washingtontechnology.com/articles/2004/06/23/battelle-gets-20-million-to-build-protection-demo.aspx.

3　生物气溶胶的光谱传感（2003 年）

3.1　项目背景

　　DARPA 认为，有效的生物战防御的一个关键环节是对孢子、细菌、病毒和毒素等各种威胁进行即时检测、识别和鉴定。生物传感器研究人员认为，可以利用生物剂的光学特征来检测生物气溶胶，这种方法有望极快地远距离探测和识别生物剂，并有助于降低误报率。DARPA 实施了"生物气溶胶的光谱传感"（Spectral Sensing of Bio-Aerosols Program，SSBA）项目，开发具有短响应时间和低误报率的传感器，以满足美军对生物武器传感器和探测-预警（Detect to Warn）传感器的迫切需求 [1, 2]。

3.2　项目介绍

　　DARPA "生物气溶胶的光谱传感"项目旨在利用生物剂的光学特征，开发具有良好灵敏度和低误报率的快速检测生物剂系统。该项目的主要目标是开发一种响应时间少于一分钟的点源检测传感器（Point Detector），并且与当前传感器相比，误报率至少应当降低一个数量级。在该项目开发中，DARPA 对特定的生物威胁剂、检测时间、检测阈值、检测器的性能和误报率等参数进行限定。DARPA 要求，所有承担机构提供的技术成果必须能够作为点源检测器进行操作，并且可以在空气收集和富集技术上按需进行配置。此外，该项目还将评估承担机构提供的传感器能否远程探测和定位生物剂 [2]。

[参考文献]

[1] Fiscal Year（FY）2004/FY 2005 biennial budget estimates[EB/OL].[2020-12-25]. https://upload.

wikimedia.org/wikipedia/commons/c/c7/Fiscal_Year_2004_DARPA_budget.pdf.

[2] Spectral sensing of bio-aerosols program[EB/OL].[2020-12-25]. https://beta.sam.gov/opp/0ff31bf0 4958e9e9379c9bc9592886ab/view.

4　威胁战剂云战术拦截与应对（2004 年）

4.1　项目背景

　　DARPA 认为，在军事行动期间释放的化学 / 生物气溶胶可能对作战人员构成严重威胁，甚至导致大量人员伤亡。常用的威胁应对方法需要部队携带适当的防护装备和洗消设备，但这增加了部队的后勤负担。"威胁战剂云战术拦截与应对"（Threat Agent Cloud Tactical Intercept & Countermeasure，TACTIC）项目的目的是为美军提供保护战斗人员免受战场上化学 / 生物战剂威胁云伤害的能力。该项目的目标是提供一个可以快速检测和识别典型威胁云，并提供应对措施的系统，以在威胁云达到预期目标之前将其有效消除[1]。

4.2　项目介绍

　　该项目计划开发：① 远距离探测和识别空中化学 / 生物战剂战场威胁的能力；② 在威胁到达目标部队之前有效消除。

4.3　项目计划[2]

　　① 研究化学 / 生物战剂远距离探测识别技术，以快速（在 1 分钟内）识别；

　　② 研究洗消生物威胁剂相关技术，以消除对作战人员的威胁；

　　③ 开发识别和洗消技术模型。

［参考文献］

[1] Threat Agent Cloud Tactical Intercept & Countermeasure（TACTIC）[EB/OL].[2020-12-25]. http://www.darpa.mil/sto/chembio/tactic.html.

[2] Department of Defense Fiscal Year（FY）2005 budget estimates[EB/OL].[2020-12-25]. https://

www.darpa.mil/attachments/（2G12）%20Global%20Nav%20-%20About%20Us%20-%20

Budget%20-%20Budget%20Entries%20-%20FY2005%20（Approved）.pdf.

[3] Threat agent cloud tactical intercept and countermeasure - detection technologies[EB/OL].[2020-

12-25]. https://beta.sam.gov/opp/73acf6bfec03e3100b6352eaf505c275/view.

5　加速药品生产（2006 年）

5.1　项目背景

目前的疫苗和蛋白制造系统无法提供及时、灵活的治疗方案。此外，针对许多新发或突发生物威胁剂的疫苗药物无法进行预先制造和储备。DARPA 认为，美军需要一个快速有效的解决方案[1, 2]。"加速药品生产"项目最早来源于 2004 年 DARPA 生物武器防御计划"非传统疗法"项目中的部分研究内容，2006 年 DARPA 国防科学办公室发布"加速药品生产"（Accelerated Manufacturing of Pharmaceuticals，AMP）项目[1, 3]，2011 年该项目成为 DARPA "蓝天使"计划的一部分。

5.2　项目介绍

AMP 项目旨在"按需"生产大量、低成本的治疗药物或疫苗，以应对新发突发生物威胁。AMP 项目计划显著缩短生产高质量蛋白（如疫苗和解毒剂）所需的时间。该项目的目标是创建一个快速、灵活且经济高效的制造系统，能够在 12 周内生产 300 万剂符合 GMP 标准的疫苗或单克隆抗体。

[参考文献]

[1] Accelerated Manufacturing of Pharmaceuticals（AMP）[EB/OL].[2020-12-25]. https://beta.sam.
gov/opp/be83951ae201d2640b1928d64d7ca2a1/view.

[2] Accelerated manufacturing of pharmaceuticals[EB/OL].[2020-12-25]. http://www.darpa.mil：80/
DSO/thrusts/bwd/act/amp/index.htm.

[3] Fiscal Year（FY）2004/FY 2005 biennial budget estimates[EB/OL].[2020-12-25]. https://upload.
wikimedia.org/wikipedia/commons/c/c7/Fiscal_Year_2004_DARPA_budget.pdf.

6 蛋白质构象控制（2006年）

6.1 项目背景

蛋白质结构和功能之间的固有关系意味着蛋白质结构的直接操作将改变其功能。以特定方式改变结构/功能的能力将在开发基于生物分子的生物传感器中应用。例如，基于抗体的生物传感器的亲和力和选择性可以实时调整或优化，以提高检测分析物的能力，同时减少环境干扰[1-3]。

6.2 项目目标

"蛋白质构象控制"（Control of Protein Conformation，CPC）项目将开发能够实时控制蛋白质构象的工具，以便调整或优化蛋白质的功能特性。蛋白质构象的实时控制，可发展具有可调节检测特性的生物传感器[2]。

6.3 项目计划

第一阶段将证明通过控制蛋白质的构象变化来调节蛋白质的功能特性的能力。第二阶段将证明对蛋白质构象的实时控制可以被纳入检测化学或生物威胁剂的新方法[2]。

6.4 项目进展[4,5]

范德堡大学研究人员已经研究出在微流体和纳米流体装置中分离和操纵蛋白质的方法。

橡树岭国家实验室的研究人员为纳米级水平的制造提供专业知识和研究设施。

得克萨斯大学奥斯汀分校的研究人员开发出了炭疽高效抗体。

威斯康星大学麦迪逊分校的研究人员合成了一类有机化学物质，这些化学物质可以附着在蛋白质上，当暴露在不同颜色的光谱下时，它们会改变形状。

[参考文献]

[1] Control of Protein Conformation（CPC）proposer's day workshop[EB/OL].[2020-12-25]. https://
    beta.sam.gov/opp/12e4a787cd7463bd08160521235817b7/view.

[2] Control of protein conformations[EB/OL].[2020-12-25].https://www.darpa.mil：80/dso/thrust/
    biosci/cpc.htm.

[3] DARPA BAA 06-19[EB/OL].[2020-12-25]. http://www.darpa.mil/baa/baa06-19mod2.html.

[4] UTSI scientists play key role in spartan project[EB/OL].（2007-01-29）[2020-12-25]. https://
    www.utsi.edu/utsi-scientists-play-key-role-in-spartan-project/.

[5] Scientists new research targets the detection of chemical and biological weapons [EB/OL].[2020-
    12-25]. https://news.vanderbilt.edu/archived-news/register/articles/index-id=31805.html.

7 七天生物防御（2009 年）

7.1 项目背景与介绍 [1]

DARPA 认为，应对大规模传染病暴发的传统医疗应对措施包括：① 隔离接触人员（数小时至数周）；② 对生物剂进行鉴定（通常在 90 天内）；③ 研制疫苗或治疗药物（1 ~ 14 年）；④ 储存、分发和管理药物疫苗。在病原体未知或难以确定的情况下，患者很可能在发现有效的治疗方法或疫苗开发、分发和接种之前就死亡。因此，DARPA 计划开发一种创新方法，以应对任何新发或突发的生物威胁。

7.2 项目目标 [1]

"七天生物防御"（7-Day Biodefense）项目开发应对任何已知、未知、自然发生或人为制造病原体的免疫策略。

7.3 技术领域和阶段性指标 [1]

"七天生物防御"项目分为 2 个阶段，侧重 4 个技术领域：① 预防感染；② 维持生存；③ 瞬态免疫；④ 持久免疫力。

技术领域 1：预防感染

这一技术领域的重点是开发新的技术，以防止传染病的传播。这一技术领域的方法包括但不限于增强宿主介导的反应以减少病原体的复制、诱导病原体的自杀途径，以及临时的生物屏障。

技术领域 2：维持生存

这一技术领域的目标是减缓疾病进展和延迟高致命性感染造成的死亡，直到获得免疫或实施治疗。

技术领域 3：瞬态免疫

这一技术领域的目标集中于提供应对病原体的临时保护，直到开发出治愈方法。这一技术领域采取的方法包括但不限于利用和移植受感染幸存者的免疫力、快速开发"中和剂"（有效的抗体和其他抑制剂）、重新定向或重新利用已有的宿主免疫以针对新的病原体。

技术领域 4：持久的免疫力

这一技术领域的目标是开发快速获得对任何病原体产生持久免疫力的策略。这一技术领域采取的方法包括但不限于输入预先激活的树突状细胞等。

[参考文献]

[1] 7-day biodefense[EB/OL].[2020-12-25]. https://beta.sam.gov/opp/239a034b3e8326a0e969532e6b 67588d/ view.

8 抗体技术项目（2009 年）

8.1 项目背景[1]

DARPA 认为，鉴于生物战剂的复杂性以及环境中相似微生物的存在，现有探测方法很难快速而准确地识别出空气中生物剂的存在。基于抗体的生物传感器可以为大量生物剂提供可靠的检测。因此，这是 DoD 生物传感器应用的首选方案。然而，最大的两个挑战是提高稳定性和亲和力。稳定性是指传感器在环境条件下随时间的推移能够继续按要求运行的能力。亲和力是指抗体和抗原之间结合的紧密度。DARPA 认为，DoD 现有的生物传感器虽然有效，但保存期限有限，在高温条件下很快会无法使用，并且亲和力有限。"抗体技术项目"（Antibody Technology Program，ATP）计划开发高度稳定的抗体，同时增强抗体的亲和力 [1]。

8.2　项目目标

ATP 的主要目标是使基于抗体的生物传感器能够在恶劣环境下工作，并可以在 20 ~ 25℃下存储。同时，增强抗体亲和力，并且可同时检测多个目标。

8.3　技术领域[1]

技术领域 1：开发从室温到 70℃或更高温度的抗体稳定性策略。

技术领域 2：制定实现可控抗体亲和力的策略。

技术领域 3：同时实现高稳定性和可控亲和力的能力。

技术领域 4：展示生物传感器平台的优势。

8.4　项目进展[1-3]

ATP 于 2012 年结束，完成了既定的目标，并将技术"过渡"到美国国防部的关键试剂计划，该计划是联合计划执行办公室化学和生物防御（JPE-CBD）的一部分，用于在整个军事服务中部署生物传感器。

具体来说，DARPA 展示了将抗体在 70℃下保持稳定性的时间提高到 48 小时的能力，同时将保质期从 1 个月延长至大约 3 年。此外，DARPA 还将抗体亲和力提高了 400 倍。

[参考文献]

[1] DARPA. Bolstering the front line of biological warfare response[EB/OL].[2020-12-25]. https://www.darpa.mil/ news-events /2013-02-12#edn1.

[2] Department of Defense Fiscal Year（FY）2010 budget estimates[EB/OL].[2020-12-25]. https://www.darpa.mil/ attachments/（2G7）%20Global%20Nav%20-%20About%20Us%20-%20Budget%20-%20Budget%20Entries%20-%20FY2010%20（Approved）.pdf.

[3] DARPA. Antibody technology program[EB/OL].[2020-12-25]. https://beta.sam.gov/opp/7f285fbf263fa8bb94d 39d5580899596/view.

9　预言（战胜病原体）（2010 年）

9.1　项目背景

DARPA 认为，根据 NIAID 的病原体清单，在新确认的危害人类和动物健康病原体中，大约 44% 是病毒。许多病毒类病原体，特别是 RNA 病毒，特点是突变率高，能够迅速适应不断变化的环境，此外不同病毒基因组发生的重组，可以显著改变病毒基因组，产生能够逃逸现有疫苗保护效力的能力。确定病毒和病毒宿主之间复杂的相互作用对于理解驱动病毒进化的机制至关重要 [1, 2]。

传统医学对策，特别是疫苗，是针对特征明确的候选病毒开发的，但这些候选病毒可能不代表主要的流行病毒株。DARPA 认为，军队容易受到未知病毒株的威胁，从而对军事准备构成重大风险。能提前预测突变和可能重组的技术平台将为美国提供能够预先应对未来病毒威胁的能力。在此背景下，DARPA 开展了"预言（战胜病原体）"[Prophecy（Pathogen Defeat）] 项目，旨在探索病毒进化机制，预测病毒突变，并提前开发药物和疫苗。

9.2　项目目标

该项目旨在通过推动开发多学科方法来预测病毒进化，将疫苗和药物开发从观察性转变为预测性。该项目寻求的策略将侧重识别病毒威胁，开发病毒进化的预测算法，通过高通量的生物平台，以实验验证相关病毒-宿主的相互作用 [1]。该项目还通过监控潜在两用性技术的商业化来确定恶意意图 [3]。

9.3 技术领域和阶段安排 [1]

9.3.1 第 1 阶段（12 个月）

开发一个病毒进化平台。第 1 阶段的目标是开发一个能够通过应用个体选择压力诱导和监测进化变化的系统。

9.3.2 第 2 阶段（18 个月）

改进平台，增加第 1 阶段建立的预测算法和实验病毒进化验证系统的复杂性。

9.3.3 第 3 阶段（6 个月）

在实验环境中对至少 3 种密切相关的病毒株使用多个选择性压力，对系统和算法进行测试和验证。

[参考文献]

[1] Prophecy[EB/OL].[2020-12-25]. https://beta.sam.gov/opp/70a6f6bffbd9b25789ee09d0810599cb/view.

[2] Prophecy（pathogen defeat）（archived）[EB/OL].[2020-12-25]. https://www.darpa.mil/program/prophecy-pathogen-defeat.

[3] Department of Defense Fiscal Year（FY）2011 president's budget[EB/OL].[2020-12-25]. https://www.darpa.mil/attachments/（2G6）%20Global%20Nav%20-%20About%20Us%20-%20Budget%20-%20Budget%20Entries%20-%20FY2011%20（Approved）.pdf.

10 控制细胞机制-疫苗（2010 年）

10.1 项目背景

DARPA 认为，目前开发和接种疫苗的方法是耗时且劳动密集型的。例如，生产常规疫苗可能需要长达 6 个月的时间；接种疫苗也是一项挑战，许多与军事有关的疫苗需要在几天、几周和几个月的时间内多次注射，包括日本脑炎、霍乱、炭疽、鼠疫、小儿麻痹症和伤寒疫苗等；在完成疗程后，免疫保护时间是有限的；疫苗设计需要在安全性和有效性之间取得平衡，这可能需要很多年才能实现。当前，许多疫苗为减毒活疫苗，虽然这些疫苗通常非常有效，但它们可能对接种者产生很大的副作用。初步临床试验证明了 DNA 疫苗的安全性，然而，到目前为止，还没有基于 DNA 的疫苗获得用于人类的批准。基因调控研究领域的进展、增加哺乳动物细胞核酸稳定性的新方法，以及快速和廉价的测序和扩增技术，有望彻底影响以核酸为基础的疫苗领域。免疫应答的调节是疫苗疗效的一个组成部分。虽然已知多种疫苗都是有效的，但其潜在的免疫调节机制尚不完全清楚。基于以上原因，DARPA 计划开展"控制细胞机制–疫苗"（Controlling Cellular Machinery–Vaccines，CCM-V）项目。

10.2　项目目标

该项目致力于寻求现代基因组学、合成生物学和临床研究之间的交叉学科解决方案，以开发基于核酸的疫苗。

10.3　技术领域和阶段安排 [1]

DARPA 建议进行使用基因调控元件来控制疫苗效果的核酸疫苗开发。可能的控制手段包括抗原的表达调控或免疫反应的调节。

10.4　部署情况

2011 年，由 In-Cell-Art、Sanofi Pasteur 和 CureVac 3 家公司组成的团队承担了该项目的研究工作。该项目为期 4 年，合计预算为 3310 万美元。该项目的目标是验证一个新的通用疫苗技术平台，开发和评估 mRNA 疫苗（针对传染性疾病的预防和治疗性疫苗）[2]。

[参考文献]

[1] Prophecy[EB/OL]. [2020-12-25]. https://beta.sam.gov/opp/70a6f6bffbd9b25789ee 09d0810599cb/view.

[2] Prophecy（pathogen defeat）（archived）[EB/OL].[2020-12-25]. https://www.darpa.mil/program/prophecy-pathogen-defeat.

11　控制细胞机制–诊断与治疗（2010 年）

11.1　项目背景 [1]

DARPA 认为，大量遗传和生化工具的发展和应用使得科学界对哺乳动物系统中遗传调控回路的结构和功能有了更深入的了解。然而，这些知识在医学中的应用有限，因为这一领域的大部分研究都是在原核生物系统中进行的，与在真核生物（如人类细胞）有着显著不同。为了解决上述问题，DARPA 计划开展 "控制细胞机制–诊断与治疗"（Controlling Cellular Machinery–Diagnostics and Therapeutics，CCM-D&T）项目。

11.2　项目目标 [1]

"控制细胞机制–诊断和治疗"项目通过在哺乳动物宿主细胞中设计外源基因调控系统，开发具有诊断和治疗潜力的物质。

11.3　部署情况

2011 年，由麻省理工学院、BBN 科技公司、科罗拉多大学博尔德分校和波士顿大学的研究人员组成的团队参与了该项目的研究。该团队的研究计划名称为 "多输入、多模式的哺乳动物信息处理回路"（Multi-input，Multi-modal，Mammalian Information Processing Circuits）[2]。

[参考文献]

[1] Controlling cellular machinery - diagnostics and therapeutics[EB/OL].[2020-12-25]. https://beta.sam.gov/opp/404049b9e228814effc90f6a88326d82/view.

[2] Douglas densmore boston university news[EB/OL].[2020-12-25]. http://people.bu.edu/dougd/news.html.

12 兼具预防和治疗的自动诊断技术：按需诊断–即时诊断（2011 年）

12.1 项目背景

DARPA 认为，对于处在作战环境中人员的医疗应对，需要对新发威胁做出快速反应——在资源有限的情况下，由士兵进行快速检测。对于军队来说，在大多数战场环境中执行基于实验室的检测方案是不可行的。为了应对这些挑战，需要能够从单个生物样品中对蛋白质或核酸进行检测的标准化仪器。部署的军事人员面临的另一个挑战是训练有素的实验室人员获取生物样品的途径有限。因此，需要一些方法使作战人员能够收集生物样品进行现场分析或将其稳定地运送到远程站点。样品制备也是现场诊断的一个关键限制因素，特别是在军事现场。需要一种能够从液体或干燥样品中高效提取和制备样品的新方法，这种方法既能对蛋白质和核酸有效，又能实现自动化。

基于以上因素，DARPA 开展了"兼具预防和治疗的自动诊断技术：按需诊断–即时诊断"（Autonomous Diagnostics to Enable Prevention and Therapeutics：Diagnostics on Demand–Point of Care，ADEPT：DxOD-PoC）项目。

12.2 项目目标 [1]

ADEPT：DxOD-PoC 的目标是对生物样品进行自动化分析，并开发先进、集成的核酸和蛋白质检测的平台仪器，可按需快速重新配置。

12.3 技术领域 [1]

技术领域 1：样品采集和保存

ADEPT：DxOD-PoC 项目探索满足军事部署条件的方法，即该系统允许经过简单培训的人员采集生物样品，在没有电源、温度控制的情况下进行储存，并在分析物损失最小的情况下进行回收。

技术领域 2：样品制备

生物标记物来源（如血液、唾液等）和分析物种类（如蛋白质、核酸等）的多样性增加了检测的难度。因此，这项工作寻求改进的方法，进行高效和自动化的生物标记物制备。

技术领域 3：分子识别、扩增和信号转导

DARPA 计划通过新方法来促进检测试剂的广谱化和快速生产，以及时应对新型威胁。

技术领域 4：方法集成与仪器设计

该项目寻求新的方法和技术，使仪器能够完全实现自动化。

12.4 项目进展

DARPA 资助了 Ceres NanoSciences、Tasso 和 Biomatrica 等公司从事生物标本的收集和保存工作。Tasso 获得 DARPA 授权开发一种可穿戴的抽血装置；Ceres Nano Sciences 研发了纳米捕获技术，以更好地捕获低丰度蛋白生物标志物并保护其免受降解；Biomatrica 解决生物不稳定问题[1]。

部分项目成果有相关文章发表[2-4]。其中一篇文章讲述了来自加拿大多伦多大学的研究人员开发了一种用于病原体检测的芯片，并证明了它们能够成功地分析未纯化的样本，并准确地对病原体进行分析。

[参考文献]

[1] How POC testing is pushing the envelope[EB/OL].[2020-12-25]. https://www.captodayonline.com/ how-poc-testing-is-pushing-the-envelope/.

[2] LAM B，HOLMES R D，DAS J，et al. Optimized templates for bottom-up growth of high-performance integrated biomolecular detectors[J]. Lab Chip，2013，13（13）：2569-2575.

[3] LAM B，DAS J，HOLMES R D，et al. Solution-based circuits enable rapid and multiplexed pathogen detection[J]. Nature communications，2013，4（1）：2001.

[4] DAS J，KELLEY S O. Tuning the bacterial detection sensitivity of nanostructured microelectrodes[J]. Analytical chemistry，2013，85（15）：7333-7338.

13 兼具预防和治疗的自动诊断技术：按需诊断–有限资源配置（2011 年）

13.1 项目背景[1]

DARPA 计划开发新的诊断设备，使不熟练的用户能够直接利用生物仪器进行有效的临床诊断。新方法适用于蛋白质和核酸，对作战人员资源要求低，有足够的保质期，在可操作的时间内提供临床有效结果，并可由不熟练的用户操作。为此，DARPA 开展了"兼具预防和治疗的自动诊断技术：按需诊断–有限资源配置"（Autonomous Diagnostics to Enable Prevention and Therapeutics：Diagnostics on Demand-Limited Resource Settings，ADEPT：DxOD-LRS）项目。

13.2 项目目标[1]

DARPA 设想 ADEPT：DxOD-LRS 是一个跨学科的研究项目，目标是提高诊断能力，供军事人员在资源有限的环境下部署。这项工作将开发可在资源有限环境中由非熟练用户操作的诊断设备。

13.3 技术领域[1]

技术领域 1：用户样本收集、处理和运输。

技术领域 2：高度敏感、稳定和特定的分子识别、信号转导和分析。

技术领域 3：设备系统集成。

13.4 部署情况

2012 年，荷兰 Philips Electronics Nederland B.V. 公司获得了 DARPA ADEPT：DxOD-LRS 项目 250 万美元的资助[2]；2013 年，加州理工学院获得 DARPA ADEPT：DxOD-LRS 项目约 1500 万美元的资助（HR0011-11-2-0006），其数字化滑动芯片平台（Digital Slipchip Platform）是 ADEPT：DxOD-LRS 的部分研究成果[3, 4]，华盛顿大学获得了约 960 万美元的资助（HR0011-11-2-0007）[5]。

239

[参考文献]

[1] Autonomous Diagnostics to Enable Prevention and Therapeutics：Diagnostics on Demand-Limited Resource Settings（ADEPT：DxOD-LRS）[EB/OL].[2020-12-25]. https://beta.sam.gov/opp/fd117aebd9a14028c26fdfb3f85190b2/view.

[2] DARPA award for development of diagnostics in austere environments[EB/OL].（2012-04-05）[2020-12-25]. https://globalbiodefense.com/2012/04/05/darpa-award-for-development-of-diagnostics-in-austere-environments/.

[3] Caltech engineers build smart petri dish[EB/OL].[2020-12-25]. https://www.cce.caltech.edu/news-and-events/news/caltech-engineers-build-smart-petri-dish-1725.

[4] DARPA increases funding to caltech for diagnostics on demand[EB/OL].（2013-03-15）[2020-12-25]. https://globalbiodefense.com/2013/03/15/notable-contracts-darpa-increases-funding-to-caltech-for-diagnostics-on-demand/.

[5] A look back at 2013 DODcontracts[EB/OL].[2020-12-25]. http://aubreyrtaylor.blogspot.com/2013/11/bulletin-secretary-chuck-hagel-to-be.html.

14 H1N1 加速（2011 年）

14.1 项目背景 [1,2]

为应对 2009 年 3 月暴发的 H1N1 流感疫情，DARPA 国防科学办公室（DSO）2009 年 5 月发布了"蓝天使（H1N1 加速）"[Blue Angel(H1N1 Acceleration)]项目。"蓝天使"计划为大流行性流感提供有效干预措施。该项目以 DARPA 前期开展的"加速药品生产"项目（AMP）为基础，汇集了以下技术：预测健康与疾病（PHD），这是一个在出现症状之前预测和诊断的计划；体外分子免疫构建（MIMIC®），这是一个在试管中识别安全有效治疗方式的项目；加速药品生产技术，这是一种快速大规模生产低成本疫苗及重组蛋白的技术，其规模可达每月数千万剂。

14.2 项目目标 [1,2]

DARPA 的"蓝天使"计划旨在增强国防部对任何自然或人为制造的大流行

性疾病做出快速反应的能力。在 DARPA"加速药品生产"项目基础上，"蓝天使"计划开发了在 3 个月内生产大量高质量疫苗级蛋白质的新方法，以应对新出现的生物威胁。其中一个研究途径为探索植物制造蛋白质，用于候选疫苗的生产。

14.3 技术领域[1]

技术领域 1：预测健康与疾病（Predicting Health and Disease，PHD）

PHD 计划开发一种预测疾病过程、症状严重程度、患者传染性的技术，用于确定暴露于病毒后谁会发病，谁不会发病。该项技术主要基于血液测试来完成。通过确定宿主对呼吸道病毒感染反应的关键生物标志物，PHD 可以将病毒暴露的个体进行分类。这种方法的准确率在病毒暴露后几小时内为 85% ~ 90%，几天后接近 100%。高精度的检测能够预防、预测疾病传播，并能及时治疗早期受感染的个体。

技术领域 2：加速药品生产（Accelerated Manufacturing of Pharmaceuticals，AMP）

该项目旨在寻找新方法，在 3 个月内生产出大量高质量的疫苗及蛋白质，以应对新出现的生物威胁。

技术领域 3：体外分子免疫构建（Modular Immune in Vitro Construct，MIMIC®）

由于动物研究并不能完全预测疫苗在人体应用的安全性和有效性，MIMIC®系统将与 AMP 项目并行运行，以测试 AMP 项目生产的亚单位疫苗，以确保其安全性和免疫性。

14.4 项目进展

承担 AMP 项目的机构主要有美国特拉华州的弗劳恩霍夫分子生物技术中心、肯塔基州欧文斯伯勒的生物加工中心、Project GreenVax 联盟（其合作伙伴包括得克萨斯农工大学系统和 G-Con 公司），以及北卡罗来纳州的 Medicago 公司[3]。Medicago 公司共收到 DARPA 2100 万美元的资助。2012 年，在 DARPA"蓝天使"计划的支持下，该公司在北卡罗来纳州的制造工厂成功证明了其研发平台的生产能力，在一个月内（2012 年 3 月 25 日至 2012 年 4 月 24 日）生产了 1000 万剂甲型 H1N1 流感候选疫苗 [4, 5]。

另外，斯坦福国际研究院（SRI International）进行了 PHD 相关的研究 [6]，MIMIC® 由佛罗里达州的 VaxDesign 公司所研发 [3]。

[参考文献]

[1] H1N1 acceleration（blue angel）[EB/OL].[2020-12-25]. https://web.archive.org/web/20121016215612/ http://www.darpa.mil/Our_Work/DSO/Programs/H1N1_Acceleration_（BLUE_ANGEL）.aspx.

[2] Blue angel：DARPA's vaccine manufacturing challenge[EB/OL].（2014-02-09）[2020-12-25]. https://www.pharmaceutical-technology.com/features/featureblue-angel-darpas-vaccine-manufacturing-challenge-4171658/.

[3] DARPA effort speeds bio-threat response[EB/OL].[2020-12-25]. https://www.army.mil/article/47617/darpa_effort_speeds_bio_threat_response.

[4] DARPA's blue angel makes 10 million strides in the race to contain a hypothetical pandemic[EB/OL]. [2020-12-25]. https://www.ineffableisland.com/2012/07/darpas-blue-angel-makes-10-million.html.

[5] DARPA's blue angel – pentagon prepares millions of vaccines against future global flu[EB/OL]. [2020-12-25]. https://www.globalresearch.ca/darpa-s-blue-angel-pentagon-prepares-millions-of-vaccines-against-future-global-flu/32141.

[6] PHD：Predicting Health and Disease（PHD）[EB/OL].[2020-12-25]. http://www.csl.sri.com/projects/PHD/.

15 谱系起源指示记录（2011 年）

15.1 项目背景 [1]

DARPA 计划利用合成生物学促进对微生物特定变化的记录。DARPA 认为，这种能力的开发，将有助于保护知识产权，加强实验室安全，防止意外释放或使用危险微生物，以应对新兴生物技术不断带来的挑战。DARPA 的"谱系起源指示记录"（Chronicle of Lineage Indicative of Origins，CLIO）项目支持基础生物研究，同时确保基因工程研究、开发和生产每个环节的生物安全。

15.2 项目目标[1]

CLIO 项目计划为以下应用建立持久的控制要素：防止故意有害的基因工程、非法获取或滥用专有菌株；提供新的取证工具，协助调查生物事件。

15.3 技术领域和阶段安排[1]

CLIO 项目包含以下 3 个技术领域。

技术领域 1：基因卫士

该技术领域将开发相关技术，以确保对病原生物的安全处理，预防对这些病原体的负面操作，如增加毒力、免疫改变或抗生素抵抗。

技术领域 2：溯源

该技术领域将开发相关技术，保护微生物基因的知识产权，审查验证基因组的所有权和真实来源。

技术领域 3：记忆

该技术领域寻求开发持久编码系统以记录基因组的操作历史和环境系统。

[**参考文献**]

[1] Chronicle of Lineage Indicative of Origins（CLIO）[EB/OL].[2020-12-25]. https://beta.sam.gov/opp/9f04cb93c576252cbb7e23c1db154396/view.

16　微生理系统（2011 年）

16.1 项目背景[1]

基于前期开展的"加速药品生产"项目的研究成果，DARPA 证明通过基于植物的生产方法，可以使疫苗的生产速度大大加快，规模可达数百万剂。然而，在没有临床前安全性数据和对药物或疫苗毒理学的广泛认知时，无法启动临床试验。目前获取这些数据的方法主要依赖动物模型，但这些模型可能与人类的相关性有限，对临床效果的预测比较差。

DARPA 认为，依赖分离的人体细胞的替代测试方法有望对候选药物和疫苗产生模拟真实的人体反应。研究表明，一种或多种细胞类型的三维构造能够在体外环境中模拟人体器官的构造、微环境和生理机能。DARPA 计划开发一种由人体组织组成的体外平台，准确评估药物或疫苗的疗效、毒性和药代动力学。因此，DARPA 计划开展"微生理系统"（Microphysiological Systems，MPS）项目。

16.2　项目目标 [1]

MPS 项目旨在开发一种体外工程组织构造平台，可以模拟药物或疫苗与人类生理系统的相互作用，准确预测药物或疫苗的安全性、有效性和药代动力学。MPS 项目主要针对以下 10 个主要的器官或系统：心脏、循环系统、内分泌系统、胃肠系统、免疫系统、皮肤系统、神经系统、生殖系统、呼吸系统和泌尿系统。MPS 项目长远的目标是整合 10 个最主要的器官芯片形成"芯片上的人体"，进行多器官药物毒性和有效性测试。DARPA"微生理系统"项目示意如附图 D.1 所示。

附图 D.1　DARPA"微生理系统"项目示意（见书末彩插）

（资料来源：https://www.darpa.mil/program/microphysiological-systems）

16.3　技术领域和阶段安排 [1]

MPS 项目包含以下 5 个技术领域。

技术领域 1：工程化平台

DARPA 计划开发一种可重构的平台，允许同时研究 10 个或更多的体外生理系统。

技术领域 2：生理系统

该技术领域侧重开发模拟所列出的生理系统的工程组织构造。

技术领域 3：系统集成

该技术领域侧重整合个人生理系统构造和工程化平台，以使生理系统保持活力并与其他系统相互作用至少 4 周。

技术领域 4：预测与验证

该技术领域侧重测试化合物对模拟生理系统的影响，随后通过计算机模型外推到人体，并与此前试验观测到的人体健康效应进行比较。

技术领域 5：疾病模型

建立体外传染病模型，验证传染性病原体如何影响体外平台。

16.4　部署情况

MPS 项目与美国国立卫生研究院（NIH）进行了合作，NIH 进行独立、平行的研究。美国食品与药品管理局（FDA）从该项目一开始就积极参与 [2]。

DARPA 和 NIH 单独运行独立的计划，但两家机构密切合作。DARPA 的研究人员致力于工程化平台和科学概念证明所需的生物学研究。NIH 致力于开发微观生理系统，模仿人类生理学和病理学 [3]。2011 年，NIH 宣布对该项目在 5 年内投入 7000 万美元，DARPA 也进行类似数额的投入 [4]。两家机构资助经费合计高达 1.32 亿美元 [5]。

2012 年，由麻省理工学院（MIT）领导的团队从 DARPA 和 NIH 获得了 3200 万美元的资助，其中 DARPA 资助金额为 2630 万美元。该团队的研究计划名称为"屏障-免疫-器官：微生理学、微环境工程组织构建系统"

（Barrier-Immune-Organ：Microphysiology，Microenvironment Engineered Tissue Construct Systems，BIO-MIMETICS）。NIH 国家转化科学推进中心（National Center for Advancing Translational Sciences，NCATS）与匹兹堡大学签署了 625 万美元的合作协议，作为支持 MIT 团队的补充研究 [6]。哈佛大学的 Wyss 研究所从 DARPA 获得了 3700 万美元的资助 [7]。范德堡大学获得了 NIH 210 万美元的资助 [8]。

由于每种类型的细胞和器官必须以不同的方式进行处理，因此，投资金额分散在数十个机构中，其中一些机构只从事一种类型的组织或器官的研究 [5]。NIH 公布了所有相关 17 项目的研究内容 [9]。除了上述的麻省理工学院团队、哈佛大学团队和范德堡大学团队，还有以下 14 家机构获得资助开展了相关的研究。

① 微生理系统和低成本微流体平台分析（康奈尔大学）；

② 循环系统和肌肉组织药物毒性预测平台（杜克大学）；

③ 诱导多能干细胞和胚胎干细胞模型预测神经毒性和致畸性（威斯康星大学麦迪逊分校）；

④ 特异性综合微生理人体组织模型（加利福尼亚大学伯克利分校）；

⑤ 肿瘤和心脏组织的体外综合模型（加利福尼亚大学欧文分校）；

⑥ 预测生理学和毒性的三维仿生肝结构（匹兹堡大学）；

⑦ 组织工程人体肾脏微生理系统（华盛顿大学）。

⑧ 产生肠道器官与肠道神经系统（辛辛那提儿童医院医疗中心）；

⑨ 使用诱导多能干细胞衍生皮肤结构模拟复杂疾病（哥伦比亚大学）；

⑩ 人类肠道器官，非炎症性腹泻的临床前模型（约翰·霍普金斯大学）；

⑪ 人类大脑发育的三维模型，用于研究基因 / 环境相互作用（约翰·霍普金斯大学）；

⑫ 使用胃肠道微生理系统模拟氧化应激和 DNA 损伤（宾夕法尼亚大学）；

⑬ 三维骨质疏松微组织，为骨关节炎的发病机制建模（匹兹堡大学）；

⑭ 研究肺脏疾病的三维人体肺模型（得克萨斯大学）。

16.5　项目进展

2017 年，来自 NCATS 的 LA Low 等介绍了 MPS 项目的部分研究进展情况[10]。

2018 年，MIT 团队宣布开发出一种新的微流体平台技术，可用于药物在人体测试之前评估可能的副作用，该平台可有多达 10 个器官的 3D 组织取代动物试验，准确模拟人体器官，并连续作用数周，允许观测药物对身体不同部位的影响[11]，相关研究发表在了 *Scientific Reports* 上[12]。

[参考文献]

[1] Microphysiological systems[EB/OL].[2020-12-25]. https://beta.sam.gov/opp/d12e 2f420cb12f75d61a8682623c3a79/view.

[2] Microphysiological Systems（MPS）[EB/OL].[2020-12-25]. https://www.darpa.mil/program/ microphysiological-systems.

[3] DARPA to develop platform for more effective testing of drugs and vaccines[EB/OL].[2020-12-25].http://www. darpa.mil/NewsEvents/Releases/2011/2011/09/16_DARPA_TO_DEVELOP_ PLATFORM_FOR_MORE_EFFECTIVE_TESTING_OF_DRUGS_AND_VACCINES.aspx.

[4] NIH，DARPA and FDA collaborate to develop cutting-edge technologies to predict drug safety[EB/OL].（2011-09-16）[2020-12-25]. https://www.nih.gov/news-events/news-releases/nih-darpa-fda-collaborate-develop-cutting-edge-technologies-predict-drug-safety.

[5] Federal agencies kick off $132 million effort to create "human on a chip" [EB/OL].[2020-12-25]. https://www.nbcnews.com/science/cosmic-log/federal-agencies-kick-132-million-effort-create-human-chip-flna908660.

[6] DARPA and NIH to fund "human body on a chip" research[EB/OL].（2012-07-24）[2020-12-25]. https://news.mit.edu/2012/human-body-on-a-chip-research-funding-0724.

[7] Wyss institute to receive up to $37 million from DARPA to integrate multiple organ-on-chip systems to mimic the whole human body[EB/OL].（2012-07-24）[2020-12-25]. https://wyss. harvard.edu/news/wyss-institute-to-receive-up-to-37-million-from-darpa-to-integrate-multiple-

organ-on-chip-systems-to-mimic-the-whole-human-body/.

[8] Vanderbilt-led team to develop "microbrain" to improve drug testing[EB/OL].（2012-07-24）[2020-12-25]. https://news.vanderbilt.edu/2012/07/24/microbrain/.

[9] Tissue chip initiatives & projects[EB/OL].[2020-12-25]. https://ncats.nih.gov/tissuechip/projects.

[10] LOW L，TAGLE D. Microphysiological systems（"organs-on-chips"）for drug efficacy and toxicity testing[J].Clinical and translational science，2017，10（4）：237-239.

[11] DARPA-funded "body on a chip" microfluidic system could revolutionize drug evaluation[EB/OL].（2018-03-19）[2020-12-25]. https://www.kurzweilai.net/darpa-funded-body-on-a-chip-microfluidic-system-could-revolutionize-drug-evaluation.

[12] EDINGTON C D，CHEN W L K，GEISHECKER E，et al. Interconnected microphysiological systems for quantitative biology and pharmacology studies[J]. Sci Rep，2018，8（1）：4530.

17 兼具预防和治疗的自动诊断技术：预防环境和传染病威胁措施（2012 年）

17.1 项目背景 [1]

为了克服主动免疫的局限性，DARPA 寻求新的可扩展被动免疫方法，旨在为健康成人提供一段时间的免疫保护，以适合军事任务要求。作为"兼具预防和治疗的自主诊断技术"（ADEPT）计划的组成部分，DARPA 计划开发核酸平台，以在体内对成年人进行瞬时免疫预防，并在体内进行宿主生产。DARPA 开展了"兼具预防和治疗的自动诊断技术：预防环境和传染病威胁措施"（Autonomous Diagnostics to Enable Prevention and Therapeutics：Prophylactic Options to Environmental and Contagious Threats，ADEPT：PROTECT）。

17.2 项目目标 [1]

该项目的目标是开发平台技术，实现有效的免疫保护，具有通用性、安全性、适应性和可扩展性。其长期目标是迅速实现免疫保护或防止疾病传播。

17.3 技术领域和阶段安排 [1]

技术领域 1：抗体与免疫分子的选择与设计。

技术领域 2：核酸结构的选择与设计。

技术领域 3：递送策略的选择与设计。

技术领域 4：瞬态保护免疫的演示。

技术领域 5：保护反应的快速识别和表征。

17.4 部署情况

2014 年，Ichor Medical Systems 获得了 ADEPT：PROTECT 项目为期 5 年共 2020 万美元的资助，该项目将资助 Ichor 的 TriGrid 电穿孔系统的开发和临床评估，作为基于 DNA 的抗体递送平台，用于生产基于被动免疫预防的保护性抗体 [2]；2013 年，Moderna Therapeutics 获得了 DARPA 2500 万美元资助，用于研究和开发其 mRNA 治疗平台，以应对广泛的已知或未知的新型传染病或工程生物威胁 [3]，2019 年，Moderna 公布了其开发的基孔肯雅病毒抗体 mRNA-1944 的初步研究成果 [4]；2014 年，CureVac GmbH 获得了该项目约 280 万美元的资助 [5]。

［参考文献］

[1] Autonomous Diagnostics to Enable Prevention and Therapeutics：Prophylactic Options to Environmental and Contagious Threats（ADEPT-Protect）[EB/OL].[2020-12-25]. https://beta. sam.gov/opp/e7b0ecea7edd24e6a066300e74cd13db/view.

[2] Ichor awarded DARPA ADEPT：Protect contract[EB/OL].（2014-11-18）[2020-12-25]. https:// globalbiodefense.com/2014/11/18/ichor-awarded-darpa-adept-protect-contract/.

[3] DARPA awards moderna therapeutics a grant for up to $25 million to develop messenger RNA therapeutics[EB/OL].[2020-12-25]. https://investors.modernatx.com/news-releases/news-release-details/darpa-awards-moderna-therapeutics-grant-25-million-develop/.

[4] Moderna announces positive phase 1 results for the first systemic messenger RNA therapeutic encoding a secreted protein（mRNA-1944）[EB/OL].（2019-09-12）[2020-12-25].

https://www.businesswire.com/news/home/20190912005422/en/Moderna-Announces-Positive-Phase-1-Results-Systemic.

[5] Federal contracts roundup–Sep 10, 2014[EB/OL]. （2014-09-10）[2020-12-25].https://globalbiodefense.com/2014/09/10/federal-contracts-roundup-sep-10-2014/#DARPA_ADEPT_Dx_Program_Award.

18 快速威胁评估（2013 年）

18.1 项目背景 [1-3]

生物细胞包含成千上万种不同分子，它们在执行基本细胞功能的复杂动态网络中相互作用。威胁剂、药物、生物剂和化学物质通过与细胞膜、细胞质或细胞核相关的一种或多种细胞分子相互作用来影响细胞功能。然后，相互作用的结果通过细胞信号网络传播，细胞功能也随之改变。其中一些相互作用可能会在几毫秒内发生，而基因和蛋白质表达的变化可能需要数小时甚至数天。在现有的方法和技术条件下，从细胞层面深层地理解某种新型的威胁物质如何对人体造成破坏，通常需要数年甚至数十年的时间。

DARPA 启动了"快速威胁评估"（Rapid Threat Assessment，RTA）项目，以开发新的高通量方法和工具，在 30 天内阐明威胁剂、药物、生物剂或化学物质影响生物细胞功能的分子机制。DARPA 认为，该项目对于分子机制的详细阐释将缩短评估药物疗效和毒性所需的时间，从而促进新药的研发。

18.2 项目目标 [3]

"快速威胁评估"项目旨在开发出能够在威胁物质接触到人体细胞后的 30 天内，表征出威胁因素影响细胞过程的完整分子机制的相关方法与技术。

18.3 技术领域和阶段安排 [3]

技术领域 1：检测化合物暴露触发的细胞事件。

技术领域 2：识别与化合物应用相关的细胞事件。

技术领域 3：化合物作用机制的确认。

18.4　部署情况

2014 年 1 月，科罗拉多大学波德分校的一个研究小组获得了 DARPA 1460 万美元资助，用于开发一个使用微流体和质谱法来确定药物和生物或化学剂如何影响人体细胞的新的技术系统 [4]。

2014 年 1 月，由乔治华盛顿大学领导的团队获得了 DARPA 为期 5 年 1460 万美元的资助，用于分析化学和生物威胁。研究内容主要包括判断生物和化学威胁如何破坏生命功能，相关途径包括转录组、蛋白质组、代谢组和生物信息学方法等 [5, 6]。

2014 年 3 月，范德堡大学团队获得了 DARPA 和陆军研究办公室 1650 万美元的资助。该团队由分析小组、生物学小组和细胞自动化小组组成。在该团队的研究中，一种由范德堡大学开发的成像质谱技术—— MALDIIMS 被用于研究基因表达的变化如何影响在细胞功能和调节中发挥重要作用的蛋白质和代谢物的产生 [7]。

[参考文献]

[1] Rapid threat assessment[EB/OL].[2020-12-25]. https://www.darpa.mil/program/rapid-threat-assessment.

[2] Rapid threat assessment could mitigate danger from chemical and biological warfare[EB/OL]. [2020-12-25]. https://www.darpa.mil/news-events/2013-05-08.

[3] Rapid Threat Assessment（RTA）[EB/OL].[2020-12-25]. https://beta.sam.gov/opp/36b9dc614083f 3d23ca379a056db728e/view.

[4] UC-Boulder wins $14.6M DARPA contract for integrated microfluidic，Mass Spec Tech[EB/OL]. （2014-01-29）[2020-12-25]. https://www.genomeweb.com/proteomics/uc-boulder-wins-146m-darpa-contract-integrated-microfluidic-mass-spec-tech#.X1XaVOfisdU.

[5] University receives up to $14.6 million to investigate biological and chemical threats[EB/OL].（2014-01-28）[2020-11-10]. https://gwtoday，gwu.edu/university-receives-146-million-

investigate-biological-and-chemical-threats.

[6] Defense Advanced Research Projects Agency（"DARPA"）funds george washington university：Protea biosciences；SRI international；and GE global research are partners[EB/OL].（2014-01-28）[2020-12-25].https://www.globenewswire.com/news-release/2014/01/28/605199/10065602/en/Defense-Advanced-Research-Projects-Agency-DARPA-Funds-George-Washington-University-Protea-Biosciences-SRI-International-and-GE-Global-Research-Are-Partners.html.

[7] Vanderbilt awarded $16.5 million agreement to determine how toxic agents affect human cells[EB/OL].[2020-12-25]. https://news.vumc.org/2014/03/03/vanderbilt-awarded-16-5-million-agreement-to-determine-how-toxic-agents-affect-human-cells/.

19　病原体捕食者（2014 年）

19.1　项目背景[1,2]

针对细菌的生物威胁最常见的防御方式是抗生素。尽管抗生素在过去已经非常有效，但它们的广泛使用导致出现了难以治疗或无法治疗的耐药性细菌感染。DAPRA 认为急需一种新型的对策来应对抗生素耐药细菌构成的威胁。

DARPA 提出，体外试验表明，噬菌蛭弧菌（Bdellovibrio Bacteriovorus）和 Micavibrio Aeruginosavorus 菌等可以捕食 100 多种人类病原体，包括具有多重药物抗性的多种病原体。因此，有可能开发一种基于捕食菌的疗法，以对抗耐药性病原体。

"病原体捕食者"（Pathogen Predators）项目旨在开发一种针对对人类具有致病性的革兰阴性细菌感染的新的疗法。该方法在很大限度上颠覆了依赖小分子抗生素的传统抗细菌疗法。DARPA 认为，如果该项目成功，"病原体捕食者"可以安全有效地治疗许多种传染病。

19.2　项目目标[2]

该项目旨在支持以细菌捕食者 Bdellovibrio 和 Micavibrio 作为耐药性革兰阴性病原体和重要威胁病原体引发感染的疗法的潜在应用。

19.3　技术领域和阶段安排 [2]

技术领域 1：宿主反应

该技术领域研究捕食者对受体（宿主）生物的施用可能引起的潜在危害。

技术领域 2：捕食者

该技术领域研究捕食者对感兴趣的革兰阴性病原体的有效性，并启动捕食相关潜在机制的基础科学研究。

技术领域 3：猎物

该技术领域研究确定感兴趣的病原体是否可以发展出对捕食者细菌的抗性。

技术领域 4：系统模型

该技术领域的目标是建立捕食者、猎物和宿主之间相互作用的定量模型。

19.4　部署情况

2015 年，罗格斯牙科医学院的研究团队获得了该项目 720 万美元的资助，合作机构有罗格斯新泽西医学院、匹兹堡大学、华尔特·里德陆军研究所和耶路撒冷希伯来大学 [3]。2017 年，约翰·霍普金斯大学研究团队获得了该项目 570 万美元的资助 [4]。其他受到资助的机构还有英国诺丁汉大学（University of Nottingham）[5]、韩国蔚山国家科学技术研究所（UNIST）[6]。

[参考文献]

[1] Pathogen predators（archived）[EB/OL].[2020-12-25].https://www.darpa.mil/program/ pathogen-predators.

[2] Pathegen predators[EB/OL].[2020-12-25].https://beta.sam.gov/opp/86237fbe72978e 3b2164ae48c175cbe2/view.

[3] Rutgers researcher receives $7.2 million from military to fight drug-resistant bacteria[EB/OL].（2015-01-29）[2020-12-25].https://www.rutgers.edu/news/rutgers-researcher-receives-72-million-military-fight-drug-resistant-bacteria#.W5llQ5NKho4.

[4] Johns Hopkins researchers aim to design self-driving cells to pursue deadly bacteria[EB/OL].

（2017-02-02）[2020-12-25].https://hub.jhu.edu/2017/02/02/self-driving-cells/.

[5] "Outside-the-Box" approaches can help combat antibiotic resistance[EB/OL].（2017-01-05）[2020-12-25].https://www.pewtrusts.org/en/research-and-analysis/articles/2017/01/05/out-of-the-box-approaches-can-help-combat-antibiotic-resistance.

[6] Unist researchers reveal how one bacterium inhibits predators with poison[EB/OL].（2018-02-01）[2020-12-25].https://www.eurekalert.org/pub_releases/2018-02/unio-urr022118.php.

20 宿主恢复力技术（2015年）

20.1 项目背景 [1-3]

DARPA认为，当前的抗感染治疗主要侧重对病原体的抑制作用。传统的疾病治疗（如抗生素）几乎完全试图通过降低患者体内病原体水平。这种方法存在一个越来越严重的缺点：任何在特定治疗中幸存下来的病原体会产生新的抗生素耐药性。因此，DARPA计划开展"宿主恢复力技术"（Technologies for Host Resilience，THoR）项目。该项目旨在开发新方法，在面对新发传染病时保障部队健康。DARPA认为，如果THoR项目取得成功，将为美军的健康和军事准备提供实质性的好处。新的治疗方法将有助于减少对抗生素的依赖，并减缓抗生素耐药性的出现；此外，THoR项目还可以帮助治疗危及生命的感染和相关疾病，如败血症等。DARPA"宿主恢复力技术"项目示意如附图D.2所示。

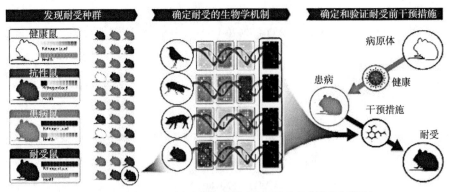

附图D.2 DARPA"宿主恢复力技术"项目示意（见书末彩插）
（资料来源：https://www.darpa.mil/news-events/2015-03-31）

20.2　项目目标 [2]

THoR 项目计划促进突破性干预措施的开发，以提高患者自身耐受多种病原体的能力，而不是专注于杀死特定的病原体。该项目探索动物种群宿主耐受性的生物学机制，目标是在未来扩大人类的治疗选择。

20.3　技术领域和阶段安排 [1]

技术领域 1：发现耐受种群

进行动物试验，以研究种群内部和种群之间宿主适应性的不同；确定对感染具有耐受性的亚群和物种。

技术领域 2：确定耐受的生物学机制

确定和描述不同生物尺度（如种群、组织和细胞）的耐受性基础。

技术领域 3：确定和验证耐受前干预措施

利用小动物和大动物模型，验证耐受前干预措施。

该项目持续时间不超过 36 个月，分为 3 个阶段，每个阶段为 12 个月。

20.4　部署情况

DARPA "宿主恢复力技术" 项目预计投入 3600 万美元 [1]。

2016 年来自埃默里大学、佐治亚大学和佐治亚理工学院的研究团队获得了 DARPA 和美国陆军 640 万美元的资助合同。该研究是 DARPA THoR 项目的一部分，其研究实验性抗性的疟疾宿主急性模型（Host Acute Models of Malaria to study Experimental Resilience，HAMMER）。HAMMER 项目侧重疟疾及其对人类和非人灵长类动物宿主的影响。该项目使用系统生物学方法，生成关于两种非人灵长类动物感染特征的大型数据集；而后开发数学模型来对比不同的感染情景，以识别与恢复能力相关的特定宿主特征。该团队还与马来西亚砂拉越大学（Universiti Malaysia，Sarawak）的研究人员合作，检测了大量来自人类疟原虫感染的样本 [4, 5]。

2016 年 5 月，哈佛大学 Wyss 研究所领导的研究团队获得了 DARPA 该项目 990

万美元的资助，主要合作机构包括哈佛医学院、梅奥诊所、塔夫茨大学和波士顿儿童医院等。该团队研究某些宿主生物能耐受病原体感染的因素，并揭示对其恢复力产生影响的生物学机制。该团队在人类、小鼠、猪和青蛙等多个物种中进行研究，寻找引起耐受的生物学机制。该团队计划利用"芯片上的器官"技术比较人和小鼠肠道中的微生物种群如何影响感染耐受性；使用猪感染模型来收集数据以识别和研究耐受性个体；开发基于生物信息学算法和建模方法的预测和分析平台[6]。

[参考文献]

[1] Technologies for Host Resilience（THoR）[EB/OL].[2020-12-25]. https://beta.sam.gov/opp/5cf5e bae89ad5108a54d21a5a82a7172/view.

[2] Technologies for Host Resilience（THoR）[EB/OL].[2020-12-25]. https://www.darpa.mil/ program/technologies-for-host-resilience.

[3] THoR aims to help future patients "weather the storm" of infection[EB/OL].[2020-12-25]. https:// www.darpa.mil/news-events/2015-03-31.

[4] DARPA $6.4M contract supports malaria research aimed at enhancing resilience[EB/OL].（2016- 05-24）[2020-12-25]. https://news.emory.edu/stories/2016/05/galinski_darpa_hammer_contract/ index.html.

[5] DARPA brings down the hammer on malaria[EB/OL].（2016-05-25）[2020-12-25]. https:// globalbiodefense.com/2016/05/25/darpa-brings-hammer-malaria/.

[6] Harvard's Wyss institute to lead multi-Institutional project to uncover underlying causes of tolerance to infection[EB/OL].（2016-05-31）[2020-12-25]. https://wyss.harvard.edu/news/ harvards-wyss-institute-to-lead-multi-institutional-project-to-uncover-underlying-causes-of- tolerance-to-infection/.

21 生物控制（2016 年）

21.1 项目背景[1-3]

DARPA 计划开展"生物控制"（Biological Control）项目，开发生物控制器，合理设计生物系统的控制工具。DARPA 认为，根据该项目开发的技术，可以加快身体创伤后的愈合，提高人体对新出现疾病的自然防御能力。

21.2　技术领域和阶段安排 [1]

技术领域 1：生物控制器

系统功能的控制必须使用由生物部件组成并嵌入生物系统的生物控制器来实现。该技术领域侧重开发生物控制器。

技术领域 2：控制器性能测试平台

生物控制器的性能必须通过试验平台进行测试和评价。该技术领域侧重开发生物控制测试平台。

技术领域 3：理论和模型

生物控制器和相关控制策略的合理设计必须有理论基础和可预测的数学模型。该技术领域侧重理论和模型的研究。

[参考文献]

[1] Biological control[EB/OL].[2020-12-25]. https://beta.sam.gov/opp/9879ddda5f8cbd30e6e8235c46
8f66ed/view.

[2] Control systems and biology[EB/OL].[2020-12-25]. https://www.darpa.mil/about-us/control-
systems-and-biology.

[3] Biological control[EB/OL].[2020-12-25]. https://www.darpa.mil/program/biological-control.

22　干扰和共同预防及治疗（2016 年）

22.1　项目背景 [1-3]

DARPA 认为，病毒类病原体具有形成大流行传染病的潜力。目前针对病毒类病原体的预防和治疗方法包括疫苗和抗病毒药物，主要是在发现时将病毒遏制在原始状态。然而，随着时间的推移，病毒病原体会发生突变和进化，对许多疗法产生抗药性。当前的"静态"疗法和预防措施需要重复和耗时的开发、制造和测试，存在投资成本高、应对新兴生物威胁能力有限等不足。此外，许多病毒性疾病目前还没有经过批准的疫苗及治疗选择。在理想情况下，要应对不断进化的病原体，药物或疫苗应当实时适应变化，并能像病原体一样迅速地改变。为了开发这种方法，DARPA 启动了"干扰和共同预防及治疗"（INTERfering and Co-Evolving Prevention and Therapy，INTERCEPT）项目。

治疗性干扰颗粒（Therapeutic Interfering Particles，TIPs）是由蛋白质壳包装的核酸片段组成的病毒样颗粒。当含有 TIPs 的宿主细胞被病毒感染时，细胞产生 TIPs 基因组拷贝，然后与病毒的基因组拷贝竞争衣壳蛋白。TIPs 优先被包装到新的壳蛋白中，从而干扰病毒在宿主中的复制。

INTERCEPT 项目旨在探索和评估利用 TIPs 作为长期控制各种快速进化病毒的治疗和预防方法。

22.2　项目目标 [2]

该项目的目标是使用治疗性干扰颗粒作为应对快速进化的病毒病原体的疗法。

22.3　技术领域和阶段安排 [1]

技术领域 1：TIPs 的开发和筛选

该技术领域侧重短期内在体外试验中产生能够证明安全性和广泛有效性的 TIPs 原型。

技术领域 2：TIPs 长期安全性、有效性和共同进化的优化

该技术领域侧重对 TIPs 优化和体内外的长期安全性、有效性，以及与亲本野生型病毒共同进化能力的评估。

技术领域 3：数学建模

该技术领域侧重 TIPs-病原体-宿主动力学的数学建模，以支持 TIPs 的优化设计，并预测 TIPs 的长期安全性、有效性和共同进化与传播能力。

22.4 部署情况

该项目的研究针对多种病原体，分别由若干研究团队同时进行。

登革热研究团队由来自澳大利亚昆士兰理工大学、昆士兰医学研究所和新加坡国立大学的研究人员组成[4]。

2016 年，华盛顿大学的一个研究小组获得了 INTERCEPT 项目的资助，相关研究成果发表在 *Science* 期刊上[5, 6]。

2017 年，一个由北卡罗来纳州立大学、杜克大学、伊利诺伊大学厄巴纳-尚佩恩分校、蒙大拿州立大学和罗格斯大学等机构的研究人员组成的研究团队获得了 INTERCEPT 项目为期 4 年共 520 万美元的资助。该团队的研究重点是流感病毒在细胞、动物和种群水平上是如何变异的，以及预测 TIPs 是否能应对流感病毒的突变[7]。

2018 年 1 月，VirionHealth 公司获得了 INTERCEPT 项目 420 万美元的资助[8]。

[参考文献]

[1] Interfering and Co-Evolving Prevention and Therapy（INTERCEPT）[EB/OL].[2020-12-25]. https://www.darpa.mil/program/intercept.

[2] Co-evolving antivirals aim to keep ahead of fast-changing viruses[EB/OL].[2020-12-25]. https://www.darpa.mil/news-events/2016-04-07a.

[3] Interfering and Co-Evolving Prevention and Therapy（INTERCEPT）[EB/OL].[2020-12-25]. https://beta.sam.gov/opp/109a03c1950a386c6ba8ef34f21226c8/view.

[4] MAPDER T，CLIFFORD S J，BURRAGE K，et al. A population of bang-bang switches of defective interfering particles makes within-host dynamics of dengue virus controllable[J]. PLoS computational biology，2019，15（1）：e1006668.

[5] BALE J B，GONEN S，LIU Y，et al. Accurate design of megadalton-scale two-component icosahedral protein complexes[J]. Science，2016，353（6297）：389-394.

[6] Biggest little self-assembling protein nanostructures created[EB/OL].[2020-12-25]. https://www.darpa.mil/news-events/2016-07-21.

[7] Attacking the flu by hijacking infected cells[EB/OL].（2017-02-16）[2020-11-10]. http://mse. rutgers.edu/news/attacking-flu-hijacking-infected-cells.

[8] University of Warwick：Biotechnology firm virionhealth receives non-dilutive funding worth up to $4.2 million from the US Defense Advanced Research Projects Agency（DARPA）[EB/OL]. （2018-01-08）[2020-12-25]. https://news.europawire.eu/university-of-warwick-biotechnology-firm-virionhealth-receives-non-dilutive-funding-worth-up-to-4-2-million-from-the-us-defense-advanced-research-projects-agency-darpa-20684316543/eu-press-release/2018/01/08/.

23 安全基因（2016 年）

23.1 项目背景[1-3]

2016 年，为应对基因编辑技术误用或滥用给美军带来的潜在威胁，加速基因编辑技术在治疗领域的发展，确保美国在基因编辑领域的优势地位，DARPA 启动了"安全基因"（Safe Genes）项目。该项目旨在促进基因编辑技术的安全性和有效性，减少这些技术的意外后果，降低这些技术的风险。DARPA"安全基因"项目示意如附图 D.3 所示。

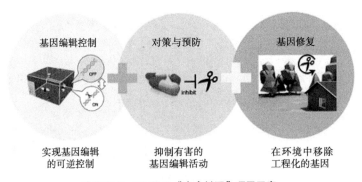

附图 D.3 DARPA "安全基因" 项目示意

（资料来源：https://www.darpa.mil/news-events/2016-09-07）

23.2 项目目标[4]

"安全基因"项目的目标是降低意外或有意滥用基因编辑技术的风险，同时寻求新型基因工程解决方案。

23.3 技术领域和阶段安排 [3]

技术领域 1：控制基因编辑活动

该技术领域致力于设计和开发基因回路和基因编辑器，实现对生物系统内基因编辑活动的可逆控制。

技术领域 2：对策与预防

该技术领域致力于开发新的分子策略，提供预防和治疗解决方案，保护生物体和种群基因组的完整性。

技术领域 3：基因修复

该技术领域致力于在各种复杂种群和环境中消除不必要的工程基因，以将系统恢复到初始状态。

23.4 部署情况

2017 年，DARPA 宣布计划在未来 4 年向"安全基因"项目投资 6500 万美元，并公布了参与该项目的 7 个研究团队：Broad 研究所、哈佛医学院、麻省总医院、麻省理工学院、北卡罗来纳州立大学、加利福尼亚大学伯克利分校、加利福尼亚大学河滨分校。该项目资助内容分为两大类：基因驱动和遗传修复技术、基因编辑在哺乳动物体内的治疗应用[1]。

23.5 研究进展 [2]

Broad 研究所负责开发在细菌、哺乳动物和昆虫中基因编辑方法，包括对疟疾蚊媒基因驱动的控制。

哈佛医学院计划通过检测、预防并最终逆转辐射引起的突变来开发保护基因组的系统。该团队还计划筛选抑制基因编辑活动有效性的天然和合成药物。

麻省总医院计划开发新的、高度敏感的方法来控制和测量靶向基因组编辑活动，限制和测量脱靶活动，并将这些方法应用于多代蚊子基因驱动系统。

麻省理工学院致力于开发模块化的具有安全、高效和可逆的基因编辑平台。

北卡罗来纳州立大学旨在开发和测试基于啮齿动物的哺乳动物基因驱动系统。

加利福尼亚大学伯克利分校计划研究开发新的、安全的基因编辑工具，以作为动物模型中靶向寨卡和埃博拉等病毒的抗病毒药物。

加利福尼亚大学河滨分校致力于开发控制埃及伊蚊种群的可逆的基因驱动系统，并在封闭的模拟自然环境中进行测试。

[参考文献]

[1] Building the safe genes toolkit[EB/OL].[2020-12-25]. https://www.darpa.mil/news-events/2017-07-19.

[2] Setting a safe course for gene editing research[EB/OL].[2020-12-25]. https://www.darpa.mil/news-events/2016-09-07.

[3] Safe genes tool kit takes shape[EB/OL].[2020-12-25]. https://www.darpa.mil/news-events/2019-10-15.

[4] Safe genes[EB/OL].[2020-12-25]. https://beta.sam.gov/opp/1f54e69797b94552e7a951551d16a91f/view.

24 普罗米修斯（2016 年）

24.1 项目背景 [1,2]

"普罗米修斯"（Prometheus）项目旨在开发一种预测方法，确定个体在接触传染性病原体后是否会传播疾病，并预测 24 小时内受感染个体的传染性。

该项目重点关注急性呼吸道感染，利用来自研究志愿者的回顾性数据和前瞻性数据识别宿主生物标志物，并开发分析工具，以预测哪些个体将具有传染性，以及他们是否表现出症状。

24.2 项目目标 [3]

该项目旨在发现预测传染病传播潜力的宿主分子特征，最终目标是获得早期人类宿主生物标志物，以预测人体感染或接触病原体后 24 小时内的传染性，从而尽早采取隔离措施，限制疾病传播。

24.3　技术领域和阶段安排 [3]

技术领域 1：宿主分子靶标发现

该技术领域侧重宿主分子靶标的数据收集。

技术领域 2：预测算法开发

该技术领域利用在技术领域 1 中收集的回顾性和前瞻性数据来开发预测模型，并发现与疾病进展相关的分子特征。

24.4　部署情况

2016 年，哥伦比亚大学梅尔曼公共卫生学院的一个研究团队获得了 DARPA 约 150 万美元的资助。该团队的研究工作从 2016 年 1 月持续到 2019 年 12 月 [3]。

马里兰大学负责的项目名称为"Got Flu"，该项目针对急性呼吸道感染进行广泛研究，主要研究流感或急性呼吸道感染相关病毒在封闭空间或建筑物（如办公室、学校、监狱和医院等）内的传播 [4]，美国弗劳恩霍夫实验软件工程中心是该团队的合作机构 [5]。

[参考文献]

[1] Prometheus[EB/OL].[2020-12-25]. https://www.darpa.mil/program/prometheus.

[2] Predicting contagiousness to limit the spread of disease[EB/OL].[2020-12-25]. https://www.darpa.mil/news-events/2016-06-13a.

[3] Prometheus[EB/OL].[2020-12-25]. https://beta.sam.gov/opp/219eabbc4ab26 c9919af393833cdf544/view.

[4] Got flu? Prometheus[@]UMD wants you![EB/OL].[2020-12-25]. https://sph.umd.edu/news-item/got-flu-prometheusumd-wants-you.

[5] Gesundheit! Prometheus[@]UMD flu research spreads[EB/OL].（2018-04-18）[2020-12-25]. https://www.cese.fraunhofer.org/en/News/Prometheus.html.

25　昆虫联盟（2016 年）

25.1　项目背景

2016 年 10 月，DARPA 提出开展"昆虫联盟"（Insect Allies）项目，以利用天然且高效的两步递送系统，即昆虫载体和它们所传播的植物病毒，将经过改造修饰的基因转移到植物上，以达到增强植物性状、抵抗农业威胁的目标。

25.2　项目目标

该项目旨在开发通过媒介昆虫向靶标植物传播经过基因改造的植物病毒，以在单个生长季节内增强成熟植物性状，从而抵御各种人为或自然发生的灾害。DARPA"昆虫联盟"项目示意如附图 D.4 所示。

附图 D.4　DARPA"昆虫联盟"项目示意（见书末彩插）
（资料来源：https://www.darpa.mil/news-events/2016-10-19）

25.3　技术领域和阶段安排

技术领域 1：植物病毒操纵

该技术领域的主要目标是选择、修饰和优化能够感染单个成熟植株的病毒。

技术领域 2：昆虫载体优化

该技术领域的主要目标是能够感染目标成熟植物的昆虫载体的选择、修饰和优化。

技术领域 3：成熟植物选择性基因治疗

该技术领域的主要目标是增强植物特定性状的目标基因在成熟植物中的表达。

"昆虫联盟"项目整个研究计划为期 4 年，分为 3 个连续的阶段。每个阶段的时间分别为 12 个月（Ⅰ阶段）、18 个月（Ⅱ阶段）、18 个月（Ⅲ阶段）。

25.4 部署情况

DARPA"昆虫联盟"项目总投入经费约 3230 万美元，共有 4 个研究团队获得了资助。

[参考文献]

[1] 王盼盼，田德桥 .DARPA 昆虫盟友项目生物安全问题争议 [J]. 军事医学，2019，43（7）：488-493.

[2] REEVES R G，VOENEKY S，CAETANO-ANOLLES D，et al.Agricultural research，or a new bioweapon system? [J]. Science，2018，362（6410）：35-37.

26 大流行病预防平台（2017 年）

26.1 项目背景 [1-3]

DARPA 认为，消除传染病大流行和减轻潜在高威胁生物剂释放的影响是国家安全的优先事项。

DARPA 认为，现有应对疫情、开发疫苗和治疗剂的能力通常需要数年甚至数十年才能取得成果。在许多情况下，即使数十年的研究也未能开发出针对性理想疫苗。此外，传统疫苗产品的制造通常需要花费额外的 6 ~ 9 个月的时间。

即使获得有效的疫苗，人类的免疫力也可能需要数周或数月才能建立。为了应对突发传染病带来的日益严重的威胁，DARPA 启动了"大流行病预防平台"（Pandemic Prevention Platform，P3）项目，该项目旨在通过寻求新的方法来极大地加快研发和制造针对传染病的医学对策。P3 项目旨在实现有效的基于 DNA 和 RNA 的医疗措施的快速研发、生产、测试和分发。DARPA "大流行病预防平台" 项目示意如附图 D.5 所示。

附图 D.5　DARPA "大流行病预防平台" 项目示意

26.2　项目目标 [2]

"大流行病预防平台"（P3）项目旨在开发一个综合技术平台，以在 60 天内阻止任何病毒性疾病暴发和蔓延，避免使其发展为大规模流行状态。

26.3　技术领域和阶段安排 [2]

技术领域 1：随需要而改变的病毒培养平台

快速处理新出现病原体的一个关键能力是培养用于初始测试的足够数量的病毒。

技术领域 2：抗体发展系统：快速获取高度有效的医疗对策

该技术领域侧重开发一种平台技术，以快速开发出高效抗体。

技术领域 3：医疗应对措施的递送

该技术领域计划开发新的递送方法，包括电穿孔或化学方法（核酸的脂质体或聚合物包装）递送机制。

26.4　部署情况

2018年，DARPA宣布"大流行病预防平台"项目资助机构，包括杜克大学、范德堡大学、MedImmune 和 Abcellera Biologics Inc.[3]。

26.5　研究进展 [4]

2020 年 11 月 19 日，作为 P3 项目的一部分，AbCellera Biologics Inc. 宣布与 NIAID 疫苗研究中心（VRC）合作生产的一种抗体 Bamlanivimab（LY-CoV555），已获得美国 FDA 的紧急使用授权，用于治疗 12 岁及以上的 COVID-19 患者。

[参考文献]

[1] Pandemic Prevention Platform（P3）[EB/OL].[2020-12-25]. https://www.darpa.mil/program/ pandemic-prevention-platform.

[2] Pandemic Prevention Platform（P3）[EB/OL].[2020-12-25]. https://beta.sam.gov/opp/f7946e4fd3f 29bc3fe07278b3ef56e8e/view.

[3] DARPA names researchers working to halt outbreaks in 60 days or less[EB/OL].[2020-12-25]. https://www.darpa.mil/news-events/2018-02-22.

[4] DARPA's early investment in COVID-19 antibody identification producing timely results [EB/ OL].[2020-12-25]. https://www.darpa.mil/news-events/2020-11-10.

27　先进植物技术（2017 年）

27.1　项目介绍

2017 年 11 月 17 日，DARPA 发布"先进植物技术"（Advanced Plant Technologies，APT）项目，通过修改植物基因，开发一种响应特定环境刺激（如生化武器、病原体、核辐射和电磁信号等）、可以远程监控的植物情报收集传感器。

APT 项目将创造新的植物传感器来感知和报告国防部感兴趣的相关信息。这些信息与人类活动有关（如有意或意外的化学或生物释放）。国防部感兴趣的各类信息包括生物剂（如孢子、病毒、细菌和毒素等）、化学物质和辐射信号。

APT 项目的 3 个技术目标为：识别、测试和整合用于植物感知和报告的遗传成分；植物资源的收集和分配；确保经改造植物在预期环境中具有长期的感知和报告能力。DARPA"先进植物技术"项目示意如附图 D.6 所示。

附图 D.6　DARPA"先进植物技术"项目示意（见书末彩插）
（资料来源：https://www.darpa.mil/news-events/2017-11-17）

27.2　部署情况

2018 年，由田纳西大学农业研究所领导的研究团队获得了 DARPA"先进植物技术"项目 750 万美元的资助，利用植物来检测部署部队的环境威胁，目标是开发一种革命性的（植物）传感器平台。合作机构有麻省理工学院、美国能源部等机构。此外，Donald Danforth 植物科学中心获得了 DARPA 该项目 1 000 万美元的资助；约翰·霍普金斯大学应用物理研究实验室获得了该项目 1 000 万美元的资助。

[参考文献]

[1] Nature's silent sentinels could help detect security threats[EB/OL].[2020-12-25]. https://www.

darpa.mil/news-events/2017-11-17.

28 预防新发病原体威胁（2018 年）

28.1 项目介绍[1,2]

2018 年，为寻求从源头上追踪和遏制新发病毒性传染病的方法，保障部署在全球病原体跨物种传播高风险地区美军的安全，DARPA 宣布开展"预防新发病原体威胁"（Preventing Emerging Pathogenic Threats，PREEMPT）项目。该项目旨在通过研究病原体跨物种演化规律（重点关注蝙蝠传人病毒）、监测病原体跨物种传播的热点地区，并实施干预措施，遏制病原体经动物到人的跨物种传播，抑制病毒进入人类种群，项目为期 3.5 年，包括两个技术领域：① 开发和验证综合模型，量化在"热点"地理区域的动物宿主中出现可感染人类病毒的可能性；② 开发靶向抑制宿主或媒介载体中的动物病毒的方法，以降低病毒传播给人类的可能性。

DARPA"预防新发病原体威胁"项目示意如附图 D.7 所示。

附图 D.7　DARPA"预防新发病原体威胁"项目示意

（资料来源：https://www.darpa.mil/news-events/2019-02-19）

28.2　部署情况[2]

2019 年，DARPA 公布了入选 PREEMPT 项目的 5 个研究团队。

一是 Autonomous Therapeutics 公司的 Ariel Weinberger 团队。该团队由来自澳大利亚动物健康实验室、美国海军医学研究二部、加利福尼亚大学洛杉矶分校、芝加哥大学医学院及得克萨斯大学医学分部的研究人员组成。该团队研究鸟类和小型哺乳动物空气传播的高致病性禽流感病毒及蜱传播的克里米亚–刚果出血热病毒。

二是加利福尼亚大学戴维斯分校比较医学中心的 Peter Barry 和全健康研究所（One Health Institute）的 Brian Bird 共同领导的团队。该团队的其他机构有德国莱布尼茨实验病毒学研究所、西奈山伊坎医学院、NIH 落基山实验室、英国普利茅斯大学、英国格拉斯哥大学、爱达荷大学及西澳大利亚大学。该团队检测啮齿动物中的拉沙病毒，并研究猕猴中的埃博拉病毒。

三是法国巴斯德研究所的 Carla Saleh 领导的团队。该团队的其他机构有巴斯德研究在柬埔寨、中非、法国、法属圭亚那、马达加斯加和乌拉圭的国际网络合作伙伴，以及 Latham BioPharm Group 公司、弗吉尼亚理工学院、弗吉尼亚州立大学。该团队研究数种蚊媒病毒。

四是蒙大拿州立大学的 Raina Plowright 领导的团队。该团队的其他机构有卡里生态系统研究所、科罗拉多大学、康奈尔大学、澳大利亚格里菲斯大学、约翰·霍普金斯大学、NIH 落基山实验室、宾夕法尼亚州立大学、得克萨斯理工大学、加利福尼亚大学伯克利分校、加利福尼亚大学洛杉矶分校及英国剑桥大学。该团队研究来自蝙蝠的肝炎病毒。

五是英国 Pirbright 研究所的 Luke Alphey 领导的团队。该团队的其他机构有英国诺丁汉大学和瑞典塔尔图大学。该团队致力于阻断包括登革热、西尼罗和寨卡病毒在内的黄病毒的蚊子传播。

[参考文献]

[1] Preventing Emerging Pathogenic Threats（PREEMPT）proposers day（archived）[EB/OL].

[2020-12-26].https://www.darpa.mil/news-events/ preventing-emerging-pathogenic-threats-proposers-day.

[2] DARPA. A new layer of medical preparedness to combat emerging infectious disease[EB/OL]. [2020-12-29]. https://www.darpa.mil/news-events/2019-02-19.

29　表观遗传特征与监测（2018 年）

29.1　项目介绍 [1]

2018 年 2 月 1 日，DARPA 发布 "表 观 遗 传 特 征 与 监 测"（Epigenetic Characterization and Observation，ECHO）项目，旨在降低大规模杀伤性武器对美军构成的威胁。该项目计划建立可现场部署的技术平台，以研发一种可以读取某人表观基因信息的便携式设备，识别人体所接触过的大规模杀伤性武器及相关材料标记。ECHO 项目为期 4 年。DARPA 预计，该技术可为暴露于威胁因素或可能受到感染的部队提供快速诊断，并及时发出信号以采取有效的医疗对策。

项目的技术重点包括：研究识别和区分暴露于威胁因子的表观遗传特征；创建用于确定风险类型和暴露时间的法医和诊断分析技术；开发 30 分钟内能进行多种分子分析和生物信息学分析的设备。DARPA "表观遗传特征与监测" 项目示意如附图 D.8 所示。

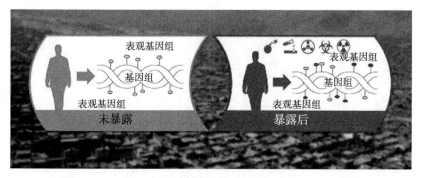

附图 D.8　DARPA "表观遗传特征与监测" 项目示意（见书末彩插）
（资料来源：https://www.darpa.mil/program/epigenetic-characterization-and-observation）

29.2 部署情况 [2-4]

2019 年，亚利桑那州立大学研究团队获得了 DARPA ECHO 项目 3880 万美元资助。该团队的其他机构有斯坦福国际研究院、Gryphon 科学公司、哥伦比亚大学、北亚利桑那大学及圣路易斯华盛顿大学。

2019 年，西奈山伊坎医学院领导的研究团队获得了该项目 2780 万美元的资助。该研究团队包括 INanoBio 公司（获得资助 540 万美元）和 Fluidigm 公司（获得资助 390 万美元），以及另外 6 家学术机构。

[参考文献]

[1] Reading the body's history of threat exposure [EB/OL].[2020-12-26]. https://www.darpa.mil/news-events/2018-02-01.

[2] Battelle embarks on DARPA ECHO program [EB/OL].（2019-01-29）[2020-12-26]. https://www.businesswire.com/news/home/20190729005374/en/Battelle-Embarks-DARPA-ECHO-Program.

[3] DARPA grants ASU up to $38.8 million to create epigenetic tool for fight against weapons of mass destruction[EB/OL].（2019-07-22）[2020-12-26]. https://asunow.asu.edu/20190722-darpa-grants-asu-388-million-create-epigenetic-tool-fight-against-weapons-mass-destruction.

[4] Mount Sinai gets $27.8M DARPA grant for epigenetic tech to measure WMD exposure [EB/OL].（2019-06-13）[2020-12-26]. https://www.genomeweb.com/research-funding/mount-sinai-gets-278m-darpa-grant-epigenetic-tech-measure-wmd-exposure#.XhKaxxczau4.

30 持续性水生生物传感器（2018 年）

30.1 项目介绍 [1]

2018 年 2 月 2 日，DARPA 发布"持续性水生生物传感器"（Persistent Aquatic Living Sensors，PALS）项目，开发监测水下运载工具的水生生物传感器硬件设备，研究海洋生物探测水下运载工具的生物信号或行为，探测美军面临的海上威胁。

PALS 项目为期 4 年，计划研究自然和改良水生生物，确定哪些生物传感器能够较好地支持监测载人和无人水下运载工具的传感器系统。项目研究海洋生物对这些水下运载工具的反应，并对所得到的生物信号或行为进行特征化，以便通过硬件设备捕获这些生物信号。

DARPA"持续性水生生物传感器"项目示意如附图 D.9 所示。

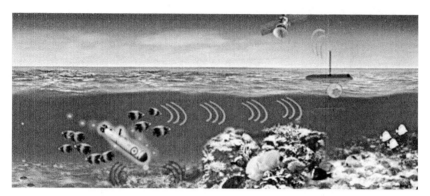

附图 D.9　DARPA"持续性水生生物传感器"项目示意
（资料来源：https://www.darpa.mil/news-events/2018-02-02）

30.2　部署情况 [2]

该项目截至 2021 年 2 月合计投入经费 4500 万美元。2019 年 5 月，DARPA 公布了参与该项目研究的 5 个研究团队。

一是 Northrop Grumman 公司领导的团队。

二是海军研究实验室领导的团队。

三是佛罗里达大西洋大学领导的团队。

四是 Raytheon BBN Technologies 公司领导的团队。

五是马里兰大学环境科学研究中心领导的团队。

此外，DARPA 还通过该项目资助了 Lauren Freeman 领导的美国纽波特海军海底作战中心，以研发一种海底探测系统。

[参考文献]

[1] PALS turns to marine organisms to help monitor strategic waters [EB/OL]. [2020-12-25]. https://

www.darpa.mil/news-events/2018-02-02.

[2] Five teams of researchers will help DARPA detect undersea activity by analyzing behaviors of marine organisms [EB/OL].[2020-12-25]. https://www.darpa.mil/news-events/2019-02-15.

31 朋友或敌人（2018 年）

31.1 项目介绍[1]

2018 年 2 月 7 日，DARPA 发布"朋友或敌人"（Friend or Foe）项目，将开发快速筛选未知细菌确定其致病性的便携式平台。该项目计划检测细菌致病性的三种特征：细菌能否在宿主中存活；细菌是否会危害宿主；细菌能否自我保护。

31.2 部署情况[2,3]

2019 年，得克萨斯农工大学的研究团队获得了 DARPA "朋友或敌人"项目 1420 万美元的资助，以开发一种快速检测土壤或水样中存在哪些病原体的方法。该团队的合作机构有俄克拉荷马大学、加利福尼亚大学旧金山分校、弗吉尼亚大学和阿贡国家实验室。

此外，Raytheon BBN Technologies 公司也获得该项目的资助，以开发基于传感器的可识别潜在细菌威胁的生物监测工具。其目的是开发一种便携式筛查设备，用于检测和鉴定病原体。

[参考文献]

[1] Playing 20 questions with bacteria to distinguish harmless organisms from pathogens [EB/OL]. [2020-12-25]. https://www.darpa.mil/news-events/2018-02-07a.

[2] Bacteria and pathogens：determining friend from foe in soil and water [EB/OL].[2020-12-25]. https://vitalrecord.tamhsc.edu/bacteria-and-pathogens-determining-friend-from-foe-in-soil-and-water/.

[3] Raytheon developing portable "Friend or Foe" system to identify harmful bacteria before they

cause harm [EB/OL]. （2019-04-23）[2020-12-25]. https:// raytheon.mediaroom.com/2019-04-23-Raytheon-developing-portable-Friend-or-Foe-system-to-identify-harmful-bacteria-before-they-cause-harm.

32 SIGMA+ 传感器（2018 年）

32.1 项目介绍 [1]

2018 年 2 月 20 日，DARPA 发布"SIGMA+"项目，以开发探测生物、化学和爆炸物威胁的新型传感器和网络。SIGMA 项目旨在开发探测放射性及核物质威胁的传感器和网络，SIGMA+ 是 SIGMA 项目的延伸。

该项目目标是利用感知、数据融合及建模技术开发和演示化生和爆炸物早期探测系统。该项目要求开发高灵敏度的探测器，进行情报分析，以探测与大规模杀伤性武器相关的各种物质的痕迹。SIGMA+ 将采取通用网络和移动感知策略，在探测和预警化学和爆炸物方面，将开发数百种化学物质微量水平的远程探测方法；在探测生物威胁方面，将开发实时探测各种病原体痕迹的传感器。

项目为期 4 年，分两个阶段：第 1 阶段开发探测生物剂、化学物质和爆炸物的新型传感器；第 2 阶段开展网络开发和集成。

32.2 部署情况 [2-4]

在初步研究中，来自麻省理工学院林肯实验室、Physical Sciences Inc. 和 Two Six Labs 的研究人员建立了一个小型的化学传感器网络。2018 年 4 月，DARPA 的演示团队与印第安纳警察局、印第安纳波利斯赛车场及马恩县卫生局合作，在印第安纳波利斯赛车场的现场部署了该网络。2018 年 8 月，在该赛车场，DARPA 现场释放了化学模拟烟雾进一步进行了测试，结果显示化学传感器原型系统（ChemSIGMA）检测到了所有释放的模拟烟雾，并在测试过程中发出警报。2018 年 10 月，DARPA 在犹他州杜格威试验场进行了模拟测试。

2020 年 1 月，巴特尔纪念研究所获得该项目 740 万美元的资助，用于进一步研究和开发先进的网络化生物威胁传感器。该研究将在俄亥俄州哥伦布和马萨诸塞州剑桥两地进行。

[参考文献]

[1] SIGMA + sensors proposers day [EB/OL].[2020-12-28]. https://beta.sam.gov/opp/171d8be6900a6df2cd1d0b2501608c78/view.

[2] DARPA's SIGMA program transitions to protect major U.S. metropolitan region [EB/OL].[2020-12-28]. https://www.darpa.mil/news-events/2020-09-04.

[3] DARPA tests advanced chemical sensors [EB/OL].[2020-12-28]. https://www.darpa.mil/news-events/2019-04-30.

[4] Battelle Awarded DARPA SIGMA+ contract for biological threat sensors [EB/OL].[2020-12-28]. https://www.battelle.org/newsroom/news-details/battelle-awarded-darpa-sigma-contract-for-biological-threat-sensors.

33 保护性等位基因和响应元件的预表达（2018 年）

33.1 项目背景 [1,2]

2018 年 5 月，DARPA 发布了"保护性等位基因和响应元件的预表达"（PReemptive Expression of Protective Alleles and Response Elements，PREPARE）项目，旨在开发普遍适用的医疗对策，能够安全地暂时性调节人体的保护性基因活性。该项目为期 4 年，最终目标是开发一种模块化的应对各种威胁的平台解决方案。

33.2 项目介绍 [1,2]

PREPARE 技术计划通过表观基因组和转录组来暂时调节人类基因的活性，建立提供可编程但短暂的基因调节、短时间内进行保护人体的基因干预措施。该项目专注基因表达的可编程调控，提供针对多种威胁的可调或可逆的治疗方法。

PREPARE项目将重点关注4种威胁，即流感病毒感染、阿片类药物过量、有机磷中毒和 γ 辐射暴露，最终建立一个人体抵御外部新出现威胁的通用平台。DARPA "保护性等位基因和响应元件的预表达"项目示意如附图 D.10 所示。

附图 D.10　DARPA "保护性等位基因和响应元件的预表达"项目示意
（资料来源：https://www.darpa.mil/news-events/2019-06-27）

33.3　技术重点 [1,2]

该项目主要使用计算机、细胞培养、类器官和动物模型进行研究。项目将开发用于靶向调节体内基因表达的新工具。

33.4　部署情况 [2]

2019 年 6 月，DARPA 公布了开展 PREPARE 研究的工作团队。三个团队正在采用多种方法进行流感预防和治疗，这些方法使用基因调节剂来增强人体对流感的天然防御能力，削弱病毒造成伤害的能力。此外，研究团队正在设计对策，以使其易于递送（如鼻内喷雾剂），从而减少后勤负担。

DNARx 公司的 Robert Debs 领导的团队将开发一种新的 DNA 编码的基因疗法。该疗法可通过增强鼻腔和肺部的自然免疫反应及其他保护功能来帮助患者抵抗流感。

佐治亚理工学院的 Phil Santangelo 领导的团队致力于开发新的基因疗法，

通过向肺部输送 mRNA 编码的基因调节剂和抗病毒剂来增强宿主防御能力或即刻阻断病毒复制。该团队还寻求改善当前流感疫苗的反应性并提高其效果。

马萨诸塞大学医学院的 Robert Finberg 领导的团队鉴定新的宿主和病毒靶标序列，包括可用于增强宿主抵抗力的非编码 RNA。

[参考文献]

[1] PReemptive Expression of Protective Alleles and Response Elements（PREPARE）[EB/OL]. [2020-12-28]. https://www.darpa.mil/program/ preemptive-expression-of-protective-alleles-and-response-elements.

[2] A dose of inner strength to survive and recover from potentially lethal health threats [EB/OL]. [2020-12-28]. https://www.darpa.mil/news-events/2019-06-27.

34 媒介重新引导（2019 年）

34.1 项目介绍 [1,2]

DARPA 认为，蚊子可传播登革热、疟疾和其他虫媒疾病，这对美军的公共健康构成重大威胁。人类皮肤中的热量和挥发性分子将蚊子引导到特定皮肤部位，这些挥发性分子中的许多是由皮肤微生物代谢产生的。2019 年 5 月，美国国防高级研究计划局（DARPA）生物技术办公室（BTO）发布了"媒介重新引导"（ReVector）项目。该项目旨在开发精确、安全和有效的技术，以通过改变皮肤微生物组或其代谢过程中产生的物质来调节与皮肤相关的挥发性分子的分布，改变皮肤气味，从而减少对蚊子的吸引力。

尽管已经有其他方法可以减缓媒介对疾病的传播（如蚊帐、化学驱避剂、抗疟疾药物等），但在军事行动中会增加部队的后勤负担。相比之下，预期的 ReVector 可以在任务执行前几小时进行，并且可以长达两周不进行重新施用，从而提供了较为持续的保护。DARPA "媒介重新引导"项目构想如附图 D.11 所示。

附图 D.11　DARPA "媒介重新引导" 项目构想

34.2　技术领域和阶段安排 [1,2]

该项目计划为期 4 年，包括 2 个技术领域和 3 个研究阶段。第 1 阶段为基础期，为期 18 个月；第 2 阶段和第 3 阶段为可选阶段，均持续 12 个月。

技术领域 1：代谢物鉴定与设计

该技术领域侧重开发平台技术，以识别影响对蚊子吸引力的关键代谢物。

技术领域 2：调整与应用

该技术领域侧重基于技术领域 1 设计开发精确、安全地影响皮肤微生物组的技术。

34.3　部署情况 [2,3]

2020 年 11 月，DARPA 资助 2 个团队 ReVector 项目，为斯坦福大学和 Ginkgo Bioworks。其中 Ginkgo Bioworks 团队还包括 BioPharm Group 和佛罗里达国际大学，该团队获得的经费资助为 1500 万美元。

[参考文献]

[1] DARPA ReVector [EB/OL].[2020-12-25]. https://www. darpa.mil/program/ReVector.

[2] DARPA selects teams to modify skin microbiome for disease prevention [EB/OL].[2020-12-25]. https://www.darpa.mil/news-events/2020-11-06.

[3] Team awarded $15M by DARPA to develop skin microbiome-based mosquito repellent [EB/OL]. （2020-12-12）[2020-12-25]. https://news.fiu.edu/2020/team-awarded-15m-by-darpa-to-develop-skin-microbiome-based-mosquito-repellent.

35 全球核酸按需制备（2019 年）

35.1 项目介绍 [1]

2019 年 10 月，DARPA 启动了"全球核酸按需制备"（Nucleic Acids On-Demand Worldwide，NOW）项目，旨在开发一种移动医疗对策（Mobile Medical Countermeasure，MCM）制造平台，在 24 小时内快速生产、配制和包装核酸治疗剂。该平台具有弹性、可移动的核酸 MCM 制造能力，可以在军事行动发生的任何地方立即做出响应。具体技术能力包括：① 设计新的生物 / 化学方法来提高核酸合成的速度、效率和准确性；② 设计符合监管标准的自动化核酸生产线；③ 开发新型在线纯化和分析工具。

35.2 技术领域和阶段安排 [1]

技术领域 1：上游处理

设计符合 GMP 标准的新型、高效、准确的基于核酸的治疗剂的合成方法。

技术领域 2：下游处理和平台集成

将上游和下游处理与产品完成集成到一个移动的、自动化的端到端制造平台上，该平台可满足法规标准并提供易于使用的界面。

该项目为期 5 年，分为 3 个阶段。第 1 阶段（基础期）为 3 年，第 2 阶段和第 3 阶段为可选阶段，分别持续 12 个月。

35.3 部署情况 [2]

2020 年 10 月，Moderna 公司获得 DARPA 该项目 5600 万美元资助。

[参考文献]

[1] Nucleic Acids On-Demand Worldwide（NOW）[EB/OL].[2020-12-28].https://beta.sam.gov/opp/0 12d635117004012a37295c2b10ff78f/ view.

[2] DARPA awards Moderna up to $56 million to enable small-scale，rapid mobile manufacturing of nucleic acid vaccines and therapeutics[EB/OL].（2020-10-08）[2020-12-28].https://modernatx. gcs-web.com/news-releases/news-release-details/darpa-awards-moderna-56-million-enable-small-scale-rapid-mobile.

36 个性化保护生物系统（2019 年）

36.1 项目介绍

DARPA 认为，化学和生物威胁已变得越来越普遍和多样化，这给在各种不同作战环境中执行任务的美军带来了风险。现有防护服过于笨重，严重限制了使用者的活动性。"个性化保护生物系统"（Personalized Protective Biosystem，PPB）项目旨在减少防护设备的需求，同时增强针对现有和未来化学生物威胁的防护。

PPB 项目旨在开发一种技术，减少对烦琐的防护设备的需求，同时增强针对化学和生物威胁的个人防护。该项目包括两个技术领域：① 开发防止威胁因素进入人体的材料；② 一种可按需配置的屏障对策，在易感的组织屏障处（如皮肤、眼和呼吸道）中和威胁因素。PPB 项目的目标是在长达 30 天的部署中保持有效防护作用，并在 30 天内的任何时间提供至少 12 小时的按需化学生物威胁保护。

PPB 项目旨在提高稳定性，并为在恶劣环境下工作的作战人员提供灵活防护。这将通过轻量级的材料和适应性强的保护性对策来实现，这些对策可独立发挥作用，也可作为整体提供按需、广谱和快速保护。DARPA "个性化保护生物系统" 项目示意如附图 D.12 所示。

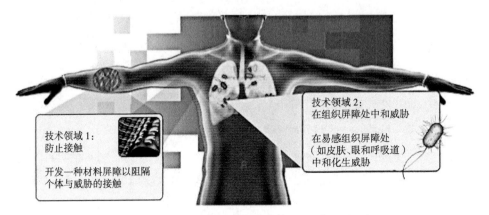

技术领域 1：
防止接触

开发一种材料屏障以阻隔个体与威胁的接触

技术领域 2：
在组织屏障处中和威胁

在易感组织屏障处（如皮肤、眼和呼吸道）中和化生威胁

附图 D.12　DARPA "个性化保护生物系统" 项目示意
（资料来源：https://www.darpa.mil/program/personalized-protective-biosystem）

36.2　技术领域

技术领域 1：防止接触

该技术领域计划开发一种防护材料。人员穿戴这种材料时，可以防止穿戴者沾染化生威胁，同时将穿戴时间减少到 10 分钟以内。

技术领域 2：在组织屏障处中和威胁

该技术领域计划开发对所有潜在的气道、眼部或皮肤发挥作用的中和剂。这将补充技术领域 1 的保护屏障，提供持久的保护，以防止可能穿透外层材料的威胁。

[参考文献]

[1] Personalized Protective Biosystem（PPB）[EB/OL].[2020-12-28]. https://www.darpa.mil/program/personalized-protective-biosystem.

[2] Personalized Protective Biosystem（PPB）proposers day（archived）[EB/OL].[2020-12-28].https://www.darpa.mil/news-events/personalized-protective-biosystem-proposers-day.

37 利用基因编辑技术进行检测（2019 年）

37.1 项目介绍 [1,2]

2019 年 11 月，DARPA 启动了"利用基因编辑技术进行检测"（Detect It with Gene Editing Technologies，DIGET）项目，其目标是在几分钟内为医疗决策者提供关于健康威胁的全面、具体和可靠的信息，以防止疾病的传播，并及时部署对策。DIGET 项目开发两种设备：一种是手持式检测设备，可一次筛查至少 10 种病原体或宿主生物标志物样本；另一种是能够同时筛查超过 1000 个临床和环境样本的大规模多重检测平台。DARPA 计划该系统的两部分都可以快速按需配置，以适应不断变化的需求。

DARPA 资助了针对 COVID-19 的相关研究，研究人员获得了 SARS-COV-2 的测序信息，并利用这些信息开发了针对 SARS-COV-2 的高特异性和敏感性的诊断试剂。

37.2 技术领域和阶段安排 [1,2]

技术领域 1：检测方法的设计与开发

技术领域 1 的目的是建立支持基于基因编辑技术的病原体和宿主核酸靶点检测工具和检测方法。DARPA 要求研究机构必须以核酸为检测目标。

技术领域 2：设备开发与部署

技术领域 2 的目标是开发低成本、即时检测设备和简单、耐用的可移动式设备。

[参考文献]

[1] Gene editors could find new use as rapid detectors of pathogenic threats [EB/OL].[2020-12-28]. https://www.darpa.mil/news-events/2019-11-15.

[2] Detect It with Gene Editing Technologies（DIGET）proposers day（archived）[EB/OL]. [2020-12-28]. https://www.darpa.mil/news-events/detect-it-with-gene-editing-technologies-proposers-day.

附录 E DARPA 生物防御科研项目资助合同列表

序号	资助年度	项目名称	合同号	承担机构	经费/万美元
1	2010	7-Day Biodefense	W911NF1010266	Dana-Farber Cancer Institute	585
2	2010	7-Day Biodefense	W911NF1010268	Charles Stark Draper Laboratory，Inc.	268
3	2011	7-Day Biodefense	W911NF1010299	Arizona State University	239
4	2011	7-Day Biodefense	W911NF1010268	Charles Stark Draper Laboratory，Inc.	228
5	2011	7-Day Biodefense	W911NF1010382	Pulmatrix，Inc.	217
6	2012	7-Day Biodefense	W911NF1010268	Charles Stark Draper Laboratory，Inc.	152
7	2011	7-Day Biodefense	W911NF1010266	Dana-Farber Cancer Institute	148
8	2012	7-Day Biodefense	W911NF1010266	Dana-Farber Cancer Institute	80
9	2011	7-Day Biodefense	W911NF1010217	Harvard School of Public Health	79
10	2010	7-Day Biodefense	W911NF1010278	Defence Science and Technology Laboratory	71
11	2010	7-Day Biodefense	W911NF1010240	CareFusion Corporation	59
12	2010	7-Day Biodefense	W911NF1010287	Fio Corporation	35
13	2011	7-Day Biodefense	W911NF1010287	Fio Corporation	28
14	2011	7-Day Biodefense	W911NF1010264	Ohio State University	17
15	2011	7-Day Biodefense	D11PC20051	Strategic Analysis，Inc.	13
16	2011	7-Day Biodefense	W911NF1010278	Defence Science and Technology Laboratory	10
17	2005	Active BW sensors	N00173011 G009	Hebrew University	154
18	2000	Active BW sensors	N000149810760	Massachusetts Institute of Technology	144
19	2005	Active BW sensors	N66001 01 C8065	VisiGen Biotechnologies，Inc.	131
20	2005	Active BW sensors	N6600101C8041	Imperial College（London）	113
21	2000	Active BW sensors	N0001498C0326	Cellomics，Inc.	110
22	2005	Active BW sensors	N6600101C8064	Vanderbilt University	92

续表

序号	资助年度	项目名称	合同号	承担机构	经费/万美元
23	2000	Active BW sensors	F1962895C0002	MIT Lincoln Laboratory	92
24	2005	Active BW sensors	N6600 102C8060	Atlantic Scientific Development	79
25	2005	Active BW sensors	N6600101C8047	Oregon State University	78
26	2005	Active BW sensors	N0017301C2008	Fast Mathematical Algorithms &Hardware	76
27	2005	Active BW sensors	N66001 02C8001	Arete Associates	66
28	2005	Active BW sensors	N6600 102C8039	Imperial College（London）	56
29	2000	Active BW sensors	N6600199C8613	David Sarnoff Research Center	50
30	2000	Active BW sensors	F1962800C0002	MIT Lincoln Laboratory	48
31	2005	Active BW sensors	N660010318932	University of Wisconsin	46
32	2000	Active BW sensors	N66001 OOC8012	Albert Einstein College of Medicine of Yeshiva University	41
33	2000	Active BW sensors	N000149810646	University of Southern California	40
34	2005	Active BW sensors	MDA97201D0005	Johns Hopkins Univ - Applied Physics Labo	39
35	2000	Active BW sensors	N0017399C2049	Life Technologies	38
36	2000	Active BW sensors	N000149810825	University of Southern California	35
37	2005	Active BW sensors	N000140110833	University of Southern California	32
38	2005	Active BW sensors	N660010318020	California Institute of Technology	29
39	2005	Active BW sensors	N6600101C8020	Yale University	27
40	2005	Active BW sensors	N0017300C2096	Gee-Centers，Inc.	23
41	2005	Active BW sensors	N66001 02C8056	University of Louisville	20
42	2000	Active BW sensors	N000149810609	UC Irvine	20
43	2005	Active BW sensors	N660010318927	UC Davis	13
44	2000	Active BW sensors	N0001499C0243	Optomec Design Company	10
45	2005	Active BW sensors	N6600 102C8060	Atlantic Scientific Development	10
46	2005	Active BW sensors	N6600101C8019	Virginia Commonwealth University	10
47	2013	ADEPT	W911NF1310417	Moderna Therapeutics	2530

续表

序号	资助年度	项目名称	合同号	承担机构	经费/万美元
48	2012	ADEPT	HR00111130001	Sanofi Pasteur VaxDesign, Corporation	1060
49	2016	ADEPT	W911NF1310417	Moderna Therapeutics	938
50	2013	ADEPT	HR0011-14-3-0001	Pfizer, Inc.	767
51	2015	ADEPT	W31P4Q1310003	University of Pennsylvania	731
52	2015	ADEPT	HR00111220001	University of North Carolina Chapel Hill	649
53	2012	ADEPT	HR00111230001	Novartis Vaccines and Diagnostic, Inc.	589
54	2016	ADEPT	HR00111120006	California Institute of Technology	550
55	2016	ADEPT	W911NF1310346	University of Massachusetts	541
56	2016	ADEPT	HR00111220001	University of North Carolina Chapel Hill	534
57	2015	ADEPT	W911NF1320036	University of Pennsylvania	516
58	2015	ADEPT	HR00111120007	University of Washington	467
59	2015	ADEPT	HR00111420005	Whitehead Institute for Bio-Medical Research	457
60	2015	ADEPT	W31P4Q1410010	Emory University	389
61	2012	ADEPT	HR001111C0127	GE Global Research	343
62	2015	ADEPT	HR00111120006	California Institute of Technology	343
63	2016	ADEPT	W911NF1610386	Renbio, Inc.	343
64	2016	ADEPT	W31P4Q1310011	Massachusetts General Hospital	336
65	2015	ADEPT	HR001112C0007	Philips Electronics Nederland B.V.	334
66	2012	ADEPT	HR00111120007	University of Washington	311
67	2016	ADEPT	HR001112C0007	Philips Electronics Nederland B.V.	306
68	2015	ADEPT	W911NF14C0001	Ichor Medical Systems, Inc.	303
69	2015	ADEPT	W911NF1310417	Moderna Therapeutics	302
70	2015	ADEPT	HR00111330003	Novartis Vaccines and Diagnostic, Inc.	247
71	2016	ADEPT	W911NF14C0001	Ichor Medical Systems, Inc.	200

续表

序号	资助年度	项目名称	合同号	承担机构	经费 /万美元
72	2016	ADEPT	HR00111330003	Novartis Vaccines and Diagnostic，Inc.	199
73	2015	ADEPT	W31P4Q1310011	Massachusetts General Hospital	193
74	2015	ADEPT	HR00111130001	Sanofi Pasteur VaxDesign，Corporation	192
75	2015	ADEPT	HR00111230001	Novartis Vaccines and Diagnostic，Inc.	172
76	2015	ADEPT	W911NF1310346	University of Massachusetts	162
77	2016	ADEPT	D16AC00007	Sanofi Pasteur VaxDesign，Corporation	149
78	2015	ADEPT	W911NF1120054	Massachusetts Institute of Technology	140
79	2012	ADEPT	HR001112C0007	Philips Research Eindhoven	135
80	2016	ADEPT	HR00111420005	Whitehead Institute for Bio-Medical Research	120
81	2011	ADEPT	—	Stanford University	117
82	2011	ADEPT	—	Sanofi Pasteur VaxDesign，Corporation	106
83	2015	ADEPT	W911NF1120056	Boston University	105
84	2015	ADEPT	HR00111420006	CureVac GmbH	89
85	2011	ADEPT	—	University of Washington Office of Sponsored Programs	89
86	2015	ADEPT	W31P4Q15C0020	Palo Alto Research Center Incorporated	87
87	2012	ADEPT	HR00111120006	California Institute of Technology	86
88	2012	ADEPT	HR00111120003	Harvard University	84
89	2016	ADEPT	W31P4Q1410010	Emory University	82
90	2012	ADEPT	W911NF1120066	Boston University	79
91	2011	ADEPT	HR00111120006	California Institute of Technology	75
92	2015	ADEPT	HR00111120003	Harvard University	68
93	2015	ADEPT	HR00111430001	Pfizer，Inc.	66
94	2011	ADEPT	HR001111C0127	GE Global Research	65

续表

序号	资助年度	项目名称	合同号	承担机构	经费/万美元
95	2015	ADEPT	W911NF1510609	Georgia Tech Research Corporation	54
96	2012	ADEPT	HR001112C0080	Stanford University	54
97	2016	ADEPT	W911NF1510609	Georgia Tech Research Corporation	53
98	2011	ADEPT	HR00111120003	Harvard University	52
99	2011	ADEPT	—	University of Washington Office of Sponsored Programs	52
100	2011	ADEPT	W911NF1120056	Boston University	50
101	2011	ADEPT	—	University of North Carolina Chapel Hill	50
102	2012	ADEPT	HR00111220001	University of North Carolina Chapel Hill	50
103	2012	ADEPT	HR00111220003	University of Berkeley	45
104	2012	ADEPT	W911NF1120054	Massachusetts Institute of Technology	43
105	2011	ADEPT	HR00111120006	California Institute of Technology	42
106	2011	ADEPT	—	University of California, Berkeley	40
107	2012	ADEPT	HR00111220010	Diagnostics for All	39
108	2012	ADEPT	W911NF1110034	California Institute of Technology	37
109	2012	ADEPT	HR00111120018	Foundation for Applied Molecular Evolution, Inc.	35
110	2011	ADEPT	W911NF1120054	Massachusetts Institute of Technology	30
111	2011	ADEPT	HR001112C0004	Biomatrica, Inc.	30
112	2011	ADEPT	HR001112C0005	Integen X	30
113	2015	ADEPT	D11PC20063	Booz, Allen & Hamilton, Inc.	30
114	2016	ADEPT	W911NF1120056	Boston University	22
115	2012	ADEPT	HR001112C0004	Biomatrica, Inc.	20
116	2015	ADEPT	W911NF1120055	California Institute of Technology	20
117	2012	ADEPT	HR001112C0005	Integen X	20

续表

序号	资助 年度	项目名称	合同号	承担机构	经费/ 万美元
118	2011	ADEPT	D11PC20063	Booz, Allen & Hamilton, Inc.	14
119	2016	ADEPT	D16PC00069	Schafer Corporation	11
120	2011	ADEPT	HR00111220010	Diagnostics for All	11
121	2016	ADEPT	D11PC20051	Strategic Analysis, Inc.	11
122	2011	ADEPT	—	Strategic Analysis, Inc.	10
123	2008	AMP	HDTRA107C0054	Fraunhofer USA Inc Center for Molecular Biotechnology	1010
124	2006	AMP	HDTRA107C0084	Xcellerex, Inc.	787
125	2008	AMP	HDTRA107C0088	Neugenesis Corp.	738
126	2006	AMP	HDTRA107C0088	Neugenesis Corp.	691
127	2006	AMP	HDTRA107C0054	Fraunhofer USA Inc Center for Molecular Biotechnology	257
128	2006	AMP	HR00110790004	Agarigen, Inc.	222
129	2006	AMP	HDTRA107C0078	Advanced BioNutrition Corporation	171
130	2006	AMP	HR00110720003	University of Pittsburgh Medical Center	133
131	2009	AMP	—	VaxDesign	87
132	2008	AMP	HDTRA107C0054	Fraunhofer USA Inc Center for Molecular Biotechnology	84
133	2008	AMP	NBCHC020021	Booz, Allen & Hamilton, Inc.	81
134	2007	AMP	HR00110720003	University of Pittsburgh Medical Center	67
135	2008	AMP	NBCHC020019	Strategic Analysis, Inc.	63
136	2009	AMP	—	Strategic Analysis, Inc.	63
137	2009	AMP	—	System Planning Corporation	62
138	2008	AMP	NBCHC020018	System Planning Corporation	55
139	2009	AMP	—	Booz, Allen & HamiHon, Inc.	44
140	2006	AMP	HDTRA105D0003	Northrop Grumman Information Technology	38
141	2006	AMP	NBCHC020018	System Planning Corporation	32
142	2008	AMP	NBCHC020019	Strategic Analysis, Inc.	26

续表

序号	资助年度	项目名称	合同号	承担机构	经费/万美元
143	2009	AMP	—	University of Kansas	23
144	2009	AMP	—	Midwest Research Institute	12
145	2018	APT	—	Donald Danforth Plant Science Center	1007
146	2018	APT	—	University of Tennessee Institute of Agriculture	750
147	2018	APT	—	Johns Hopkins Univ-Applied Physics Labo	222
148	2010	ATP	N10PC20116	Affomix Corporation	180
149	2011	ATP	HR00111010052	University of Texas at Austin	177
150	2009	ATP	—	University of Texas at Austin	131
151	2011	ATP	N10PC20230	StableBody Technologies	125
152	2010	ATP	N10PC20230	StableBody Technologies	78
153	2011	ATP	N10PC20116	Illumina（Formerly Affomix Corporation）	64
154	2011	ATP	N10PC20129	AnaptysBio，Inc.	49
155	2009	ATP	—	Strategic Analysis，Inc.	31
156	2010	ATP	NBCHC020021	Booz，Allen & Hamilton，Inc.	28
157	2011	ATP	D11PC20064	System Planning Corporation	21
158	2009	ATP	—	System Planning Corporation	19
159	2011	ATP	D11PC20051	Strategic Analysis，Inc.	12
160	2010	ATP	NBCHC020019	Strategic Analysis，Inc.	10
161	2016	Biological Control	HR001116C0134	Regents of the University of Minnesota	147
162	2016	Biological Control	HR001117C0026	Columbia University	100
163	2016	Biological Control	HR00111620049	President & Fellows of Harvard College	99
164	2016	Biological Control	HR001116C0139	Johns Hopkins University	82
165	2016	Biological Control	HR00111620045	UC San Francisco	77
166	2016	Biological Control	HR00111720008	California Institute of Technology	72
167	2016	Biological Control	HR00111620044	UC Berkeley	53

续表

序号	资助年度	项目名称	合同号	承担机构	经费/万美元
168	2016	Biological Control	HR00111720010	Princeton University	48
169	2016	Biological Control	HR001116C0138	Duke University	35
170	2016	Biological Control	D11PC20063	Silvus Technologies，Inc.	12
171	2012	CLIO	N6600112C4020	Johns Hopkins University	293
172	2012	CLIO	N6600112C4018	Ginkgo Bio Works，Inc.	214
173	2011	CLIO	N6600111C4203	Harvard University	135
174	2012	CLIO	N6600112C4016	Massachusetts Institute of Technology	40
175	2012	CLIO	N6600112C4019	Foundation for Applied Molecular Evolution，Inc.	25
176	2012	CLIO	D11PC20064	System Planning Corporation	24
177	2012	CLIO	N6600111C4203	Harvard University	23
178	2006	CPC	W911 NF0710046	Vanderbilt University	129
179	2006	CPC	W911NF0710047	University of Texas Southwestern Medical Center	127
180	2006	CPC	W911NF0610337	Bowling Green State University	23
181	2006	CPC	W15QKN04C1166	Science & Technology Associates，Inc.	20
182	2006	CPC	NBCHC020019	Strategic Analysis，Inc.	12
183	2019	ECHO	—	Arizona State University	3880
184	2019	ECHO	—	Icahn School of Medicine at Mount Sinai	2780
185	2019	ECHO	—	Battelle Memorial Institute	—
186	2019	ECHO	—	Columbia University	—
187	2019	ECHO	—	Duke University	—
188	2019	ECHO	—	Fluidigm	—
189	2019	ECHO	—	Gryphon Scientific	—
190	2019	ECHO	—	INanoBio	—
191	2019	ECHO	—	Northern Arizona University	—
192	2019	ECHO	—	SRI International	—
193	2019	ECHO	—	Washington University	—

续表

序号	资助年度	项目名称	合同号	承担机构	经费/万美元
194	2018	Friend or Foe	—	Texas A&M University	1420
195	2018	Friend or Foe	—	Argonne National Lab	—
196	2018	Friend or Foe	—	UC San Francisco	—
197	2018	Friend or Foe	—	University of Oklahoma	—
198	2018	Friend or Foe	—	University of Virginia	—
199	2009	H1N1 Acceleration	—	G-Con，LLC	4000
200	2009	H1N1 Acceleration	—	Kentucky BioProcessing，LLC	1790
201	2012	H1N1 Acceleration	—	Fraunhofer USA Inc Center for Molecular Biotechnology	105
202	2009	H1N1 Acceleration	—	VaxDesign	98
203	2010	H1N1 Acceleration	—	Duke University	68
204	2010	H1N1 Acceleration	—	Georgia Tech Research Corporation	58
205	2010	H1N1 Acceleration	—	Electronic Bioscience，LLC	45
206	2010	H1N1 Acceleration	—	Feinstein Institue for Medical Research	42
207	2010	H1N1 Acceleration	—	VaxDesign	35
208	2010	H1N1 Acceleration	—	Northeastern University	33
209	2010	H1N1 Acceleration	—	Northeastern University	33
210	2010	H1N1 Acceleration	—	Lawrence Livermore National Laboratory	20
211	2010	H1N1 Acceleration	—	Lawrence Livermore National Laboratory	20
212	2011	H1N1 Acceleration	—	Lawrence Livermore National Laboratory	20
213	2012	H1N1 Acceleration	—	Strateaic Analysis，Inc.	18
214	2012	H1N1 Acceleration	—	Booz，Allen & Hamilton，Inc.	15
215	2009	H1N1 Acceleration	—	Biotechnology	440
216	2010	H1N1 Acceleration	—	Applied Physics Lab/U of Washington Spon Pg	45
217	2007	HISSS	—	Schafer Corporation	20
218	2007	HISSS	—	Analytic Services，Inc.	13

续表

序号	资助 年度	项目名称	合同号	承担机构	经费/ 万美元
219	2004	HISSS	DMEA9099D0006	Northrop Grumman Corporation	833
220	2006	HISSS	H9400304D0004	Northrop Grumman Corporation	611
221	2005	HISSS	H9400304D0004	Northrop Grumman Corporation	256
222	2004	HISSS	H9400304D0004	Northrop Grumman Corporation	234
223	2006	HISSS	HR001105A0005	Schafer Corporation	64
224	2004	HISSS	N0017403D0006	Schafer Corporation	61
225	2005	Immune Building	HR001104C0104	Battelle Memorial Institute	1130
226	2004	Immune Building	HR001104C0104	Battelle Memorial Institute	1000
227	2002	Immune Building	N0017401C0013	Bechtelnat	834
228	2003	Immune Building	N0017401C0012	Battelle Memorial Institute	642
229	2003	Immune Building	N0017401C0013	Bechtel National, Inc.	543
230	2002	Immune Building	N0017401C0012	BAnELLENW	406
231	2002	Immune Building	N0017401C0012	BAnELLENW	273
232	2001	Immune Building	N0017401C0011	Johns Hopkins Univ-Applied Physics Labo	205
233	2001	Immune Building	N0017401C0012	BAnELLENW	200
234	2001	Immune Building	N0017401C0013	Bechtelnat	200
235	2003	Immune Building	NOO17401C0020	Novatron, Inc.	168
236	2003	Immune Building	N0017401C0017	Science Application International Corporation	155
237	2000	Immune Building	MDA97200C0018	Y2 Ultra Filter, Inc.	114
238	2002	Immune Building	N0017401C0020	Novatron, Inc.	112
239	2005	Immune Building	MDA97201F0003	Analytic Services, Inc.	108
240	2003	Immune Building	MDA97201F0003	Analytic Services, Inc.	108
241	2001	Immune Building	N0017401C0020	Novatron, Inc.	92
242	2001	Immune Building	N0017401C0016	Foster Miller	88
243	2001	Immune Building	MDA97200C0018	Y2 Ultra Filter, Inc.	86
244	2002	Immune Building	MDA97201F0003	ANSER	78

续表

序号	资助年度	项目名称	合同号	承担机构	经费/万美元
245	2001	Immune Building	MDA97201D0005	Johns Hopkins Univ - Applied Physics Labo	75
246	2004	Immune Building	HR0011 05C0011	Mks Technology for Productivity	75
247	2003	Immune Building	N0017403C0024	PlasmaSol	73
248	2001	Immune Building	MDA97201F0003	ANSER	70
249	2004	Immune Building	DASW0104C0003	Institute for Defense Analyses	70
250	2004	Immune Building	HR0011 04C0085	Hamil Ton Sundstrand	64
251	2004	Immune Building	N0017401C0017	Science Application International Corporation	63
252	2003	Immune Building	N0017401C0016	Foster Miller	59
253	2004	Immune Building	HR001105C0010	Pranal Ytica，Inc.	56
254	2003	Immune Building	MDA97202C0036	Research Triangle Institute	55
255	2001	Immune Building	N0017401C0017	Science Application International Corporation	53
256	2003	Immune Building	MDA97203C0092	Titan Systems Corporation	51
257	2005	Immune Building	HR001105C0010	Pranal Ytica，Inc.	50
258	2000	Immune Building	MDA97200C0027	Physical Sciences，Incorporated	49
259	2000	Immune Building	MDA9729930029	Lockheed-Sanders	44
260	2000	Immune Building	MDA9729930022	Science Application International Corporation	43
261	2002	Immune Building	N0017401C0016	Foster Miller	42
262	2005	Immune Building	HR001104C0065	Research Triangle Institute	40
263	2002	Immune Building	MDA97202C0035	Ensco，Inc.	40
264	2004	Immune Building	N0017403C0024	PlasmaSol	40
265	2004	Immune Building	HR001104C0064	Agittron Corp.	39
266	2004	Immune Building	HR0011 04C0084	Research Triangle Institute	38
267	2005	Immune Building	HR001104C0044	Novatron，Inc.	37
268	2005	Immune Building	DTRA0103D0022	ITT Industries	35
269	2005	Immune Building	DTRA010300022	ITT Industries	35
270	2004	Immune Building	MDA97201 F0003	Analytic Services，Inc.	35

续表

序号	资助年度	项目名称	合同号	承担机构	经费/万美元
271	2001	Immune Building	N0017401C0023	Ensco，Inc.	35
272	2004	Immune Building	N0017401C0020	Novatron，Inc.	33
273	2004	Immune Building	HR001104C0044	Novatron，Inc.	31
274	2004	Immune Building	MDA97201F0003	Analytic Services，Inc.	29
275	2005	Immune Building	HR001106C0001	Bridger Technologies，Inc.	29
276	2001	Immune Building	MDA97200C0027	Physicalsc	26
277	2005	Immune Building	DASW0104C0003	Institute for Defense Analyses	25
278	2005	Immune Building	DASW0104C0003	InstiMe for Defense Analyses	25
279	2001	Immune Building	N0017401C0051	Orinintec	24
280	2004	Immune Building	F1962800C0002	MIT Lincoln Laboratory	23
281	2004	Immune Building	HR001104C0127	Research Triangle Institute	19
282	2003	Immune Building	N0017801D1050	Bae Systems	18
283	2002	Immune Building	MDA97202C0036	Research Triangle Institute	13
284	2003	Immune Building	N0017898D3010	EG&G Incorporated	12
285	2003	Immune Building	N0017804M1022	EPM Technology AS	10
286	2002	Immune Building	MDA97200C0018	Y2 Ultra Filter，Inc.	10
287	2017	Insect Allies	—	Boyce Thompson Institute	1030
288	2017	Insect Allies	—	Ohio State University	1000
289	2017	Insect Allies	—	Pennsylvania State University	700
290	2017	Insect Allies	—	University of Texas at Austin	500
291	2017	Insect Allies	—	Iowa State University	—
292	2017	Insect Allies	—	Kansas State University	—
293	2017	Insect Allies	—	North Carolina State University	—
294	2017	Insect Allies	—	North Carolina State University	—
295	2017	Insect Allies	—	Oklahoma State University	—
296	2017	Insect Allies	—	Pacific Northwest National Laboratory	—
297	2017	Insect Allies	—	Texas A&M University	—
298	2017	Insect Allies	—	UC Davis	—

续表

序号	资助年度	项目名称	合同号	承担机构	经费/万美元
299	2017	Insect Allies	—	University of Florida	—
300	2017	Insect Allies	—	University of Minnesota	—
301	2017	Insect Allies	—	University of Texas	—
302	2017	Insect Allies	—	USDA Agricultural Research Service（ARS）	—
303	2016	INTERCEPT	HR0011726319	J.David Gladstone Institutes	131
304	2017	INTERCEPT	HR001117C0067	Defence Science and Technology Laboratory	100
305	2016	INTERCEPT	D11PC20063	Booz，Allen & Hamilton，Inc.	16
306	2016	INTERCEPT	D16PC00069	Schafer Corporation	10
307	2012	MPS	—	Wyss Institute at Harvard	3700
308	2012	MPS	—	MIT	2630
309	2012	MPS	—	Charles Stark Draper Laboratory	—
310	2012	MPS	—	MatTek Corp.	—
311	2012	MPS	—	Zyoxel Ltd.	—
312	2020	NOW	—	Moderna Therapeutics	5600
313	2019	P3	—	Abcellera Biologics Inc.	3000
314	2018	P3	—	Vanderbilt University	2800
315	2017	P3	HR00111720069	Duke University	1280
316	2019	P3	—	Infectious Disease Research Institute in Seattle	—
317	2019	P3	—	MedImmune，LLC.	—
318	2019	P3	—	Ragon Institute	—
319	2019	P3	—	Synthetic Genomics Vaccines，Inc.	—
320	2019	P3	—	University of Pennsylvania	—
321	2019	P3	—	University of Texas at Austin	—
322	2019	P3	—	Washington University	—
323	2018	PALS	—	Raytheon BBN Technologies	640
324	2018	PALS	—	Northrop Grumman Corporation	505

续表

序号	资助年度	项目名称	合同号	承担机构	经费/万美元
325	2018	PALS	—	Florida Atlantic University	500
326	2018	PALS	—	Naval Research Laboratory	—
327	2018	PALS	—	University of Maryland Center for Environmental Science	—
328	2015	Pathogen Predators	W911NF1520028	University of Nottingham	263
329	2016	Pathogen Predators	W911NF1520036	Rutgers，The State University of New Jersey	223
330	2016	Pathogen Predators	W911NF1520036	Rutgers，The State University of New Jersey	223
331	2015	Pathogen Predators	W911NF1520036	Rutgers，The State University of New Jersey	191
332	2016	Pathogen Predators	W911NF1520028	University of Nottingham	185
333	2016	Pathogen Predators	W911NF1520028	University of Nottingham	185
334	2016	Pathogen Predators	W911NF1520027	UNIST	66
335	2016	Pathogen Predators	W911NF1520027	UNIST	66
336	2015	Pathogen Predators	D11PC20051	Strategic Analysis，Inc.	31
337	2015	Pathogen Predators	W911NF1520027	UNIST	29
338	2016	Pathogen Predators	D16PC00069	Schafer Corporation	17
339	2016	Pathogen Predators	D16PC00069	Schafer Corporation	17
340	2009	PDP	HR00110810085	University of Washington	498
341	2008	PDP	HR00110810085	University of Washington	470
342	2005	PDP	HR00110510044	University of Washington	340
343	2009	PDP	NBCHC020019	Strategic Analysis，Inc.	26
344	2005	PDP	NBCHC020019	Strategic Analysis，Inc.	14
345	2018	PREEMPT	—	Montana State University	1000
346	2018	PREEMPT	—	UC Davis	937
347	2018	PREEMPT	—	Pirbright Institute	260
348	2018	PREEMPT	—	Autonomous Therapeutics，Inc.	—
349	2018	PREEMPT	—	Cary Institute of Ecosystem Studies	—
350	2018	PREEMPT	—	Colorado State University	—

续表

序号	资助年度	项目名称	合同号	承担机构	经费/万美元
351	2018	PREEMPT	—	Cornell University	—
352	2018	PREEMPT	—	CSIRO Australian Animal Health Laboratory	—
353	2018	PREEMPT	—	Griffith University	—
354	2018	PREEMPT	—	Institut Pasteur International Network partners	—
355	2018	PREEMPT	—	Johns Hopkins University	—
356	2018	PREEMPT	—	Leibniz Institute for Experimental Virology	—
357	2018	PREEMPT	—	Mount Sinai School of Medicine	—
358	2018	PREEMPT	—	Navy Medical Research Unit-2	—
359	2018	PREEMPT	—	Pennsylvania State University	—
360	2018	PREEMPT	—	Rocky Mountain Laboratories of the National Institutes of Health	—
361	2018	PREEMPT	—	Texas Tech University	—
362	2018	PREEMPT	—	Institut Pasteur	—
363	2018	PREEMPT	—	Vaccine Group，Ltd.	—
364	2018	PREEMPT	—	UC Berkeley	—
365	2018	PREEMPT	—	UC Los Angeles	—
366	2018	PREEMPT	—	University of Cambridge	—
367	2018	PREEMPT	—	University of Chicago Medical School	—
368	2018	PREEMPT	—	University of Glasgow	—
369	2018	PREEMPT	—	University of Idaho	—
370	2018	PREEMPT	—	University of Nottingham	—
371	2018	PREEMPT	—	University of Tartu	—
372	2018	PREEMPT	—	University of Texas Medical Branch	—
373	2018	PREEMPT	—	University of Western Australia	—
374	2018	PREEMPT	—	Virginia Polytechnic Institute	—

续表

序号	资助年度	项目名称	合同号	承担机构	经费 / 万美元
375	2018	PREEMPT	—	Virginia State University	—
376	2018	PREPARE	—	Georgia Institute of Technology	2190
377	2018	PREPARE	—	DNARx，LLC.	1071
378	2018	PREPARE	—	UC San Francisco	1000
379	2018	PREPARE	—	Columbia University Irving Medical Center	950
380	2018	PREPARE	—	University of Massachusetts	—
381	2016	Prometheus	W911NF1620035	Columbia University	355
382	2016	Prometheus	D16AP00144	University of Massachusetts	47
383	2012	Prophecy	HR001111C0093	Harvard University	950
384	2013	Prophecy	HR001111C0094	UC San Francisco	549
385	2012	Prophecy	HR001111C0093	Harvard University	361
386	2014	Prophecy	HR001114C0083	Ibis Biosciences，Inc.	300
387	2015	Prophecy	HR001114C0083	Ibis Biosciences，Inc.	300
388	2011	Prophecy	HR001111C0093	Harvard University	297
389	2011	Prophecy	HR001111C0094	UC San Francisco	297
390	2011	Prophecy	HR001111C0095	University of Massachusetts	297
391	2011	Prophecy	DOE-LLNL	Lawrence Livermore National Laboratory	254
392	2015	Prophecy	HR001114C0083	Ibis Biosciences，Inc.	233
393	2013	Prophecy	HR001111C0095	University of Massachusetts	218
394	2014	Prophecy	HR001114C0083	Ibis Biosciences，Inc.	211
395	2014	Prophecy	HR001114C0083	Ibis Biosciences，Inc.	211
396	2016	Prophecy	HR001114C0083	Ibis Biosciences，Inc.	194
397	2012	Prophecy	HR001111C0094	UC San Francisco	175
398	2015	Prophecy	HR001114C0083	Ibis Biosciences，Inc.	149
399	2016	Prophecy	W911NF1620035	Columbia University	140
400	2016	Prophecy	W911NF1620035	Columbia University	140
401	2015	Prophecy	HR001114C0083	Ibis Biosciences，Inc.	109

续表

序号	资助年度	项目名称	合同号	承担机构	经费/万美元
402	2013	Prophecy	HR001111C0094	UC San Francisco	107
403	2012	Prophecy	HR001111C0095	University of Massachusetts	106
404	2014	Prophecy	HR001111C0093	Harvard University	100
405	2014	Prophecy	HR001111C0094	UC San Francisco	100
406	2014	Prophecy	HR001111C0095	University of Massachusetts	100
407	2014	Prophecy	HR001111C0093	Harvard University	100
408	2014	Prophecy	HR001111C0095	University of Massachusetts	100
409	2013	Prophecy	HR001111C0093	Harvard University	98
410	2014	Prophecy	HR001114C0083	Ibis Biosciences, Inc.	98
411	2014	Prophecy	HR001111C0094	UC San Francisco	89
412	2012	Prophecy	HR001111C0094	UC San Francisco	82
413	2012	Prophecy	HR001111C0095	University of Massachusetts	82
414	2016	Prophecy	HR001114C0083	Ibis Biosciences, Inc.	78
415	2014	Prophecy	HR001114C0083	Ibis Biosciences, Inc.	49
416	2015	Prophecy	D11PC20063	Booz, Allen & Hamilton, Inc.	45
417	2015	Prophecy	HR001111C0093	Harvard University	44
418	2013	Prophecy	HR001111C0095	University of Massachusetts	37
419	2014	Prophecy	HR001111C0095	University of Massachusetts	26
420	2017	Prophecy	HR001114C0083	Ibis Biosciences, Inc.	25
421	2011	Prophecy	D11PC20051	Strategic Analysis, Inc.	20
422	2011	Prophecy	D11PC20064	System Planning Corporation	18
423	2015	Prophecy	D11PC20051	Strategic Analysis, Inc.	12
424	2020	ReVector	HR001120C0073	Ginkgo Bioworks	1522
425	2020	ReVector	—	Stanford University	—
426	2015	RTA	W911NF1420022	Vanderbilt University	448
427	2015	RTA	W911NF1420019	Regents of the University of Colorado	315
428	2015	RTA	W911NF1420020	George Washington University	277

续表

序号	资助年度	项目名称	合同号	承担机构	经费/万美元
429	2016	RTA	W911NF1420022	Vanderbilt University	45
430	2016	RTA	W911NF1420020	George Washington University	30
431	2016	RTA	W911NF1420019	Regents of the University of Colorado	25
432	2015	RTA	D11PC20051	Strategic Analysis，Inc.	13
433	2007	RVA	—	VaxDesign	772
434	2004	RVA	NBCH2040003	Innovative Micro Technology	231
435	2007	RVA	—	Strategic Analysis，Inc.	45
436	2004	RVA	NBCHC020019	Strategic Analysis，Inc.	33
437	2003	RVA	NBCHC020021	Booz，Allen & Hamilton，Inc.	26
438	2003	RVA	N6600103C8029	Transform Pharmaceuticals	20
439	2004	RVA	NBCHC020021	Booz，Allen & Hamilton，Inc.	10
440	2017	Safe Genes	—	UC Riverside	1490
441	2017	Safe Genes	—	Massachusetts General Hospital	1100
442	2017	Safe Genes	—	North Carolina State University	640
443	2017	Safe Genes	—	UC Berkeley	329
444	2017	Safe Genes	—	Pirbright Institute	266
445	2017	Safe Genes	—	Imperial College（London）	250
446	2016	Safe Genes	D16PC00069	Schafer Corporation	14
447	2017	Safe Genes	—	Boston University	—
448	2017	Safe Genes	—	Broad Institute	—
449	2017	Safe Genes	—	Harvard Medical School	—
450	2017	Safe Genes	—	Harvard School of Public Health	—
451	2017	Safe Genes	—	Harvard University	—
452	2017	Safe Genes	—	MIT Media Lab	—
453	2017	Safe Genes	—	Polo d'Innovazione di Genomica Genetica e Biologia	—
454	2017	Safe Genes	—	Sandia National Laboratories in Livermore	—

序号	资助年度	项目名称	合同号	承担机构	经费/万美元
455	2017	Safe Genes	—	UC Davis	—
456	2017	Safe Genes	—	UC Irvine	—
457	2017	Safe Genes	—	UC San Francisco	—
458	2017	Safe Genes	—	UC Santa Barbara	—
459	2018	SIGMA+	—	Profusa	750
460	2018	SIGMA+	—	Battelle Memorial Institute	748
461	2018	SIGMA+	—	Kromek（UK）	520
462	2018	SIGMA+	—	SRI International	373
463	2018	SIGMA+	—	Block MEMS	350
464	2018	SIGMA+	—	BAE Systems	—
465	2018	SIGMA+	—	Duke University	—
466	2018	SIGMA+	—	RTI International	—
467	2005	SSBA	HR001106C0010	Sparta，Inc.	359
468	2004	SSBA	DAAD1303C0085	ITT Industries	251
469	2005	SSBA	MDA97201D0005	Johns Hopkins Univ - Applied Physics Labo	159
470	2004	SSBA	W911SR04C0004	TNO PRINS Mautris Labs	109
471	2004	SSBA	MDA97201D0005	Johns Hopkins Univ - Applied Physics Labo	100
472	2005	SSBA	W911SR04C0004	TNO PRINS Mautris Labs	81
473	2005	SSBA	DAAD1303C0085	ITT Industries	78
474	2005	SSBA	DAAD1603C0049	ITT Industries	78
475	2004	SSBA	DAAD1303C0077	Sparta，Inc.	75
476	2003	SSBA	DAAD 1303C0085	International Telephone and Telegraph	50
477	2003	SSBA	W911SR04C0004	TNO PRINS Mautris Labs	50
478	2002	SSBA	F1962800C0002	MIT Lincoln Laboratory	42
479	2002	SSBA	MDA9720100005	Johns Hopkins Univ - Applied Physics Labo	37
480	2003	SSBA	MDA97201D0005	Johns Hopkins Univ - Applied Physics Labo	36

续表

序号	资助年度	项目名称	合同号	承担机构	经费/万美元
481	2005	SSBA	N0017403D0006	Schafer Corporation	30
482	2003	SSBA	MDA97200C0053	Science Application International Corporation	25
483	2004	SSBA	F1962800C0002	MIT Lincoln Laboratory	22
484	2003	SSBA	DAAD1303C0077	Sparta, Inc.	20
485	2003	SSBA	F1962800C0002	MIT Lincoln Laboratory	20
486	2005	SSBA	DAAD1303C0077	Sparta, Inc.	19
487	2005	SSBA	DAAD1303C0085	Sparta, Inc.	19
488	2004	SSBA	W911SR04C0059	Research Triangle Institute	18
489	2004	SSBA	N0017400C0004	Booz, Allen & Hamilton, Inc.	16
490	2003	SSBA	N0017400C0004	Booz, Allen & Hamilton, Inc.	15
491	2007	TACTIC	HR001105A0005	L-3 Communication Corporations	174
492	2005	TACTIC	W911SR04C0081	Scientific Applications & Research Assoc	162
493	2005	TACTIC	W911SR04C0093	Nomadics, Inc.	132
494	2005	TACTIC	W911 SR04C0098	Triton Systems, Inc.	115
495	2005	TACTIC	W911SR04C0100	ITT Industries	108
496	2005	TACTIC	W911 SR04C0094	Boeing Phantom Works	89
497	2005	TACTIC	W911 SR04C0095	NanoScale Materials, Inc.	80
498	2004	TACTIC	W911SR04C0093	Nomadics, Inc.	56
499	2007	TACTIC	HR001105A0005	Schafer Corporation	50
500	2004	TACTIC	W911SR04C0100	ITT Industries	43
501	2005	TACTIC	W911SR05C0035	Titan Systems Corporation	40
502	2005	TACTIC	N0017403D0006	Schafer Corporation	37
503	2004	TACTIC	W911SR04C0098	Triton Systems, Inc.	35
504	2004	TACTIC	W911SR04C0081	Scientific Applications & Research Assoc	34
505	2004	TACTIC	W911SR04C0092	General Science Incorporated (GSI)	32
506	2005	TACTIC	DASW0104C0003	Institute for Defense Analyses	30

续表

序号	资助年度	项目名称	合同号	承担机构	经费/万美元
507	2008	TACTIC	DTRA010300022	ITT Industries	29
508	2004	TACTIC	W911 SR04C0095	NanoScale Materials，Inc.	28
509	2007	TACTIC	NBCHD070001	System Planning Corporation	25
510	2004	TACTIC	W911SR04C0094	Boeing Phantom Works	24
511	2005	TACTIC	W911 SR04C0092	General Science Incorporated（GSI）	18
512	2004	TACTIC	N0017403D0006	Schafer Corporation	16
513	2005	TACTIC	W911SR05C0036	Pursuit Dynamics PLC	11
514	2009	TACTIC	SP070098D4000	ITT Industries	10
515	2016	THoR	W911NF16C0050	President & Fellows of Harvard College	402
516	2016	THoR	W911NF16C0052	Leland Stanford Junior University	224
517	2016	THoR	W911NF16C0008	Emory University	195
518	2016	THoR	W911NF16C0079	Massachusetts General Hospital	105
519	2016	THoR	HR00111730001	Inventive Government Solutions，LLC.	94
520	2015	THoR	W911NF1510107	SAGE Bionetworks	60
521	2016	THoR	D11PC20063	Booz，Allen & Hamilton，Inc.	40
522	2016	THoR	HR00111720009	Columbia University	36
523	2015	THoR	D11PC20063	Booz，Allen & Hamilton，Inc.	30
524	2016	THoR	D11PC20063	Booz，Allen & Hamilton，Inc.	10

注：

1. 本表为 2000 年以来由 DARPA 资助的生物防御类科研项目中经费数额超过 10 万美元的资助合同列表；

2. 本表按项目名称首字母升序和获资助经费降序排序；

3. 部分项目只查询到资助机构信息，未查询到经费具体金额或合同号。

附录 F　DARPA 生命科学相关主要科研项目发表论文数量

序号	项目号	项目名称	立项年度	发文量/篇
1	BAA-09-27	加速损伤修复的重组与可塑性 （Reorganization and Plasticity to Accelerate Injury Recovery，REPAIR）	2009	139
2	SN-11-44	生物代工厂（Living Foundries）	2011	132
3	BAA 07-68	生物学的基础规律 （Fundamental Laws of Biology，FunBio）	2005	130
4	BAA-11-38	兼具预防和治疗的自动诊断技术 （Autonomous Diagnostics to Enable Prevention and Therapeutics，ADEPT）	2011	126
5	BAA-15-06	电子处方 （Electrical Prescriptions，ElectRx）	2015	83
6	BAA-11-08	可靠神经接口技术 （Reliable Neural-Interface Technology，RE-NET）	2010	78
7	BAA-10-93	预言（战胜病原体） [Prophecy（Pathogen Defeat）]	2010	72
8	BAA-16-59	安全基因 （Safe Genes）	2016	57
9	BAA-14-49	复杂环境中的生物鲁棒性 （Biological Robustness In Complex Settings，BRICS）	2014	56
10	BAA-11-73	微生理系统 （Microphysiological Systems）	2011	56

续表

序号	项目号	项目名称	立项年度	发文量/篇
11	BAA-14-59	简化科学发现的复杂性 （Simplifying Complexity in Scientific Discovery，SIMPLEX）	2014	54
12	BAA-14-30	手部本体感受和触感接口 （Hand Proprioception and Touch Interfaces，HaPTIx）	2014	53
13	BAA-16-17	生物控制 （Biological Control）	2016	51
14	BAA-05-26	革命性假肢 （Revolutionizing Prosthetics）	2005	48
15	BAA-14-14	大机制 （Big Mechanism）	2014	47
16	BAA-09-68	激活压力耐受 （Enabling Stress Resistance，ESR）	2009	47
17	BAA-11-42	谱系起源指示记录 （Chronicle of Lineage Indicative of Origins，CLIO）	2011	46
18	BAA-11-66	时间生物学 （Biochronicity）	2011	44
19	BAA-14-08	恢复主动记忆 （Restoring Active Memory，RAM）	2014	42
20	—	神经功能、行为、结构和技术 （Neuro Function，Activity Structure，and Technology，Neuro-FAST）	2014	37

注：

1. 本表为 DARPA 资助发表生命科学领域论文数量前 20 位的科研项目号及立项年度；

2. 本表按项目发文量降序排列。

附录 G　DARPA 生物技术办公室项目经理基本信息及所管理项目

项目经理	性别	入职时间	所在机构	学术背景	DARPA 生物技术办公室当前在研项目（2020 年 9 月）			
					检测与保护	生理干预	作战性能提升	军事生物技术
Lori Adornato	女	2017 年	SRI International（斯坦福国际研究院）	海洋学	PALS			
Blake Bextine	男	2016 年	University of Texas at Tyler（得克萨斯大学泰勒分校）	昆虫学/植物学	Insect Allies; APT			ELM; Resource
Anne Cheever	女	2020 年	MITRE Corporation（MITRE 公司）	合成生物学	Safe Genes			Living Foundries
Linda Chrisey	女	2020 年	Office of Naval Research（美国海军研究办公室）	微生物学				BioReporters; ReVector
Rohit Chitale	男	2019 年	USCDC（美国疾病预防控制中心）	感染性疾病	PREEMPT			
Seth Cohen	男	2019 年	University of California, San Diego（加利福尼亚大学圣地亚哥分校）	化学	INTERCEPT	HEALR		AWE
Jean-Paul Chretien	男	2020 年	National Center for Medical Intelligence（美国国家医学情报中心）	流行病学	DIGET			
Kerri Dugan	女	2019 年	National Geospatial-Intelligence Agency（美国国家地理空间情报局）	分子生物学	RTA			
Al Emondi.	男	2017 年	Space and Naval Warfare Systems Center（美国海军信息战系统司令部）	神经工程学		BG+	INI; N3; NESD	
Amy Jenkins	女	2019 年	Gryphon Technologies（Gryphon 技术公司）	感染性疾病	P3; NOW; PREPARE			

续表

项目经理	性别	入职时间	所在机构	学术背景	DARPA 生物技术办公室当前在研项目（2020 年 9 月）			
					检测与保护	生理干预	作战性能提升	军事生物技术
Tristan McClure-Begley	男	2017 年	University of Colorado, Boulder（科罗拉多大学波德分校）	药理学	Battlefield Medicine	Biostasis; Focused Pharma	TNT; Panacea	
Paul Sheehan	男	2017 年	US Naval Research Laboratory（美国海军研究实验室）	化学物理学	Friend or Foe	BETR		ADAPTER; Biological Control
Eric Van Gieson	男	2017 年	National Strategic Research Institute（美国国家战略研究所）	生物医学工程	ECHO; PPB		MBA	

注：

1. 本表为截至 2020 年 9 月 DARPA 生物技术办公室项目经理基本信息及所管项目；

2. 表中"入职时间"指进入 DARPA 担任项目经理的时间，"所在机构"指该项目经理担任 DARPA 项目经理前所在机构的名称；

3. 表中项目名称英文缩写全称信息如下。PALS: Persistent Aquatic Living Sensors; APT: Advanced Plant Technologies; ELM: Engineered Living Materials; PREEMPT: Preventing Emerging Pathogenic Threats; INTERCEPT: Interfering and Co-Evolving Prevention and Therapy; HEALR: Harnessing Enzymatic Activity for Lifesaving Remedies; AWE: Atmospheric Water Extraction; DIGET: Detect It with Gene Editing Technologies; RTA: Rapid Threat Assessment; BG+: Bridging the Gap Plus; INI: Intelligent Neural Interfaces; N3: Next-Generation Nonsurgical Neurotechnology; NESD: Neural Engineering System Design; P3: Pandemic Prevention Platform; NOW: Nucleic Acids On-Demand Worldwide; PREPARE: Preemptive Expression of Protective Alleles and Response Elements; TNT: Targeted Neuroplasticity Training; BETR: Bioelectronics for Tissue Regeneration; ADAPTER: Advanced Acclimation and Protection Tool for Environmental Readiness; ECHO: Epigenetic Characterization and Observation; PPB: Personalized Protective Biosystem; MBA: Measuring Biological Aptitude。

4. 资料来源：HIGHNAM P. DARPA VPR-VCR Summit 2020 PPT[EB/OL]. (2020-08-25) [2021-01-06].https://www.wtamu.edu/_files/docs/research/Sponsored-Research-Services/DARPA%20VPR-VCR%2025%20August% 202020.pptx.pdf.

附录 H　DARPA 资助生命科学领域科研项目顶级期刊发文情况

序号	项目名称	期刊	论文标题	机构	发表年度
1	ADEPT	*Cell*	A Synthetic Biology Framework for Programming Eukaryotic Transcription Functions	MIT	2012
2	ADEPT	*Cell*	Interactome Maps of Mouse Gene Regulatory Domains Reveal Basic Principles of Transcriptional Regulation	NIAMS	2013
3	ADEPT	*Cell*	A Systematic Analysis of Biosynthetic Gene Clusters in the Human Microbiome Reveals a Common Family of Antibiotics	Univ Calif San Francisco	2014
4	ADEPT	*Cell*	Insights into Secondary Metabolism from a Global Analysis of Prokaryotic Biosynthetic Gene Clusters	Univ Calif San Francisco	2014
5	ADEPT	*Cell*	Using Targeted Chromatin Regulators to Engineer Combinatorial and Spatial Transcriptional Regulation	Boston Univ	2014
6	ADEPT	*Cell*	Vaccine Mediated Protection Against Zika Virus-Induced Congenital Disease	Washington Univ	2017
7	ADEPT	*Cell*	Modified mRNA Vaccines Protect Against Zika Virus Infection	Washington Univ	2017
8	ADEPT	*Cell*	Longitudinal Analysis of the Human B Cell Response to Ebola Virus Infection	Emory Univ	2019
9	ADEPT	*Cell*	Engineering Epigenetic Regulation Using Synthetic Read-Write Modules	Boston Univ	2019
10	ADEPT	*Nature*	PPAR-Alpha and Glucocorticoid Receptor Synergize to Promote Erythroid Progenitor Self-Renewal	Whitehead Inst Biomed Res	2015

续表

序号	项目名称	期刊	论文标题	机构	发表年度
11	ADEPT	*Nature*	Continuous Evolution of Bacillus Thuringiensis Toxins Overcomes Insect Resistance	Harvard Univ	2016
12	ADEPT	*Science*	Synthetic Evolutionary Origin of a Proofreading Reverse Transcriptase	Univ of Texas at Austin	2016
13	ADEPT	*Science*	Dynamics of Epigenetic Regulation at the Single-Cell Level	CALTECH	2016
14	ADEPT	*Science*	Isolation of Potent Neutralizing Antibodies from a Survivor of the 2014 Ebola Virus Outbreak	Adimab	2016
15	ADEPT	*Science*	Complex Signal Processing in Synthetic Gene Circuits Using Cooperative Regulatory Assemblies	Boston Univ	2019
16	ATT	*Nature*	Predicting Protein Structures with a Multiplayer Online Game	Univ Washington	2010
17	Biochronicity	*Nature*	Redox Rhythm Reinforces the Circadian Clock to Gate Immune Response	Duke Univ	2015
18	Biochronicity	*Nature*	A Noisy Linear Map Underlies Oscillations in Cell Size and Gene Expression in Bacteria	Duke Univ	2015
19	Biological Control	*Cell*	Real-Time Genetic Compensation Defines the Dynamic Demands of Feedback Control	Univ Calif San Francisco	2018
20	Biological Control	*Cell*	Mapping Local and Global Liquid Phase Behavior in Living Cells Using Photo-Oligomerizable Seeds	Princeton Univ	2018
21	Biological Control	*Cell*	Liquid Nuclear Condensates Mechanically Sense and Restructure the Genome	Princeton Univ	2018

序号	项目名称	期刊	论文标题	机构	发表年度
22	Biological Control	*Nature*	The Neuropeptide Neuromedin U Stimulates Innate Lymphoid Cells and Type 2 Inflammation	Cornell Univ	2017
23	Biological Control	*Nature*	De Novo Design of Bioactive Protein Switches	Univ Washington	2019
24	Biological Control	*Nature*	Modular and Tunable Biological Feedback Control Using a De Novo Protein Switch	Univ Calif San Francisco	2019
25	Biological Control	*Science*	Programmable Protein Circuits in Living Cells	CALTECH	2018
26	Biological Control	*Science*	Stem Cell Differentiation Trajectories in Hydra Resolved at Single-Cell Resolution	Univ Calif Davis	2019
27	Biological Control	*Science*	Stochastic Antagonism Between Two Proteins Governs a Bacterial Cell Fate Switch	Harvard Med Sch	2019
28	Biological Control	*Science*	De Novo Design of Protein Logic Gates	Univ Washington	2020
29	BRDI	*Cell*	A High-Throughput Platform to Identify Small-Molecule Inhibitors of CRISPR-Cas9	Broad Inst	2019
30	BRICS	*Cell*	Precise Editing at DNA Replication Forks Enables Multiplex Genome Engineering in Eukaryotes	Yale Univ	2017
31	BRICS	*Cell*	A Genetic Tool to Track Protein Aggregates and Control Prion Inheritance	Boston Univ	2017
32	BRICS	*Cell*	Scalable, Continuous Evolution of Genes at Mutation Rates Above Genomic Error Thresholds	Univ Calif Irvine	2018

续表

序号	项目名称	期刊	论文标题	机构	发表年度
33	BRICS	*Science*	Synthetic Recombinase-Based State Machines in Living Cells	MIT	2016
34	BRICS	*Science*	Synthetic Sequence Entanglement Augments Stability and Containment of Genetic Information in Cells	Columbia Univ	2019
35	BRICS	*Science*	Engineered Symbionts Activate Honey Bee Immunity and Limit Pathogens	Univ Texas Austin	2020
36	BRICS	*Science*	Barcoded Microbial System for High-Resolution Object Provenance	Harvard Med Sch	2020
37	CLIO	*Nature*	Genetic Programs Constructed from Layered Logic Gates in Single Cells	MIT	2012
38	CLIO	*Nature*	Recoded Organisms Engineered to Depend on Synthetic Amino Acids	Yale Univ	2015
39	CLIO	*Science*	Decameric SelA.tRNA（Sec）Ring Structure Reveals Mechanism of Bacterial Selenocysteine Formation	Yale Univ	2013
40	CLIO	*Science*	Genomically Recoded Organisms Expand Biological Functions	Harvard Univ	2013
41	CLIO	*Science*	Probing the Limits of Genetic Recoding in Essential Genes	Harvard Univ	2013
42	CSSG	*Science*	Merkel Cells are Essential for Light-Touch Responses	Baylor Coll of Med	2009
43	ElectRx	*Science*	A Gut-Brain Neural Circuit for Nutrient Sensory Transduction	Duke Univ	2018
44	ELM	*Science*	Programming Self-Organizing Multicellular Structures with Synthetic Cell-Cell Signaling	Univ Calif San Francisco	2018

续表

序号	项目名称	期刊	论文标题	机构	发表年度
45	ELM	*Science*	Engineering Synthetic Morphogen Systems That Can Program Multicellular Patterning	Univ Calif San Francisco	2020
46	ESR	*Science*	Optogenetic Stimulation of Lateral Orbitofronto-Striatal Pathway Suppresses Compulsive Behaviors	MIT	2013
47	ESR	*Science*	Molecular-Level Functional Magnetic Resonance Imaging of Dopaminergic Signaling	MIT	2014
48	FunBio	*Cell*	Discovery of Next-Generation Antimicrobials Through Bacterial Self-Screening of Surface-Displayed Peptide Libraries	Univ Texas Austin	2018
49	FunBio	*Nature*	Genome Evolution and Adaptation in a Long-Term Experiment with Escherichia Coli	Michigan State Univ	2009
50	FunBio	*Nature*	Mutational Robustness Can Facilitate Adaptation	Univ Penn	2010
51	FunBio	*Nature*	Genomic Analysis of a Key Innovation in an Experimental Escherichia Coli Population	Michigan State Univ	2012
52	FunBio	*Nature*	Combinatorial Gene Regulation by Modulation of Relative Pulse Timing	CALTECH	2015
53	FunBio	*Science*	Coding-Sequence Determinants of Gene Expression in Escherichia Coli	Univ Penn	2009
54	FunBio	*Science*	Oscillating Gene Expression Determines Competence for Periodic Arabidopsis Root Branching	Duke Univ	2010

续表

序号	项目名称	期刊	论文标题	机构	发表年度
55	FunBio	*Science*	Second-Order Selection for Evolvability in a Large Escherichia Coli Population	Univ Texas Austin	2011
56	FunBio	*Science*	Negative Epistasis Between Beneficial Mutations in an Evolving Bacterial Population	Univ Houston	2011
57	FunBio	*Science*	Predatory Fish Select for Coordinated Collective Motion in Virtual Prey	Princeton Univ	2012
58	FunBio	*Science*	Repeatability and Contingency in the Evolution of a Key Innovation in Phage Lambda	Michigan State Univ	2012
59	FunBio	*Science*	Emergent Simplicity in Microbial Community Assembly	Boston Univ	2018
60	HAND	*Nature*	Active Tactile Exploration Using a Brain-Machine-Brain Interface	Duke Univ	2011
61	HPDM	*Cell*	Distal Airway Stem Cells Yield Alveoli in Vitro and During Lung Regeneration Following H1N1 Influenza Infection	ASTAR	2011
62	INTERCEPT	*Cell*	Viral Generated Inter-Organelle Contacts Redirect Lipid Flux for Genome Replication	Univ Calif San Francisco	2019
63	Lifelong Learning Machines	*Nature*	Potently Neutralizing and Protective Human Antibodies Against SARS-CoV-2	Vanderbilt Univ	2020
64	Living Foundries	*Cell*	Toehold Switches: De-Novo-Designed Regulators of Gene Expression	Harvard Univ	2014

续表

序号	项目名称	期刊	论文标题	机构	发表年度
65	Living Foundries	*Cell*	Discovery of Reactive Microbiota-Derived Metabolites that Inhibit Host Proteases	Univ Calif San Francisco	2017
66	Living Foundries	*Nature*	Protein Synthesis by Ribosomes with Tethered Subunits	Univ Illinois	2015
67	Living Foundries	*Nature*	Complex Cellular Logic Computation Using Ribocomputing Devices	Harvard Univ	2017
68	Living Foundries	*Science*	Design and Synthesis of a Minimal Bacterial Genome	J Craig Venter Inst	2016
69	Living Foundries	*Science*	Cellular Checkpoint Control Using Programmable Sequential Logic	Broad Inst	2018
70	M3 program	*Nature*	Locomotion Dynamics of Hunting in Wild Cheetahs	Univ London	2013
71	M3 program	*Science*	Reversibly Assembled Cellular Composite Materials	MIT	2013
72	Make-It	*Cell*	A Deep Learning Approach to Antibiotic Discovery	MIT	2020
73	N/MEMS S&T	*Nature*	Digital Cameras with Designs Inspired by the Arthropod Eye	Univ Illinois	2013
74	Neuro-FAST	*Cell*	SPED Light Sheet Microscopy：Fast Mapping of Biological System Structure and Function	Stanford Univ	2015
75	Neuro-FAST	*Cell*	Intact-Brain Analyses Reveal Distinct Information Carried by SNc Dopamine Subcircuits	Stanford Univ	2015

续表

序号	项目名称	期刊	论文标题	机构	发表年度
76	Neuro-FAST	*Cell*	Wiring and Molecular Features of Prefrontal Ensembles Representing Distinct Experiences	Stanford Univ	2016
77	Neuro-FAST	*Cell*	Communication in Neural Circuits: Tools, Opportunities, and Challenges	Stanford Univ	2016
78	Neuro-FAST	*Cell*	Multiplexed Intact-Tissue Transcriptional Analysis at Cellular Resolution	Stanford Univ	2016
79	Neuro-FAST	*Cell*	Ancestral Circuits for the Coordinated Modulation of Brain State	Stanford Univ	2017
80	Neuro-FAST	*Cell*	Molecular and Circuit-Dynamical Identification of Top-Down Neural Mechanisms for Restraint of Reward Seeking	Stanford Univ	2017
81	Neuro-FAST	*Nature*	Projections from Neocortex Mediate Top-Down Control of Memory Retrieval	Stanford Univ	2015
82	Neuro-FAST	*Nature*	Nucleus Accumbens D2R Cells Signal Prior Outcomes and Control Risky Decision-Making	Stanford Univ	2016
83	Neuro-FAST	*Nature*	The Complete Connectome of a Learning and Memory Centre in an Insect Brain	Howard Hughes Med Inst	2017
84	Neuro-FAST	*Nature*	Interacting Neural Ensembles in Orbitofrontal Cortex for Social and Feeding Behaviour	Stanford Univ	2019
85	Neuro-FAST	*Science*	Prefrontal Cortical Regulation of Brainwide Circuit Dynamics and Reward-Related Behavior	Stanford Univ	2016
86	Neuro-FAST	*Science*	Competition Between Engrams Influences Fear Memory Formation and Recall	Hosp Sick Children	2016

续表

序号	项目名称	期刊	论文标题	机构	发表年度
87	Neuro-FAST	*Science*	Thirst-Associated Preoptic Neurons Encode an Aversive Motivational Drive	Stanford Univ	2017
88	Open Philanthropy	*Science*	De Novo Design of Picomolar SARS-CoV-2 Miniprotein Inhibitors	Univ Washington	2020
89	Open Philanthropy	*Science*	Inborn Errors of Type I IFN Immunity in Patients with Life-Threatening COVID-19	Rockefeller Univ	2020
90	P3	*Cell*	A Single-Dose Intranasal ChAd Vaccine Protects Upper and Lower Respiratory Tracts Against SARS-CoV-2	Washington Univ	2020
91	P3	*Cell*	A SARS-CoV-2 Infection Model in Mice Demonstrates Protection by Neutralizing Antibodies	Washington Univ	2020
92	Panacea	*Nature*	Discovery of SARS-CoV-2 Antiviral Drugs Through Large-Scale Compound Repurposing	Sanford Burnham Prebys Med Discovery Inst	2020
93	Panacea	*Science*	Exploring Genetic Interaction Manifolds Constructed from Rich Single-Cell Phenotypes	Univ Calif San Francisco	2019
94	PDP	*Nature*	Computational Design of Co-Assembling Protein-DNA Nanowires	CALTECH	2015
95	PREPARE	*Cell*	Development of CRISPR as an Antiviral Strategy to Combat SARS-CoV-2 and Influenza	Stanford Univ	2020
96	Prophecy	*Cell*	Defining Hsp70 Subnetworks in Dengue Virus Replication Reveals Key Vulnerability in Flavivirus Infection	Stanford Univ	2015
97	Prophecy	*Cell*	Droplet Barcoding for Single-Cell Transcriptomics Applied to Embryonic Stem Cells	Harvard Univ	2015

续表

序号	项目名称	期刊	论文标题	机构	发表年度
98	Prophecy	*Cell*	Circulating Immune Cells Mediate a Systemic RNAi-Based Adaptive Antiviral Response in Drosophila	Univ Calif San Francisco	2017
99	Prophecy	*Cell*	The Evolutionary Pathway to Virulence of an RNA Virus	Tel Aviv Univ	2017
100	Prophecy	*Cell*	Comparative Flavivirus-Host Protein Interaction Mapping Reveals Mechanisms of Dengue and Zika Virus Pathogenesis	Univ Calif San Francisco	2018
101	Prophecy	*Nature*	Mutational and Fitness Landscapes of an RNA Virus Revealed Through Population Sequencing	Univ Calif San Francisco	2014
102	QuASAR	*Nature*	Nanometre-Scale Thermometry in a Living Cell	Harvard Univ	2013
103	QuASAR	*Nature*	Optical Magnetic Imaging of Living Cells	Harvard Smithsonian Ctr Astrophys	2013
104	QuASAR	*Science*	APPLIED PHYSICS Nuclear Magnetic Resonance Detection and Spectroscopy of Single Proteins Using Quantum Logic	Harvard Univ	2016
105	RAHA	*Science*	Endogenous Protein S-Nitrosylation in E. coli: Regulation by OxyR	Case Western Reserve Univ	2012
106	REPAIR	*Nature*	Amygdala Circuitry Mediating Reversible and Bidirectional Control of Anxiety	Stanford Univ	2011
107	REPAIR	*Nature*	A Prefrontal Cortex-Brainstem Neuronal Projection that Controls Response to Behavioural Challenge	Stanford Univ	2012
108	REPAIR	*Nature*	Neural Population Dynamics During Reaching	Columbia Univ	2012
109	REPAIR	*Nature*	Context-Dependent Computation by Recurrent Dynamics in Prefrontal Cortex	Univ Zurich	2013

续表

序号	项目名称	期刊	论文标题	机构	发表年度
110	REPAIR	*Nature*	Structural and Molecular Interrogation of Intact Biological Systems	Stanford Univ	2013
111	REPAIR	*Nature*	Diverging Neural Pathways Assemble a Behavioural State from Separable Features in Anxiety	Stanford Univ	2013
112	REPAIR	*Nature*	Dopamine Neurons Modulate Neural Encoding and Expression of Depression-Related Behaviour	MIT	2013
113	Revolutionizing Prosthetics	*Lancet*	High-Performance Neuroprosthetic Control by an Individual with Tetraplegia	Univ Pittsburgh	2013
114	RTA	*Cell*	A Novel Class of ER Membrane Proteins Regulates ER-Associated Endosome Fission	Univ Colorado	2018
115	Safe Genes	*Cell*	Mapping the Genetic Landscape of Human Cells	Univ Calif San Francisco	2018
116	Safe Genes	*Nature*	Programmable Base Editing of A.T to G.C in Genomic DNA Without DNA Cleavage	Harvard Univ	2017
117	Safe Genes	*Nature*	Treatment of Autosomal Dominant Hearing Loss by in Vivo Delivery of Genome Editing Agents	Harvard Univ	2018
118	Safe Genes	*Nature*	Evolved Cas9 Variants with Broad PAM Compatibility and High DNA Specificity	Broad Inst	2018
119	Safe Genes	*Nature*	In Vivo CRISPR Editing with No Detectable Genome-Wide Off-Target Mutations	AstraZeneca	2018
120	Safe Genes	*Nature*	Transcriptome-Wide Off-Target RNA Editing Induced by CRISPR-Guided DNA Base Editors	Massachusetts Gen Hosp	2019
121	Safe Genes	*Science*	Discovery of Widespread Type I and Type V CRISPR-Cas Inhibitors	Univ Calif San Francisco	2018

续表

序号	项目名称	期刊	论文标题	机构	发表年度
122	Safe Genes	*Science*	Systematic Discovery of Natural CRISPR-Cas12a Inhibitors	Univ Calif Berkeley	2018
123	Safe Genes	*Science*	Pervasive Functional Translation of Noncanonical Human Open Reading Frames	Univ Calif San Francisco	2020
124	SBNET	*Cell*	An Amygdala-Hippocampus Subnetwork that Encodes Variation in Human Mood	Univ Calif San Francisco	2018
125	SIMPLEX	*Cell*	Primacy of Flexor Locomotor Pattern Revealed by Ancestral Reversion of Motor Neuron Identity	Columbia Univ	2015
126	SIMPLEX	*Cell*	Controlling Visually Guided Behavior by Holographic Recalling of Cortical Ensembles	Columbia Univ	2019
127	SIMPLEX	*Science*	Imprinting and Recalling Cortical Ensembles	Columbia Univ	2016
128	XDATA	*Science*	Discovery of Brainwide Neural-Behavioral Maps via Multiscale Unsupervised Structure Learning	Johns Hopkins Univ	2014
129	YFA	*Cell*	Gene Expression Is Circular: Factors for mRNA Degradation Also Foster mRNA Synthesis	Technion Israel Inst Technol	2013
130	YFA	*Cell*	A Conserved Bicycle Model for Circadian Clock Control of Membrane Excitability	Northwestern Univ	2015
131	YFA	*Cell*	Cooperative Metabolic Adaptations in the Host Can Favor Asymptomatic Infection and Select for Attenuated Virulence in an Enteric Pathogen	Salk Inst Biol Studies	2018
132	YFA	*Cell*	Atlas of Circadian Metabolism Reveals System-Wide Coordination and Communication Between Clocks	Helmholtz Zentrum Munchen	2018

续表

序号	项目名称	期刊	论文标题	机构	发表年度
133	YFA	*Cell*	Defining the Independence of the Liver Circadian Clock	Univ Calif Irvine	2019
134	YFA	*Cell*	Precise and Programmable Detection of Mutations Using Ultraspecific Riboregulators	Arizona State Univ	2020
135	YFA	*Nature*	Structural Insight into Magnetochrome-Mediated Magnetite Biomineralization	Commissariat Energie Atom & Energies Alternat	2013
136	YFA	*Nature*	Deep Posteromedial Cortical Rhythm in Dissociation	Stanford Univ	2020
137	YFA	*Nature*	Massively Multiplexed Nucleic Acid Detection with Cas13	Broad Inst	2020
138	YFA	*Science*	Pancreatic Beta Cell Enhancers Regulate Rhythmic Transcription of Genes Controlling Insulin Secretion	Northwestern Univ	2015
139	YFA	*Science*	Wireless Magnetothermal Deep Brain Stimulation	MIT	2015
140	YFA	*Science*	Field-Deployable Viral Diagnostics Using CRISPR-Cas13	Broad Inst	2018
141	YFA	*Science*	An Intrinsic Oscillator Drives the Blood Stage Cycle of the Malaria Parasite Plasmodium Falciparum	Duke Univ	2020
142	—	*Cell*	Dynamics of Retrieval Strategies for Remote Memories	Stanford Univ	2011
143	—	*Cell*	Natural Neural Projection Dynamics Underlying Social Behavior	Stanford Univ	2014
144	—	*Cell*	Simple, Scalable Proteomic Imaging for High-Dimensional Profiling of Intact Systems	MIT	2015

续表

序号	项目名称	期刊	论文标题	机构	发表年度
145	—	*Cell*	A Corticostriatal Path Targeting Striosomes Controls Decision-Making Under Conflict	MIT	2015
146	—	*Cell*	Saturated Reconstruction of a Volume of Neocortex	Harvard Univ	2015
147	—	*Cell*	A Functional Role for Antibodies in Tuberculosis	Ragon Inst MGH MIT & Harvard	2016
148	—	*Cell*	Cell-Type-Specific Optical Recording of Membrane Voltage Dynamics in Freely Moving Mice	Stanford Univ	2016
149	—	*Cell*	Subcellular Imaging of Voltage and Calcium Signals Reveals Neural Processing in Vivo	Stanford Univ	2016
150	—	*Cell*	Chronic Stress Alters Striosome-Circuit Dynamics, Leading to Aberrant Decision-Making	MIT	2017
151	—	*Cell*	Synthetic RNA-Based Immunomodulatory Gene Circuits for Cancer Immunotherapy	MIT	2017
152	—	*Cell*	Neuronal Representation of Social Information in the Medial Amygdala of Awake Behaving Mice	Harvard Univ	2017
153	—	*Cell*	Combinatorial Signal Perception in the BMP Pathway	CALTECH	2017
154	—	*Cell*	Species-Independent Attraction to Biofilms Through Electrical Signaling	Univ Calif San Diego	2017
155	—	*Cell*	Digital Museum of Retinal Ganglion Cells with Dense Anatomy and Physiology	Princeton Univ	2018
156	—	*Cell*	Dynamic Ligand Discrimination in the Notch Signaling Pathway	CALTECH	2018

续表

序号	项目名称	期刊	论文标题	机构	发表年度
157	—	*Cell*	Structure of Microbial Nanowires Reveals Stacked Hemes that Transport Electrons over Micrometers	Univ Virginia	2019
158	—	*Cell*	Neuronal Dynamics Regulating Brain and Behavioral State Transitions	Stanford Univ	2019
159	—	*Cell*	Travel Surveillance and Genomics Uncover a Hidden Zika Outbreak During the Waning Epidemic	Yale Sch Publ Hlth	2019
160	—	*Cell*	Imbalanced Host Response to SARS-CoV-2 Drives Development of COVID-19	Icahn Sch Med Mt Sinai	2020
161	—	*Cell*	Structure of a Hallucinogen-Activated Gq-Coupled 5-HT2A Serotonin Receptor	Univ N Carolina	2020
162	—	*Lancet*	Safety, Tolerability, Pharmacokinetics, and Immunogenicity of the Therapeutic Monoclonal Antibody mAb114 Targeting Ebola Virus Glycoprotein (VRC 608): An Open-label Phase 1 Study	NIAID	2019
163	—	*Nature*	Programming Cells by Multiplex Genome Engineering and Accelerated Evolution	Harvard Univ	2009
164	—	*Nature*	Biomimetic Self-Templating Supramolecular Structures	Univ Calif Berkeley	2011
165	—	*Nature*	Neocortical Excitation/Inhibition Balance in Information Processing and Social Dysfunction	Stanford Univ	2011
166	—	*Nature*	Principles for Designing Ideal Protein Structures	Univ Washington	2012
167	—	*Nature*	Reach and Grasp by People with Tetraplegia Using a Neurally Controlled Robotic Arm	Rehabil Res & Dev Serv	2012

续表

序号	项目名称	期刊	论文标题	机构	发表年度
168	—	*Nature*	Computational Design of Ligand-Binding Proteins with High Affinity and Selectivity	Univ Washington	2013
169	—	*Nature*	Histone H2A.Z Subunit Exchange Controls Consolidation of Recent and Remote Memory	Univ Alabama Birmingham	2014
170	—	*Nature*	Bioresorbable Silicon Electronic Sensors for the Brain	Univ Illinois	2016
171	—	*Nature*	Design of a Hyperstable 60-Subunit Protein Icosahedron	Univ Washington	2016
172	—	*Nature*	Designed Proteins Induce the Formation of Nanocage-Containing Extracellular Vesicles	Univ Utah	2016
173	—	*Nature*	Evolution of a Designed Protein Assembly Encapsulating Its Own RNA Genome	Univ Washington	2017
174	—	*Nature*	Neural Ensemble Dynamics Underlying a Long-Term Associative Memory	Stanford Univ	2017
175	—	*Nature*	Genomic Epidemiology Reveals Multiple Introductions of Zika Virus into the United States	Scripps Res Inst	2017
176	—	*Nature*	Neural Signatures of Sleep in Zebrafish	Stanford Univ	2019
177	—	*Nature*	Fundamental Bounds on the Fidelity of Sensory Cortical Coding	Stanford Univ	2020
178	—	*NEJM*	A Randomized, Controlled Trial of Ebola Virus Disease Therapeutics	NIAID	2019
179	—	*Science*	Surface Sites for Engineering Allosteric Control in Proteins	Univ Texas SW Med Ctr Dallas	2008

续表

序号	项目名称	期刊	论文标题	机构	发表年度
180	—	*Science*	Phasic Firing in Dopaminergic Neurons Is Sufficient for Behavioral Conditioning	Stanford Univ	2009
181	—	*Science*	Computational Design of an Enzyme Catalyst for a Stereoselective Bimolecular Diels-Alder Reaction	Univ Washington	2010
182	—	*Science*	Computational Design of Proteins Targeting the Conserved Stem Region of Influenza Hemagglutinin	Univ Washington	2011
183	—	*Science*	Dynamically Reshaping Signaling Networks to Program Cell Fate Via Genetic Controllers	Stanford Univ	2013
184	—	*Science*	Genomically Encoded Analog Memory with Precise in Vivo DNA Writing in Living Cell Populations	MIT	2014
185	—	*Science*	High-Speed Recording of Neural Spikes in Awake Mice and Flies with a Fluorescent Voltage Sensor	Stanford Univ	2015
186	—	*Science*	Design, Synthesis, and Testing Toward a 57-Codon Genome	Harvard Med Sch	2016
187	—	*Science*	Continuous Genetic Recording with Self-Targeting CRISPR-Cas in Human Cells	MIT	2016
188	—	*Science*	Accurate Design of Megadalton-Scale Two-Component Icosahedral Protein Complexes	Univ Washington	2016
189	—	*Science*	Deriving Genomic Diagnoses Without Revealing Patient Genomes	Stanford Univ	2017
190	—	*Science*	Coupling Between Distant Biofilms and Emergence of Nutrient Time-Sharing	Univ Calif San Diego	2017

续表

序号	项目名称	期刊	论文标题	机构	发表年度
191	—	*Science*	Universal Protection Against Influenza Infection by a Multidomain Antibody to Influenza Hemagglutinin	Scripps Res Inst	2018
192	—	*Science*	Adaptive Infrared-Reflecting Systems Inspired by Cephalopods	Univ Calif Irvine	2018
193	—	*Science*	De Novo Design of Self-Assembling Helical Protein Filaments	Univ Washington	2018
194	—	*Science*	De Novo Design of Tunable, pH-Driven Conformational Changes	Univ Washington	2019

注：

1. 本表选取了由 DARPA 资助生命科学领域发表在 *Cell*（68 篇）、*Nature*（59 篇）、*Science*（64 篇）、*Lancet*（2 篇）和 *NEJM*（1 篇）期刊上的 194 篇论文；

2. 本表依据项目名称与期刊名称首字母及发表年度升序排列；

3. 机构信息为论文标注的第一个通信作者的第一个机构信息；

4. 部分论文资助信息不详（仅标注 DARPA 资助，未提供项目编号或根据项目编号未能查到项目信息）。

5. 表中部分项目名称缩写全称信息如下（其他在正文或附件中出现）：

ATT: Advanced Tactical Technology; **BRDI:** Biomass Research and Development Initiative; **CSSG:** Computer Science Study Group; **HAND:** Human Assisted Neural Devices; **HPDM:** Human Protection from Dangerous Mycobaterium; **M3:** Maximum Mobility and Manipulation; **MEMS:** Micro-Electro-Mechanical Systems; **QuASAR:** Quantum-Assisted Sensing and Readout; **SBNET:** Systems-Based Neurotechnology for Emerging Therapies; **XDATA:** X data; **YFA:** Young Faculty Award。

附录 I DTRA 资助生命科学领域科研项目顶级期刊发文情况

期刊	发表年度	论文标题	机构	国家/地区
Cell	2014	Toehold Switches: De-Novo-Designed Regulators of Gene Expression	Harvard Univ	USA
Cell	2014	A Computationally Designed Inhibitor of an Epstein-Barr Viral Bcl-2 Protein Induces Apoptosis in Infected Cells	Univ Washington	USA
Cell	2014	Paper-Based Synthetic Gene Networks	Harvard Univ	USA
Cell	2015	Ebola Virus Epidemiology, Transmission, and Evolution during Seven Months in Sierra Leone	Broad Inst MIT & Harvard	USA
Cell	2015	Mechanism of Human Antibody-Mediated Neutralization of Marburg Virus	Vanderbilt Univ	USA
Cell	2015	Structural Basis for Marburg Virus Neutralization by a Cross-Reactive Human Antibody	Scripps Res Inst	USA
Cell	2016	Portable, On-Demand Biomolecular Manufacturing	MIT	USA
Cell	2016	Rapid, Low-Cost Detection of Zika Virus Using Programmable Biomolecular Components	MIT	USA
Cell	2016	Cross-Reactive and Potent Neutralizing Antibody Responses in Human Survivors of Natural Ebolavirus Infection	Vanderbilt Univ	USA
Cell	2017	Immunization-Elicited Broadly Protective Antibody Reveals Ebolavirus Fusion Loop as a Site of Vulnerability	Univ Maryland	USA
Cell	2017	Antibodies from a Human Survivor Define Sites of Vulnerability for Broad Protection Against Ebolaviruses	Albert Einstein Coll Med	USA
Cell	2018	The Egyptian Rousette Genome Reveals Unexpected Features of Bat Antiviral Immunity	Boston Univ	USA

续表

期刊	发表年度	论文标题	机构	国家/地区
Cell	2018	Electron Cryo-Microscopy Structure of Ebola Virus Nucleoprotein Reveals a Mechanism for Nucleocapsid-Like Assembly	Stanford Univ	USA
Cell	2019	Engineering Phage Host-Range and Suppressing Bacterial Resistance Through Phage Tail Fiber Mutagenesis	MIT	USA
Cell	2019	A White-Box Machine Learning Approach for Revealing Antibiotic Mechanisms of Action	MIT	USA
Cell	2020	A Deep Learning Approach to Antibiotic Discovery	MIT	USA
Cell	2020	Elicitation of Potent Neutralizing Antibody Responses by Designed Protein Nanoparticle Vaccines for SARS-CoV-2	Univ Washington	USA
Lancet	2010	Postexposure Protection of Non-Human Primates Against a Lethal Ebola Virus Challenge with RNA Interference: A Proof-of-Concept Study	Boston Univ	USA
Lancet	2011	Ebola Haemorrhagic Fever	NIAID	USA
Lancet	2012	Zoonoses 3 Prediction and Prevention of the Next Pandemic Zoonosis	EcoHealth Alliance	USA
Nature	2010	Type IIA Topoisomerase Inhibition by a New Class of Antibacterial Agents	GlaxoSmithKline England	England
Nature	2011	Ebola Virus Entry Requires the Cholesterol Transporter Niemann-Pick C1	Netherlands Canc Inst	Netherlands
Nature	2012	Principles for Designing Ideal Protein Structures	Univ Washington	USA
Nature	2012	A Framework for Human Microbiome Research	J Craig Venter Inst	USA
Nature	2012	Structure, Function and Diversity of the Healthy Human Microbiome	Harvard Univ	USA

续表

期刊	发表年度	论文标题	机构	国家/地区
Nature	2013	Computational Design of Ligand-Binding Proteins with High Affinity and Selectivity	Univ Washington	USA
Nature	2014	Protection Against Filovirus Diseases by a Novel Broad-Spectrum Nucleoside Analogue BCX4430	USAMRIID	USA
Nature	2014	Reversion of Advanced Ebola Virus Disease in Nonhuman Primates with ZMapp	Mapp Biopharmaceut, Inc.	USA
Nature	2014	Accurate Design of Co-Assembling Multi-Component Protein Nanomaterials	Univ Washington	USA
Nature	2015	Exploring the Repeat Protein Universe Through Computational Protein Design	Univ Washington	USA
Nature	2015	Nanoparticle Biointerfacing by Platelet Membrane Cloaking	Univ Calif San Diego	USA
Nature	2015	Transferred Interbacterial Antagonism Genes Augment Eukaryotic Innate Immune Function	Univ Washington	USA
Nature	2016	Therapeutic Efficacy of the Small Molecule GS-5734 Against Ebola Virus in Rhesus Monkeys	USAMRIID	USA
Nature	2017	Complex Cellular Logic Computation Using Ribocomputing Devices	Harvard Univ	USA
Nature	2017	Virus Genomes Reveal Factors that Spread and Sustained the Ebola Epidemic	Univ Edinburgh	Scotland
Nature	2020	A Bacterial Cytidine Deaminase Toxin Enables CRISPR-Free Mitochondrial Base Editing	Broad Inst MIT & Harvard	USA
NEJM	2015	Molecular Evidence of Sexual Transmission of Ebola Virus	USAMRIID	USA
NEJM	2016	A Randomized, Controlled Trial of ZMapp for Ebola Virus Infection	NIAID	USA

续表

期刊	发表年度	论文标题	机构	国家/地区
NEJM	2017	A Recombinant Vesicular Stomatitis Virus Ebola Vaccine	Walter Reed Army Inst Res	USA
Science	2011	Computational Design of Proteins Targeting the Conserved Stem Region of Influenza Hemagglutinin	Univ Washington	USA
Science	2012	An Overlapping Protein-Coding Region in Influenza a Virus Segment 3 Modulates the Host Response	Univ Cambridge	England
Science	2013	Comparative Analysis of Bat Genomes Provides Insight into the Evolution of Flight and Immunity	BGI Shenzhen	China
Science	2014	Lassa Virus Entry Requires a Trigger-Induced Receptor Switch	Netherlands Canc Inst	Netherlands
Science	2015	Systematic Humanization of Yeast Genes Reveals Conserved Functions and Genetic Modularity	Univ of Texas at Austin	USA
Science	2015	Design of Ordered Two-Dimensional Arrays Mediated by Noncovalent Protein-Protein Interfaces	Howard Hughes Med Inst	USA
Science	2015	Two-Pore Channels Control Ebola Virus Host Cell Entry and Are Drug Targets for Disease Treatment	Texas Biomed Res Inst	USA
Science	2015	Trapping a Transition State in a Computationally Designed Protein Bottle	Scripps Res Inst	USA
Science	2016	A Trojan Horse Bispecific-Antibody Strategy for Broad Protection Against Ebolaviruses	Albert Einstein Coll Med	USA
Science	2017	Principles for Designing Proteins with Cavities Formed by Curved Beta Sheets	Univ Washington	USA
Science	2017	Nucleic Acid Detection with CRISPR-Cas13a/C2c2	Broad Inst MIT & Harvard	USA

续表

期刊	发表年度	论文标题	机构	国家/地区
Science	2018	Multiplexed and Portable Nucleic Acid Detection Platform with Cas13, Cas12a, and Csm6	Broad Inst MIT & Harvard	USA
Science	2019	Programmable CRISPR-Responsive Smart Materials	MIT	USA
Science	2020	Designed Protein Logic to Target Cells with Precise Combinations of Surface Antigens	Univ Washington	USA

注：

1. 本表选取了由 DTRA 资助生命科学领域项目发表在 *Cell*（17 篇）、*Nature*（16 篇）、*Science*（14 篇）、*Lancet*（3 篇）和 *NEJM*（3 篇）期刊上的 53 篇论文；

2. 本表依据期刊名称首字母与发表年度升序排列；

3. 机构信息为论文标注的第一个通信作者的第一个机构信息。

附录 J　美国生物防御科研项目主要承担机构地理位置及官方网站地址

序号	资助机构	承担机构（英文名称）	承担机构（中文名称）	地理位置	官网地址
1	NIH	Univ of Maryland Baltimore	马里兰大学巴尔的摩分校	马里兰州	https://www.umaryland.edu
2	NIH	Univ of Texas Med Br Galveston	得克萨斯大学加尔维斯顿医学分部	得克萨斯州	https://www.utsystem.edu
3	NIH	Icahn Sch of Med Mount Sinai	西奈山伊坎医学院	纽约州	https://icahn.mssm.edu
4	NIH	Emory Univ	埃默里大学	佐治亚州	http://www.emory.edu
5	NIH	Leidos Biomedical Research, Inc.	Leidos 生物医学研究公司	马里兰州	https://www.leidos.com
6	NIH	Duke University	杜克大学	北卡罗来纳州	https://duke.edu
7	NIH	Scripps Research Institute	斯克利普斯研究所	加利福尼亚州	https://www.scripps.edu
8	NIH	Univ of Washington	华盛顿大学	华盛顿州	https://www.washington.edu
9	NIH	Harvard Med Sch	哈佛医学院	马萨诸塞州	https://hms.harvard.edu
10	NIH	Washington University in St. Louis	圣路易斯华盛顿大学	密苏里州	https://wustl.edu
11	NIH	Columbia Univ Health Sci	哥伦比亚大学健康科学中心	纽约州	https://www.cuimc.columbia.edu
12	NIH	NIAID	国立过敏与感染性疾病研究所	马里兰州	https://www.niaid.nih.gov

续表

序号	资助机构	承担机构（英文名称）	承担机构（中文名称）	地理位置	官网地址
13	NIH	Univ of North Carolina at Chapel Hill	北卡罗来纳大学教堂山分校	北卡罗来纳州	https://www.unc.edu
14	NIH	St. Jude Children's Research Hospital	圣犹大儿童研究医院	田纳西州	https://www.stjude.org
15	NIH	Univ Massachusetts Med Sch Worcester	马萨诸塞大学沃斯斯特医学院	马萨诸塞州	https://www.umassmed.edu
16	NIH	UC San Diego	加利福尼亚大学圣地亚哥分校	加利福尼亚州	https://ucsd.edu
17	NIH	SRI International	斯坦福国际研究院	加利福尼亚州	https://www.sri.com
18	NIH	Stanford Univ	斯坦福大学	加利福尼亚州	https://www.stanford.edu
19	NIH	Univ of Alabama at Birmingham	阿拉巴马大学伯明翰分校	阿拉巴马州	https://www.uab.edu
20	NIH	Johns Hopkins Univ	约翰·霍普金斯大学	马里兰州	https://www.jhu.edu
21	NIH	Yale Univ	耶鲁大学	康涅狄格州	https://www.yale.edu
22	NIH	American Type Culture Collection	美国菌种保藏中心	弗吉尼亚州	https://www.atcc.org
23	NIH	Univ of Pennsylvania	宾夕法尼亚大学	宾夕法尼亚州	https://www.upenn.edu
24	NIH	Univ of Rochester	罗彻斯特大学	纽约州	https://www.rochester.edu

续表

序号	资助机构	承担机构（英文名称）	承担机构（中文名称）	地理位置	官网地址
25	NIH	Univ Pittsburgh	匹兹堡大学	宾夕法尼亚州	https://www.pitt.edu
26	NIH	Massachusetts General Hospital	麻省总医院	马萨诸塞州	https://www.massgeneral.org
27	NIH	La Jolla Inst for Allergy & Immunology	拉霍亚过敏和免疫学研究所	加利福尼亚州	https://www.lji.org
28	NIH	J. Craig Venter Institute	克莱格·文特尔研究所	马里兰州	https://www.jcvi.org
29	NIH	Univ Wisconsin-Madison	威斯康星大学麦迪逊分校	威斯康星州	https://www.wisc.edu
30	NIH	Univ of Michigan at Ann Arbor	密歇根大学安娜堡分校	密歇根州	https://umich.edu
31	BARDA	GlaxoSmithKline	葛兰素史克制药公司	英国伦敦	https://www.gsk.com
32	BARDA	Astra Zeneca	阿斯利康制药公司	英国剑桥	https://www.astrazeneca.com
33	BARDA	Novartis	诺华制药公司	瑞士巴塞尔	https://www.novartis.com
34	BARDA	Sanofi Pasteur	赛诺菲巴斯德制药公司	法国里昂	https://www.sanofi.com
35	BARDA	Becton Dickinson	美国碧迪公司	新泽西州	https://www.bd.com
36	BARDA	Emergent BioSolutions	紧急生物制造公司	马里兰州	https://www.emergentbiosolutions.com
37	BARDA	Lovelace Respiratory Research Institute	洛夫莱斯呼吸研究所	新墨西哥州	https://www.lovelacebiomedical.org
38	BARDA	CSL Biotherapies	CSL 生物治疗公司	宾夕法尼亚州	https://www.cslbehring.com
39	BARDA	MRI Global	MRI 全球研究所	密苏里州	https://www.mriglobal.org

续表

序号	资助机构	承担机构（英文名称）	承担机构（中文名称）	地理位置	官网地址
40	BARDA	Battelle Memorial Institute	巴特尔纪念研究所	俄亥俄州	https://www.battelle.org
41	BARDA	IIT Research Institute	IIT 研究所	伊利诺伊州	https://iitri.org
42	BARDA	SRI International	斯坦福国际研究院	加利福尼亚州	https://www.sri.com
43	BARDA	WHO	世界卫生组织	瑞士日内瓦	https://www.who.int
44	BARDA	Southern Research Institute	南方研究所	阿拉巴马州	https://southernresearch.org
45	BARDA	Elusys Therapeutics	Elusys 制药公司	新泽西州	https://www.elusys.com
46	BARDA	Regeneron Pharmaceuticals	再生元制药公司	纽约州	https://www.regeneron.com
47	BARDA	BioCryst Pharmaceuticals	BioCryst 制药公司	北卡罗来纳州	https://www.biocryst.com
48	BARDA	DynPort Vaccine Company	DynPort 疫苗公司	马里兰州	https://www.gdit.com/dvc
49	BARDA	IDRI	感染性疾病研究所	华盛顿州	http://www.idri.org
50	BARDA	Janssen Pharmaceutica	杨森制药	比利时贝尔塞	https://www.janssen.com
51	DARPA	Moderna, Inc.	莫德纳公司	马萨诸塞州	https://www.modernatx.com
52	DARPA	Harvard Univ	哈佛大学	马萨诸塞州	https://www.harvard.edu
53	DARPA	Arizona State Univ	亚利桑那州立大学	亚利桑那州	https://www.asu.edu
54	DARPA	G-Con, LLC	G-Con 公司	得克萨斯州	https://www.gconbio.com
55	DARPA	Battelle Memorial Institute	巴特尔纪念研究所	佛罗里达州	https://www.battelle.org
56	DARPA	Vanderbilt Univ	范德堡大学	田纳西州	https://www.vanderbilt.edu

续表

序号	资助机构	承担机构（英文名称）	承担机构（中文名称）	地理位置	官网地址
57	DARPA	MIT	麻省理工学院	马萨诸塞州	https://www.mit.edu
58	DARPA	Abcellera Biologics, Inc.	Abcellera 公司	加拿大温哥华	https://www.abcellera.com
59	DARPA	Icahn Sch Med Mount Sinai	西奈山伊坎医学院	纽约州	https://icahn.mssm.edu
60	DARPA	VaxDesign Corporation	VaxDesign 公司	佛罗里达州	https://www.vaxdesign.com
61	DARPA	UC San Francisco	加利福尼亚大学旧金山分校	加利福尼亚州	https://www.ucsf.edu
62	DARPA	Northrop Gruman Corporation	诺斯洛普·格鲁门公司	弗吉尼亚州	https://www.northropgrumman.com
63	DARPA	Univ of Washington	华盛顿大学	华盛顿州	https://www.washington.edu
64	DARPA	Georgia Institute of Technology	佐治亚理工学院	佐治亚州	https://www.gatech.edu
65	DARPA	IBIS Biosciences, Inc.	IBIS 生物科学公司	加利福尼亚州	https://www.abbott.com
66	DARPA	Kentucky Bioprocessing, Inc.	肯塔基生物加工公司	肯塔基州	https://kentuckybioprocessing.com
67	DARPA	Ginkgo Bioworks, Inc.	Ginkgo 生物技术公司	马萨诸塞州	https://www.ginkgobioworks.com
68	DARPA	Massachusetts General Hospital	麻省总医院	马萨诸塞州	https://www.massgeneral.org
69	DARPA	Columbia Univ	哥伦比亚大学	纽约州	https://www.columbia.edu
70	DARPA	Univ of Massachusetts	马萨诸塞大学	马萨诸塞州	https://www.umass.edu
71	DTRA	USA MRIID	美国陆军传染病医学研究所	马里兰州	https://www.usamriid.army.mil
72	DTRA	Univ Maryland	马里兰大学	马里兰州	https://www.umd.edu

续表

序号	资助机构	承担机构（英文名称）	承担机构（中文名称）	地理位置	官网地址
73	DTRA	USAMRICD	美国陆军化学防御医学研究所	马里兰州	https://usamricd.amedd.army.mil
74	DTRA	US Naval Res Lab	美国海军研究实验室	华盛顿特区	https://www.nrl.navy.mil
75	DTRA	Univ Washington	华盛顿大学	华盛顿州	https://www.washington.edu
76	DTRA	UC San Diego	加利福尼亚大学圣地亚哥分校	加利福尼亚州	https://ucsd.edu
77	DTRA	Walter Reed Army Inst Res	华尔特·里德陆军研究所	马里兰州	https://www.wrair.army.mil
78	DTRA	Uniformed Serv Univ Hlth Sci	美国健康科学统一服务大学	马里兰州	https://www.usuhs.edu
79	DTRA	George Mason Univ	乔治梅森大学	弗吉尼亚州	https://www2.gmu.edu
80	DTRA	Univ Texas at Austin	得克萨斯大学奥斯汀分校	得克萨斯州	https://www.utexas.edu
81	DTRA	Columbia Univ	哥伦比亚大学	纽约州	https://www.columbia.edu
82	DTRA	Los Alamos Natl Lab	洛斯·阿拉莫斯国家实验室	新墨西哥州	https://www.lanl.gov
83	DTRA	MIT	麻省理工学院	马萨诸塞州	https://www.mit.edu
84	DTRA	Harvard Univ	哈佛大学	马萨诸塞州	https://www.harvard.edu
85	DTRA	Vanderbilt Univ	范德堡大学	田纳西州	https://www.vanderbilt.edu
86	DTRA	Univ Florida	佛罗里达大学	佛罗里达州	http://www.ufl.edu

续表

序号	资助机构	承担机构（英文名称）	承担机构（中文名称）	地理位置	官网地址
87	DTRA	US Army Edgewood Chem Biol Ctr	美国陆军埃基伍德化生中心	马里兰州	https://www.cbc.devcom.army.mil
88	DTRA	US Army Med Res & Mat Command	美国陆军医学研究司令部	马里兰州	https://mrdc.amedd.army.mil
89	DTRA	Univ of Illinois	伊利诺伊大学	伊利诺伊州	https://illinois.edu
90	DTRA	Univ New Mexico	新墨西哥大学	新墨西哥州	https://www.unm.edu
91	DTRA	Johns Hopkins Univ	约翰·霍普金斯大学	马里兰州	https://www.jhu.edu
92	DTRA	US Ctr Dis Control & Prevent	美国疾病预防控制中心	佐治亚州	https://www.cdc.gov

注：

1. 本表为美国 NIH、BARDA、DARPA 和 DTRA 助科研项目主要承担机构的地理位置及官方网站信息；

2. 本表中 NIH 资助科研机构为获得经费资助较多的 30 家机构，BARDA 资助科研机构为获得资助合同数量较多的 20 家机构，DARPA 资助科研机构为获得经费资助较多的 20 家机构，DTRA 资助科研机构为发表论文较多的 22 家机构，以上部分机构有重叠；

3. 官方网站信息查询时间为 2021 年 5 月。其中 IBIS 生物科学公司 2009 年 1 月被美国雅培公司收购，因此表中官方网站信息为美国雅培公司网址；美国陆军埃基伍德化生中心现为美国陆军作战能力发展司令部化学生物防御中心，埃基伍德化生中心原网址已无法访问，因此表中官方网站信息为后者网址。

缩略语

缩略语	英文名称	中文名称
ASD（NCB）	Assistant Secretary of Defense for Nuclear，Chemical & Biological Defense Programs	负责核、化学、生物防御项目的助理国防部长
ASPR	Office of Assistant of Secretary of Preparedness and Response	应急准备与反应助理部长办公室
ATCC	American Type Culture Collection	美国菌毒种保藏库
BARDA	Biomedical Advanced Research and Development Authority	生物医学高级研发管理局
BS&S	Biosafety & Biosecurity	生物安全与生物安保
BSV	Biosurveillance	生物监测
BTO	Biological Technologies Office	生物技术办公室
BTRP	Biological Threat Reduction Program	生物威胁降低项目
CBDP	Chemical/Biological Defense Program	国防部化生防御计划
CBEP	Cooperative Biological Engagement Program	生物协同计划
CBR	Cooperative Biological Research	生物合作研究
CBRN	Chemical，Biological，Radiological，and Nuclear	化学、生物、放射和核
CDC	Centers for Disease Control and Prevention	疾病预防控制中心

续表

缩略语	英文名称	中文名称
CIADM	Centers for Innovation in Advanced Development and Manufacturing	高级研发与制造创新中心
COVID-19	Coronavirus Disease 2019	2019 新型冠状病毒肺炎
CRS	Congressional Research Service	国会研究局
CSA	Combat Support Agencies	作战支持局
CSN	Clinical Studies Network	临床研究网络
CTR	Cooperative Threat Reduction	合作威胁降低
DARPA	Defense Advanced Research Projects Agency	国防高级研究计划局
DOD	Department of Defense	国防部
DTRA	Defense Threat Reduction Agency	国防威胁降低局
EDPs	Especially Dangerous Pathogens	特别危险病原体
FDA	Food and Drug Administration	美国食品与药品管理局
FFMN	Fill Finish Manufacturing Network	灌装完成制造网络
GAO	Government Accountability Office	美国审计总署
GMO	Good Manufacturing Practice	良好生产规范
GOF	Gain-of-Function	功能获得性
HGT	Horizontal Gene Transfer	水平基因转移
HHS	Department of Health and Human Services	卫生与公众服务部

缩略语	英文名称	中文名称
ISTC	International Science and Technology Center	国际科学与技术中心
JPEO-CBD	Joint Program Executive Office-Chemical Biological Defense	化生防御联合项目执行办公室
JRO-CBRND	Joint Requirements Office-Chemical，Biological，Radiological，and Nuclear Defense	CBRN 防御联合需求办公室
JSTO-CBD	Joint Science & Technology Office for Chemical and Biological Defense	化生防御联合科技办公室
MCMs	Medical Countermeasures	医学应对措施
MERS	Middle East Respiratory Syndrome	中东呼吸综合征
NCSN	Non-Clinical Studies Network	非临床研究网络
NIAID	National Institute of Allergy and Infectious Diseases	国立过敏与感染性疾病研究所
NIH	National Institutes of Health	国立卫生研究院
NMRC	Naval Medical Research Center	海军医学研究中心
NRC	National Research Council	国家科学研究委员会
PHEMCE	Public Health Emergency Medical Countermeasures Enterprise	公共卫生紧急医学应对措施研发联合体
PPP	Proliferation Prevention Program	防扩散项目
RDT&E	Research，Development，Test，and Evaluation	研究、开发、测试与评估
SARS	Severe Acute Respiratory Syndrome	严重急性呼吸综合征
TADR	Threat Agent Detection and Response	威胁剂检测与响应
USAMRIID	United States Army Medical Research Institute of Infectious Diseases	美国陆军传染病医学研究所

结　语

　　生物安全是国家安全的重要组成部分，随着 2019 年开始的新型冠状病毒肺炎疫情全球流行，2020 年我国通过《中华人民共和国生物安全法》，2021 年中共中央政治局就加强我国生物安全建设进行集体学习，2022 年俄乌冲突使美国在乌克兰境内设立的生物实验室曝光等，生物安全问题引起了越来越多的关注与重视。

　　生物安全在英语中有两个词语，即 biosafety 和 biosecurity。根据瑞士苏黎世联邦理工大学 2007 年编写的《生物防御手册》（Biodefense Handbook），biosafety 主要是指采取措施预防生物剂的非蓄意释放；biosecurity 主要是指采取措施应对生物剂的蓄意释放；生物防御（biodefense）是指为了保证生物安全，应对自然发生、事故性和蓄意的病原体或毒素释放而建立政策、机制、方法、计划和程序等。

　　生物防御能力关系国家安全。2001 年"炭疽邮件"事件后，美国加强了生物防御能力建设，依靠其强大的经济实力、军事实力和科技实力，不断强化和完善其国家生物防御体系。田德桥 2017 年出版的《美国生物防御》一书对美国生物防御体系和能力建设进行了系统阐述。王玉民研究员为该书撰写的序中对生物防御进行了阐述："生物防御（biodefense）是指应对生物攻击的一切措施手段，是生物战的一个重要范畴。但随着时代的变迁和世界军事斗争样式的变化，生物防御的定义日趋丰富，不但包含了战时的生物防护，还包括了平时的生物安保（biosecurity）以及新发、突发传染病的应对防控""兵法云'知己知彼，百战不殆'，以美国为鉴完善我国的生物防御体系是我们的重要任务"。

该书是在《美国生物防御》一书基础上，针对美国生物防御科研项目的深入分析，研究工作基于研究生学位论文，并进一步进行了加工完善。

编者

2024 年 4 月

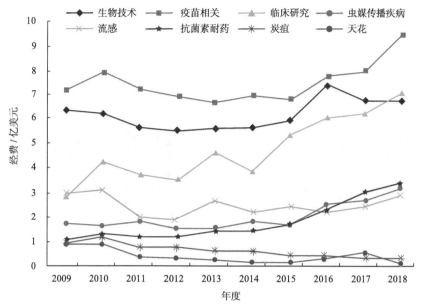

图 1.1.4　NIH 2009—2018 财年生物防御科研项目资助细分领域各年度经费投入情况

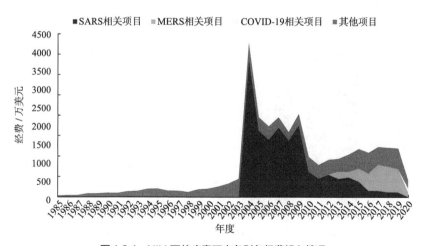

图 1.2.1　NIH 冠状病毒研究各财年经费投入情况

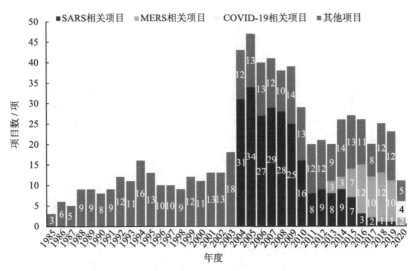

图 1.2.2　NIH 冠状病毒研究各财年资助项目数情况

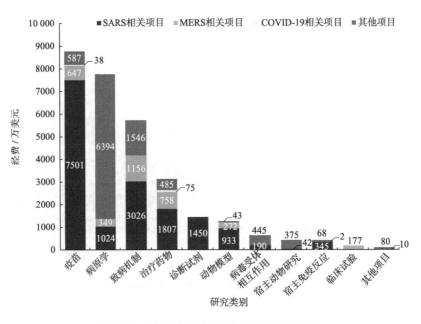

图 1.2.4　NIH 冠状病毒各研究类别经费投入情况

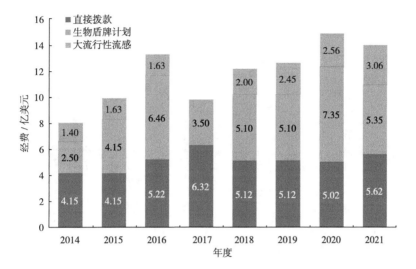

注：数据来源于 ASPR 各年度预算；该图不含 BARDA 获得的埃博拉紧急补充资金和寨卡研究补充资金；在 2017 年预算数据中，大流行性流感未单独列出。

图 2.1.2　BARDA 2014—2021 年度经费预算

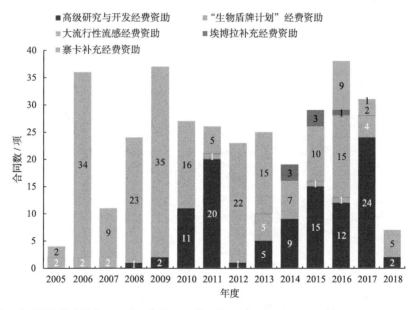

注：合同数计算时间为 2005 年 9 月至 2018 年 9 月。

图 2.1.3　BARDA 2005—2018 年度资助合同数（按经费来源）

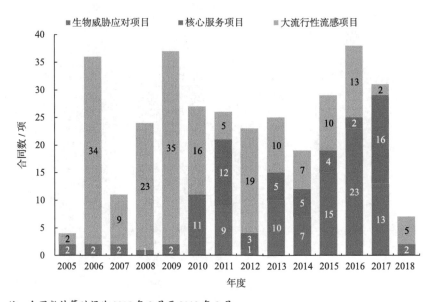

注：合同数计算时间为 2005 年 9 月至 2018 年 9 月。

图 2.1.4 BARDA 2005—2018 年度资助合同数（按研究类别）

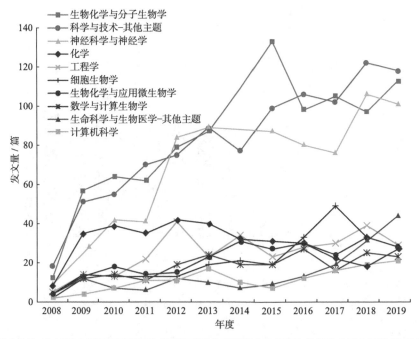

图 3.2.3 DARPA 科研项目发表生命科学相关论文研究方向年度变化趋势（发文量前 10 位）

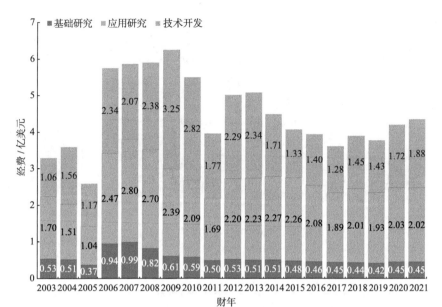

图 4.1.3　CBDP 科学与技术（S&T）年度经费投入情况

（数据来源于各年度 CBDP 预算）

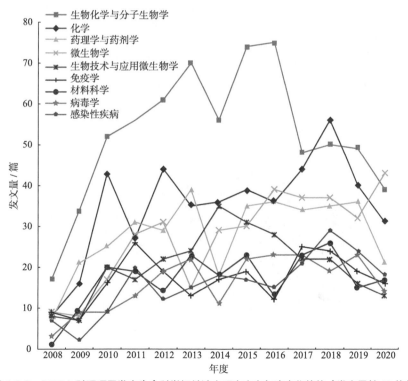

图 4.2.3　DTRA 科研项目发表生命科学相关论文研究方向年度变化趋势（发文量前 10 位）

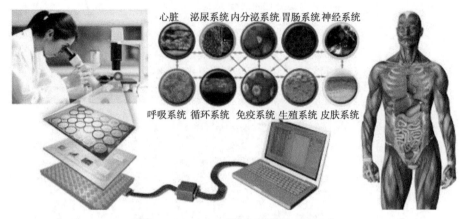

附图 D.1　DARPA"微生理系统"项目示意

（资料来源：https://www.darpa.mil/program/microphysiological-systems）

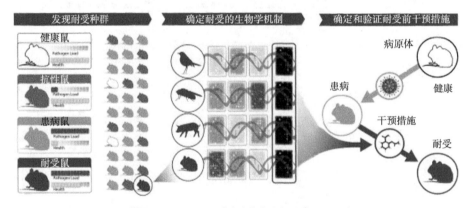

附图 D.2　DARPA"宿主恢复力技术"项目示意

（资料来源：https://www.darpa.mil/news-events/2015-03-31）

受灾作物　　将经过修饰的基因　　健康作物
　　　　　通过昆虫传递给
　　　　　成熟植物

附图 D.4　DARPA"昆虫联盟"项目示意

（资料来源：https://www.darpa.mil/news-events/2016-10-19）

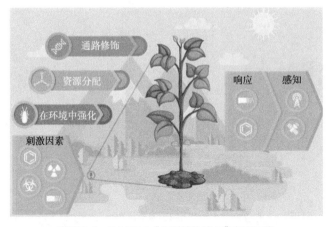

附图 D.6　DARPA "先进植物技术" 项目示意

（资料来源：https://www.darpa.mil/news-events/2017-11-17）

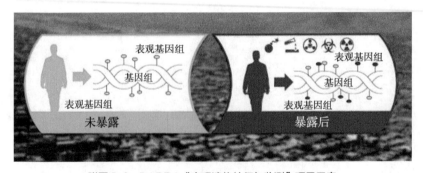

附图 D.8　DARPA "表观遗传特征与监测" 项目示意

（资料来源：https://www.darpa.mil/program/epigenetic-characterization-and-observation）